中等职业教育国家规划教材
全国中等职业教育教材审定委员会审定

环境监测技术

第 二 版

主　　编　姚运先
责任主审　陈家军
审　　稿　薛纪渝

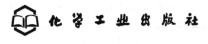

·北京·

本书是教育部"面向21世纪职业教育课程改革和教材建设规划"的系列教材之一，在2003年第一版的基础上经修改整理而成。

本书较为详细地介绍了水体、空气、噪声、土壤、固体废物、生物污染、放射性监测和应急监测等环境监测的基本原理、技术方法和监测过程的质量保证，突出环境监测的特点，在一定的理论基础上，强调实践，注重专业素质和能力的培养。

本书为中等职业学校环境保护与监测专业教材，亦可作为中等职业学校环境类相关专业的教学用书或作为环境保护科技人员、管理干部、环保职工培训教材及参考书。

图书在版编目（CIP）数据

环境监测技术/姚运先主编. —2版. —北京：化学工业出版社，2008.6（2025.7重印）
中等职业教育国家规划教材
ISBN 978-7-122-02989-8

Ⅰ. 环⋯　Ⅱ. 姚⋯　Ⅲ. 环境监测-专业学校-教材
Ⅳ. X83

中国版本图书馆CIP数据核字（2008）第074959号

责任编辑：陈有华　刘心怡	文字编辑：向　东
责任校对：洪雅姝	装帧设计：潘　峰

出版发行　化学工业出版社（北京市东城区青年湖南街13号　邮政编码100011）
印　　装　河北延风印务有限公司
787mm×1092mm　1/16　印张14½　字数352千字　2025年7月北京第2版第11次印刷

购书咨询：010-64518888　　　　　　　　售后服务：010-64518899
网　　址：http://www.cip.com.cn
凡购买本书，如有缺损质量问题，本社销售中心负责调换。

定　价：36.00元　　　　　　　　　　　　　　　　　　　　　版权所有　违者必究

前　言

本书自 2003 年第一版出版以来，受到环境保护类专业师生和广大读者的普遍欢迎。

随着我国环境保护事业的不断发展，环境监测国家标准和环境监测技术规范也陆续修订，因此本教材内容也根据上述情况的变化进行了补充和修订。

本书是在第一版的基础上修改整理而成的，保留了第一版的编排结构，在第一版的基础上，补充了环境空气质量标准、大气污染物综合排放标准、室内空气监测、空气自动监测系统等内容，增加了环境应急监测技术一章，删去了第三章第二节空气污染与大气扩散的全部内容。对第一版中的标准的变化以及存在的疏漏也做了修正。

本书共 10 章，包括绪论、水体监测、空气监测、噪声监测、土壤污染监测、固体废物监测、生物污染监测、放射性污染监测、应急监测和环境监测过程的质量保证和质量控制。

本书由姚运先（长沙环境保护职业技术学院）主编、统稿，并编写第一章、第二章、第三章，邹润莉（长沙环境保护职业技术学院）编写第四章、第五章、第六章、第八章，方晖（长沙环境保护职业技术学院）编写第七章、第九章、第十章。

受编者水平和时间所限，书中不妥之处在所难免，望读者不吝指正。

编者
2008 年 4 月

第一版前言

本书是教育部"面向 21 世纪职业教育课程改革和教材建设规划"的系列教材之一，是中等职业学校环境保护与监测专业教材。本书根据 2001 年教育部审定通过的中等职业学校环境保护与监测专业《环境监测技术教学大纲》的内容和要求编写而成。

本书在内容上注重结合我国环境监测的现状，力求反映当前国内外环境监测技术的发展水平，内容较详细。针对中等职业教育的特点和培养目标以及社会对环境类职业人才专业水平与能力的要求，注重专业素质和能力的培养，在一定理论的基础上，强调实践，突出环境监测的特点。

全书共分九章：绪论、水体监测、空气监测、噪声监测、固体废物监测、土壤污染监测、生物污染监测、放射性污染监测和监测过程的质量保证。其中第一章、第二章、第三章、第四章、第九章为基础模块部分，为必修内容，第五章、第六章、第七章、第八章为选修模块部分，各校可根据教学需要和要求选学。由于环境监测实验内容较多，故本课程的实验另编成册与本教材配套使用。

本书由姚运先（主编，长沙环境保护职业技术学院）编写第一章、第二章、第九章，并负责全书统稿工作，梁晓星（长沙环境保护职业技术学院）编写第三章，刘铁祥（长沙环境保护职业技术学院）编写第四章、第八章，田子贵（长沙环境保护职业技术学院）编写第五章、第六章，周凤霞（长沙环境保护职业技术学院）编写第七章。

本书由北京师范大学薛纪渝教授审稿，常州工程职业技术学院的李弘同志对本书的内容提出了很多宝贵的意见，教育部职成司教材处、化学工业出版社为本书的出版做了大量的工作，付出了辛勤的劳动，在此一并表示感谢。

由于编者水平有限、时间仓促，疏漏和不妥在所难免，望同行、读者批评指正。

编者
2003 年 2 月

目 录

第一章 绪论 ... 1
第一节 环境监测的目的和分类 ... 1
一、环境监测的概念 ... 1
二、环境监测的目的 ... 1
三、环境监测的分类 ... 1
第二节 环境监测的程序和原则 ... 2
一、环境监测的程序 ... 2
二、环境监测的基本原则和要求 ... 3
第三节 监测技术概况 ... 4
一、监测技术分类 ... 4
二、主要监测技术的特征 ... 4
三、环境监测技术的发展 ... 5
第四节 环境标准 ... 5
一、环境标准的分类分级 ... 5
二、环境标准简介 ... 6
本章小结 ... 6
思考题 ... 6

第二章 水体监测 ... 8
第一节 概述 ... 8
一、水资源 ... 8
二、水体与水体污染 ... 8
三、水质和水质指标 ... 9
四、水质监测的对象和目的 ... 9
五、水质标准 ... 10
第二节 水体中主要污染物及水体监测项目 ... 17
一、水体中主要污染物 ... 17
二、水体监测项目 ... 20
第三节 水体监测方案的制定 ... 23
一、地面水监测方案的制定 ... 23
二、地下水监测方案的制定 ... 26
三、水污染源监测方案的制定 ... 27
四、沉积物监测方案的制定 ... 30

第四节　水样的采集和保存 …………………………………………………… 31
　　一、采样前的准备 ………………………………………………………… 31
　　二、地面水水样的采集 …………………………………………………… 32
　　三、地下水水样的采集 …………………………………………………… 38
　　四、废水样品的采集 ……………………………………………………… 38
　　五、沉积物样品的采集 …………………………………………………… 39
　　六、流量的测定 …………………………………………………………… 41
　　七、水样的运输与保存 …………………………………………………… 44
第五节　样品的预处理 ………………………………………………………… 47
　　一、水样的预处理 ………………………………………………………… 47
　　二、底质样品的预处理 …………………………………………………… 50
第六节　物理性质的测定 ……………………………………………………… 51
　　一、水温 …………………………………………………………………… 51
　　二、色度 …………………………………………………………………… 51
　　三、残渣 …………………………………………………………………… 52
　　四、浊度 …………………………………………………………………… 52
　　五、透明度 ………………………………………………………………… 53
第七节　金属化合物的测定 …………………………………………………… 53
　　一、铬的测定 ……………………………………………………………… 53
　　二、砷的测定 ……………………………………………………………… 55
　　三、镉的测定 ……………………………………………………………… 55
　　四、铅的测定 ……………………………………………………………… 57
　　五、汞的测定 ……………………………………………………………… 58
第八节　非金属无机化合物的测定 …………………………………………… 59
　　一、pH 的测定 …………………………………………………………… 59
　　二、溶解氧的测定 ………………………………………………………… 60
　　三、氰化物的测定 ………………………………………………………… 61
　　四、氨氮的测定 …………………………………………………………… 62
　　五、亚硝酸盐氮的测定 …………………………………………………… 64
　　六、硝酸盐氮的测定 ……………………………………………………… 64
　　七、磷的测定 ……………………………………………………………… 66
第九节　有机化合物的测定 …………………………………………………… 66
　　一、化学需氧量的测定 …………………………………………………… 66
　　二、高锰酸盐指数的测定 ………………………………………………… 68
　　三、生化需氧量的测定 …………………………………………………… 69
　　四、总有机碳（TOC）和总需氧量（TOD）的测定 …………………… 71
　　五、挥发酚的测定 ………………………………………………………… 72
　　六、矿物油的测定 ………………………………………………………… 74
　　七、阴离子洗涤剂的测定 ………………………………………………… 75

第十节　底质样品中污染物的测定 ……………………………………………… 75
　　一、含水量的测定 …………………………………………………………… 76
　　二、有机质的测定 …………………………………………………………… 76
第十一节　水体污染生物监测 …………………………………………………… 76
　　一、生物群落法 ……………………………………………………………… 76
　　二、细菌学检验法 …………………………………………………………… 79
第十二节　水污染连续自动监测 ………………………………………………… 80
　　一、水污染连续自动监测系统 ……………………………………………… 80
　　二、监测项目 ………………………………………………………………… 80
　　三、水污染连续自动监测仪器 ……………………………………………… 82
本章小结 …………………………………………………………………………… 84
思考题 ……………………………………………………………………………… 85

第三章　空气监测 …………………………………………………………………… 87
第一节　大气和空气污染 ………………………………………………………… 87
　　一、大气和空气污染的基本概念 …………………………………………… 87
　　二、空气污染物的种类和存在状态 ………………………………………… 89
　　三、主要空气污染源及污染物 ……………………………………………… 90
　　四、空气质量标准 …………………………………………………………… 91
第二节　空气污染监测方案的制定 ……………………………………………… 100
　　一、空气监测规划与网络设计 ……………………………………………… 100
　　二、空气采样方法和技术 …………………………………………………… 106
第三节　空气污染源监测 ………………………………………………………… 110
　　一、烟道气测试技术 ………………………………………………………… 110
　　二、现场快速监测技术 ……………………………………………………… 120
　　三、汽车尾气的监测 ………………………………………………………… 122
第四节　室内空气监测 …………………………………………………………… 125
　　一、室内污染物的分类与来源 ……………………………………………… 125
　　二、室内监测方案的制定 …………………………………………………… 125
　　三、监测项目 ………………………………………………………………… 126
第五节　空气污染物的测定 ……………………………………………………… 127
　　一、气态污染物的测定 ……………………………………………………… 127
　　二、颗粒物的测定方法 ……………………………………………………… 132
第六节　空气污染的生物学监测方法 …………………………………………… 135
　　一、植物的受害过程和植物监测的依据 …………………………………… 135
　　二、大气污染的植物监测 …………………………………………………… 136
第七节　空气污染自动监测 ……………………………………………………… 136
　　一、空气自动监测系统的构成 ……………………………………………… 136
　　二、空气在线自动监测系统主要监测项目 ………………………………… 137

三、空气在线自动分析仪器的分析方法 137
　本章小结 139
　思考题 139

第四章　噪声监测 141
　第一节　噪声及声学基础 141
　　一、噪声 141
　　二、噪声的来源 141
　　三、噪声危害 141
　　四、声的基本知识 143
　　五、声压、声强和声功率 145
　　六、声级和声级的运算 146
　　七、频谱分析 147
　第二节　噪声的主观评价及评价参数 149
　　一、噪声的评价量 150
　　二、噪声标准 155
　第三节　噪声测量仪器与监测 157
　　一、噪声测量仪器 157
　　二、噪声测量分析方法 162
　本章小结 165
　思考题 165

第五章　土壤污染监测 168
　第一节　概述 168
　　一、土壤 168
　　二、土壤污染 168
　　三、土壤污染来源 168
　第二节　土壤污染监测 169
　　一、土壤污染样品采集 169
　　二、样品制备 170
　　三、样品预处理 170
　　四、土壤含水量测定 171
　　五、土壤中重金属污染物测定 171
　　六、非金属无机污染物测定 171
　　七、有机污染物测定 172
　本章小结 172
　思考题 172

第六章　固体废物监测 173

  第一节　概述 173
    一、固体废物概念 173
    二、固体废物来源与分类 173
    三、固体废物对环境的危害 173
  第二节　固体废物监测 174
    一、固体废物样品采集及制备 174
    二、固体废物监测 174
  本章小结 176
  思考题 176

第七章　生物污染监测 177
  第一节　污染物在生物体内的分布 177
    一、生物污染的途径 177
    二、污染物在生物体内的分布和积累 177
  第二节　生物样品的采集、制备和预处理 178
    一、植物样品的采集和制备 179
    二、人和动物样品的采集和制备 180
    三、生物样品的预处理 181
  第三节　生物样品的监测方法 182
    一、常用的分析方法 182
    二、测定实例 184
  本章小结 184
  思考题 185

第八章　放射性污染监测 186
  第一节　放射性的基本概念 186
    一、放射性 186
    二、放射性污染物质的来源和危害 187
    三、放射性污染监测的对象和内容 188
  第二节　放射性监测方法 188
    一、放射性测量实验室 188
    二、放射性检测仪器 189
    三、放射性监测方法 191
  本章小结 195
  思考题 195

第九章　应急监测 196
  第一节　突发性环境污染事故及其类型与特征 196
    一、突发性环境污染事故的类型 196

二、突发性环境污染事故的特征……………………………………………………… 197
　　三、突发性环境污染事故的处理与处置………………………………………………… 198
　第二节　突发性环境污染事故的应急监测……………………………………………… 198
　　一、突发性环境污染事故的应急监测的意义…………………………………………… 198
　　二、应急监测的主要内容与作用………………………………………………………… 199
　　三、采样方法……………………………………………………………………………… 200
　　四、主要应急监测分析技术……………………………………………………………… 200
　本章小结…………………………………………………………………………………… 202
　思考题……………………………………………………………………………………… 202

第十章　环境监测过程的质量保证和质量控制……………………………………… 203
　第一节　质量保证、质量控制的意义和内容…………………………………………… 203
　第二节　环境监测中的质量控制………………………………………………………… 203
　　一、名词解释……………………………………………………………………………… 204
　　二、试验室内部质量控制………………………………………………………………… 206
　　三、试验室间质量控制…………………………………………………………………… 211
　第三节　环境标准物质…………………………………………………………………… 211
　　一、环境标准物质及分类………………………………………………………………… 211
　　二、标准物质的制备……………………………………………………………………… 212
　　三、环境标准物质的作用………………………………………………………………… 213
　第四节　质量保证检查单和环境质量图………………………………………………… 214
　　一、质量保证检查单……………………………………………………………………… 214
　　二、环境质量图…………………………………………………………………………… 215
　本章小结…………………………………………………………………………………… 219
　思考题……………………………………………………………………………………… 219

参考文献………………………………………………………………………………… 220

第一章 绪 论

学习指南 本章介绍环境监测的基本概念和各类环境标准。学习本章内容时要了解环境监测的内容、目的、原则和要求，了解主要分析测试技术，了解主要的水质标准、空气标准和噪声标准等环境标准。

第一节 环境监测的目的和分类

一、环境监测的概念

环境监测是环境科学的一个重要分支。环境监测是环境工程设计、环境科学研究、企业管理和政府决策的重要基础和主要手段。"监测"一词可以理解为"监视"、"监控"、"测定"等。因此，环境监测就是通过对影响环境质量因素的代表值的测定，确定环境质量（或污染程度）及其变化趋势。

随着工农业的发展，环境污染问题不断出现，人们对环境质量的理解和要求不断提高，环境监测的概念不断深化，其内涵不断扩大，由工业污染源的监测逐步发展到对大环境的监测，即监测对象不仅是影响环境质量的污染因子，还延伸到对生物、生态变化的监测。

二、环境监测的目的

环境监测的目的是及时、准确、可靠、全面地反映环境质量和污染源现状及发展趋势，为环境管理、环境规划、污染源控制、环境评价等提供科学依据。具体可归纳为：①根据环境质量标准，评价环境质量；②根据污染物或其他影响环境质量因素的分布，追踪污染路线，寻找污染源，建立污染物空间分布模型，为实现监督管理、控制污染提供科学依据；③根据长期的环境监测资料，为研究环境容量，实施总量控制、目标管理，预测预报环境质量提供依据；④为保护人类健康，保护环境，合理使用自然资源，制定环境法规、标准、规划等服务；⑤为环境科学的研究提供依据。

三、环境监测的分类

（一）按环境监测的目的分类

1. 监视性监测

监视性监测也称例行监测或常规监测，是监测工作的主体，是监测站第一位的工作。一般指按照国家有关技术规定，对环境中已知污染因素和污染物质定期进行监测，以确定环境质量及污染源状况，评价控制措施的效果，判断环境标准实施的情况和改善环境取得的进展，建立各种监测网络，积累监测数据，据此确定一定区域内环境污染状况及其发展趋势。这类监测包括如下 2 个方面。

（1）环境质量监测

① 大气环境质量监测，主要在城市和县级城镇展开。它的任务是对大气环境中的主要污染物进行定期或连续的监测，积累大气环境质量的基础数据，据此定期编制大气环境质量

状况的评价报告,研究大气质量的变化规律及发展趋势,为大气污染预测、预报创造条件。

② 水环境质量监测,它的基本任务是对进入江河、湖泊、水库等地表水体及其底泥、水生物等进行定期定点的常年性监测,适时地对地表水质量现状及其发展趋势作出评价,为开展水环境管理提供可靠的数据和资料。

③ 环境噪声监测,对城镇各功能区的噪声、道路交通噪声、区域环境噪声进行经常性监测,及时、准确地掌握城镇噪声现状,分析其变化趋势和规律,为城镇噪声的管理和治理提供系统的监测资料。

(2) 污染源监督监测　这类监测旨在掌握污染源排向环境的污染物种类、浓度、数量,分析和判断污染物在时间空间上的分布、迁移、转化和稀释、自净规律,掌握污染物造成的污染影响和污染水平,确定控制和防治的对策,为环境管理提供技术支持和技术服务。

2. 特定目的监测

特定目的监测又称特例监测或应急监测,根据其特定的目的不同可分为以下 4 种。

(1) 污染事故监测　在发生污染事故时进行应急监测,以确定污染物的扩散方向、速度和污染程度及范围。如油船石油溢出事故造成的海洋污染范围,核动力厂发生事故时放射性物质危害的空间,工业污染源突发性事故造成的有害影响等。

(2) 仲裁监测　主要是为解决执行环境法规过程中发生的矛盾和纠纷而进行的监测。如调解处理污染事故纠纷时向司法部门提供的仲裁监测等。

(3) 考核验证监测　包括人员考核、方法验证和污染治理项目竣工时的验收监测等。

(4) 咨询服务监测　为社会各部门、单位提供科研、生产、技术咨询、环境评价所进行的监测。

3. 研究性监测

研究性监测又叫科研监测,它是针对特定目的的科学研究而进行的监测,属于高层次的监测工作。研究性监测主要研究确定污染物从污染源到受体的运动过程,鉴定环境中需要注意的污染物以及它们对人、生物等的影响,监测环境中污染物质的本底含量,为研制监测标准物质、统一监测方法提供科研服务。

(二) 按监测对象分类

按监测对象的不同环境监测又可分为水体监测、空气监测、土壤监测、固体废物监测、生物监测、噪声和振动监测、电磁辐射监测、放射性监测、热监测、光监测、卫生监测等。

第二节　环境监测的程序和原则

一、环境监测的程序

环境监测的直接产品是监测数据,准确、可靠、可比的监测数据是环境科学研究和管理的基础,是制定环境标准、条例、法规和政策的重要依据,对社会影响很大。因此环境监测是一项严肃而复杂的工作,应周密计划,精心设计,科学地安排,严格按一定的程序组织实施,以获得有效的结果,达到预期的目的。

环境监测的整个程序一般分为以下几个按先后顺序紧密相连的工作过程,即现场调查→监测计划设计→样品采集→运送保存→分析测试→数据处理→综合评价。

(1) 现场调查　根据监测目的要求,进行现场调查。调查内容包括主要污染物的来源、性质及排放规律，污染受体（居民、机关、学校、农田、水体、森林及其他）的性质和受体与污染物的相对位置（方位和距离），水文、地理、气象等环境条件及有关历史情况。

(2) 监测计划设计　根据监测目的要求和现场调查材料，确定监测的范围和项目，确定采样点的数目和位置，确定采样的时间和频率，调配采样人员和运输车辆，确定实验室人员的分工和安排以及对监测报告的要求等。计划中要体现出测什么、怎么测、用什么测，由哪些人来测，对测定结果如何评价等方面。

(3) 样品采集　按规定的操作程序和确定的采样时间、频率采集样品，并如实记录采样实况和现场状况，将采集的样品和记录及时送往实验室。

(4) 样品的运送和保存　为尽可能降低样品的变化，在采样后针对样品的不同情况和待测物特性实施保护措施，并力求缩短运输时间，尽快将样品送至实验室进行分析。

(5) 分析测试　按照国家规定的分析方法和技术规范进行样品分析。

(6) 数据处理　根据分析记录将测得的数据进行处理和统计检验，计算污染物浓度，然后整理出报告表。

(7) 综合评价　依据国家规定的有关标准，进行单项或综合评价，并结合现场的调查资料对数据做出合理解释，写出综合研究报告。

二、环境监测的基本原则和要求

1. 环境监测的原则

环境监测应遵循"优先监测"的原则。

有毒化学物质的监测和控制，无疑是环境监测的重点，世界上已知的化学品有 2400 万种之多，而进入环境的化学物质已达到 10 万种以上。人们不可能对每一种化学品都进行监测、实行控制，而只能有重点、针对性地对部分污染物进行监测和控制。这就需要对众多有毒污染物进行分级排队，从中筛选出潜在危害性大，在环境中出现频率高的污染物作为监测和控制对象。经过优先选择的污染物称为环境优先污染物，简称优先污染物。对优先污染物进行的监测称为"优先监测"。

优先污染物是指难以降解、在环境中有一定残留水平、出现频率较高、具有生物积累性、毒性较大的化学物质。

美国是最早开展优先监测的国家。早在 20 世纪 70 年代中期就规定了水质中 129 种优先监测污染物，其后又提出了 43 种空气优先监测污染物名单。

"中国环境优先监测研究"亦已完成，提出了中国环境优先监测物"黑名单"，包括 14 个化学类别，共 68 种有毒化学物质，其中有机物 58 种，包括卤代烃、苯系物、多氯联苯、多环芳烃、酚类、硝基苯类等；无机物 10 种，包括砷、镉、铬、铅、汞等重金属及其化合物。

优先监测的污染物应具有相对可靠的测试手段和分析方法，并能获得正确的测试数据；已定有环境标准或评价标准，能对测试数据做出正确的解释和判断。

确定优先监测的污染因子视监测对象和目的不同而异。如饮用水源应优先监测重点影响健康的项目，农田灌溉和渔业用水要优先安排毒物的监测，交通干线应优先监测汽车排出的主要有毒气体等。

2. 环境监测的要求

环境监测是环境保护技术的主要组成部分，它既为了解环境质量状况、评价环境质量提供信息，也为制定管理措施，建立各项环境保护法令、法规、条例提供决策依据。因此，环境监测工作一定要保证监测结果的准确可靠，能科学地反映实际。具体地说，环境监测的要求就是监测结果要具有"五性"。

（1）代表性　代表性指在有代表性的时间、地点并按有关要求采集有效样品，使采集的样品能够反映总体的真实状况。

（2）完整性　完整性强调工作总体规划切实完成，即保证按预期计划取得有系统性和连续性的有效样品，而且无缺漏地获得这些样品的监测结果及有关信息。

（3）可比性　可比性不仅要求各实验室之间对同一样品的监测结果相互可比，也要求每个实验室为同一个样品的监测结果应该达到相关项目之间的数据可比，相同项目没有特殊情况时，历年同期的数据也是可比的。

（4）准确性　准确性指测定值与真值的符合程度。

（5）精密性　精密性表现为测定值有良好的重复性和再现性。

第三节　监测技术概况

监测技术包括采样技术、测试技术和数据处理技术等。关于采样以及噪声、放射性等方面的监测技术在后面的有关章节中叙述，这里以污染物的测试技术为重点作一概述。

一、监测技术分类

环境污染物的测试目前应用较多的监测技术是化学分析、仪器分析及生物监测方法，其分类见表1-1。

表1-1　监测技术分类

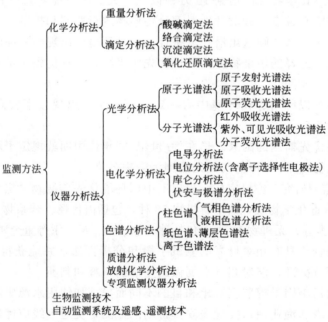

二、主要监测技术的特征

1. 化学分析法

化学分析法是以化学反应为基础的分析方法，分为重量分析和滴定分析两种。

（1）重量分析法　重量分析是将待测物质以沉淀的形式析出，经过滤、烘干，用天平称重，通过计算得出待测物质的含量。重量分析准确度较高，但操作繁琐、费时，它主要用于空气中悬浮物及水中悬浮物、残渣等的测定。

（2）滴定分析法　滴定分析是用一种准确浓度的标准溶液，滴加到含有被测物质的溶液中，根据反应完全时消耗标准溶液的体积和浓度，计算出被测物质的含量。滴定分析方法简便，准确度较高，不需贵重的仪器设备，至今仍被广泛应用，是一种重要的分析方法。该方法主要用于水中氨氮、化学需氧量（COD）、生化需氧量（BOD）、溶解氧（DO）、S^{2-}、$Cr(Ⅵ)$、CN^-、Cl^-、酚及废气中铅的测定等。

2. 仪器分析法

仪器分析是利用被测物质某一物理或化学性质来进行分析的方法。例如光学性质，电化学性质等。由于这类分析方法一般需要精密仪器，因此称为仪器分析。

仪器分析的发展非常迅速，各种新方法、新仪器不断研制成功，使监测分析更趋快速、灵敏、准确。在仪器分析中使用较多的是光学分析法、电化学分析法和色谱分析法，其他方法也有不同程度的应用。

仪器分析在环境监测中占有重要的地位，应用非常广泛，能测定空气、水、土壤中的金属元素、苯并[a]芘、油类、铵、CO_2、SO_2、F^-、CN^-、NH_3、NO_2^-、SO_4^{2-}、$H_2PO_4^-$等众多污染物，其中气相色谱已成为苯、甲苯、多氯联苯、多环芳烃、酚类、有机氯与有机磷农药等有机污染物的重要分析方法。

除上述各类仪器分析方法外，还有各种专项分析仪器，如浊度计、DO测定仪、COD测定仪、BOD测定仪、TOC测定仪等。

3. 生物监测技术

这种技术是利用植物和动物在被污染的环境中所产生的各种反映信息来判断环境质量，是一种综合的方法。

生物监测包括生物体内污染物含量的测定；观察生物在污染环境中受伤害症状；生物的生理反应；生物群落结构和种类变化等手段来判断环境质量。

三、环境监测技术的发展

目前环境监测技术的发展较快，许多新技术在监测过程中已得到应用。如 GC-AAS（气相色谱-原子吸收光谱）联用仪，使两项技术互促互补，扬长避短，在研究有机汞、有机铅、有机砷方面表现出了优异性能。再如，利用遥测技术对整条河流的污染分布情况进行监测，是以往监测方法很难完成的。

对于区域甚至全球范围的监测和管理，其监测网络及点位的研究，监测分析方法的标准化，连续自动监测系统，数据传送和处理的计算机化的研究、应用也是发展很快的。

在发展大型、自动、连续监测系统的同时，研究小型便携式、简易快速的监测技术也十分重要。例如在污染突发事故的现场，瞬时造成很大的伤害，但由于空气扩散和水体流动，污染物浓度的变化也十分迅速，这时大型仪器无法使用，而便携式和快速测定技术就显得十分重要，在野外也同样如此。

第四节　环境标准

一、环境标准的分类分级

环境标准是由政府有关部门颁布的强制性的技术法规，它是环境保护法的一部分，也是进行环境保护的手段和依据。由于环境包括空气、水、土壤等诸多要素，环境问题又涉及许多行业和部门,环境要素的不同,各行业和部门的要求不同,因而环境标准只能分门别类地制订,所有分门别类的标准的总和叫做环境标准体系。

我国的环境标准定为六类、两级。六类环境标准是:环境质量标准,污染物排放标准(或污染控制标准),环境基础标准,环境方法标准,环境标准物质标准和环保仪器、设备标准。两级标准是:国家环境标准和地方环境标准。这里需要特别指出的是环境基础标准、环境方法标准、环境标准物质标准只有国家标准,地方必须执行(即强制性执行),并尽可能与国际标准接轨。

二、环境标准简介

(一)水质标准

目前,我国已颁布的水质标准有:地表水环境质量标准(GB 3838—2002);海水水质标准(GB 3097—1997);农田灌溉水质标准(GB 5084—1992);渔业水质标准(GB 11607—1989);景观娱乐用水水质标准(GB 12941—1991);地下水质量标准(GB/T 14848—1993);污水综合排放标准(GB 8978—1996);生活饮用水卫生标准(GB 5749—2006);还有行业污水排放标准,如造纸工业水污染物排放标准(GWPB 2—1999)等。

(二)大气标准

到目前为止,我国已颁布的大气标准有:环境空气质量标准(GB 3095—1996);保护农作物的大气污染物最高允许浓度(GB 9137—1988);大气污染物综合排放标准(GB 16297—1996);工业炉窑大气污染物排放标准(GB 9078—1996);火电厂大气污染物排放标准(GB 13223—1996);炼焦炉大气污染物排放标准(GB 16171—1996)等。

(三)噪声标准

我国现已颁布的噪声标准有:城市区域环境噪声标准(GB 3096—1993);工业企业厂界噪声标准(GB 12348—1990);建筑施工场界噪声限值(GB 12523—1990);铁路边界噪声限值及其测量方法(GB 12525—1990);汽车定置噪声限值(GB 16170—1996)等。

除此之外还有辐射标准、固体废物控制标准等,以上各环境标准的内容将在以后各相关章节中介绍。

本 章 小 结

1. 基本概念
(1) 环境监测的定义、目的。
(2) 环境监测的原则、要求、分类。
(3) 环境监测的主要测试技术。
2. 环境标准
水质标准、空气标准、噪声标准等。

思 考 题

1. 简述环境监测的意义和作用。

2. 环境监测有哪几类？各有何特点。
3. 什么是环境优先监测污染物？什么是优先监测原则？
4. 环境监测中的四大主要分析方法是什么？
5. 我国的环境标准体系如何？
6. 简要说明环境监测的程序。
7. 化学分析法和仪器分析法各有何特点？它们分别包括哪几种方法？

第二章 水体监测

学习指南 本章介绍水体及水体污染物、水体监测方案的制定；水样的采集、保存及预处理方法；主要项目的测定方法等。学习本章内容时要求了解水体中主要污染物及其性质、危害，地面水水质标准和污水综合排放标准；掌握流量的测量方法及水样采集方法；掌握地面水、地下水、废水及底质样品的监测断面、采样点的设置和采样时间的确定；掌握主要监测项目的水样保存、预处理方法及测定原理和方法。并在掌握有关理论的基础上，通过实验，提高动手能力和操作技能。

第一节 概 述

一、水资源

水是分布最广而又十分重要的自然资源，水资源通常是指可供人们经常利用的水体和水量。地球上水的总量约有 $1.4\times10^{18}\,m^3$，其中97%以上分布在海洋中，淡水量仅占2.8%左右。而且淡水中大部分以两极的冰盖、冰川以及深度在750m以上的深层地下水形式存在，人们能直接利用的水不到1%，仅是河流、湖泊等地表水和地下水的一部分。

我国的水资源情况是，地面水年径流量约为 $2.6\times10^{12}\,m^3$，地下水储量约 $8\times10^{11}\,m^3$，冰山每年融水量约 $5\times10^{10}\,m^3$，扣除三者重叠部分，我国总的水资源约有 $2.8\times10^{12}\,m^3$，虽居世界第6位，但人均水资源仅约 $2200m^3$，只有世界人均占有量的1/4。因此我国的水资源并不丰富。

由于人口的增长，城市规模不断扩大，城市居民用水量日益增加；工农业的不断发展，对淡水的需求量也急剧增长。随之产生越来越多的工业废水和生活污水，其中大部分未经合理处置就排入水体，造成对水资源的严重污染，更加造成了水资源的短缺。为此，保护水资源，防止水体污染已成为我国政府十分重视的重大问题。

二、水体与水体污染

水体是指河流、湖泊、沼泽、地下水、冰川、海洋等"地表储水体"的总称。从自然地理角度来看，水体是指地表水覆盖地段的自然综合体，在这个综合体中，不仅有水，而且还包括水中的悬浮物及底泥、水生生物等。

水体可以按"类型"区分，也可以按"区域"区分。按"类型"区分时，地表储水体可分为海洋水体和陆地水体；陆地水体又可分为地表水体和地下水体。按区域划分的水体，是指某一具体的被水覆盖的地段，如太湖、洞庭湖、鄱阳湖，是三个不同的水体，但按陆地水体类型划分，它们同属于湖泊；又如长江、黄河、珠江，它们同为河流，而按区域划分，则分属于三个流域的三条水系。

在环境污染研究中，区分"水"和"水体"的概念十分重要。如重金属污染物易于从水中转移到底泥中（生成沉淀，或被吸附和螯合），水中重金属的含量一般都不高，仅从水着眼，似乎水未受到污染，但从整个水体来看，则很可能受到较严重的污染。重金属污染由水转向底泥，沉积在底泥中的重金属将成为该水体的一个长期次生污染源，很难治理，它们将逐渐向下游移动，扩大污染面。

水体污染是指排入水体的污染物在数量上超过了该物质在水体中的本底含量和水体的环境容量，从而导致水体的物理特征、化学特征和生物特征发生不良变化，破坏了水中固有的生态系统，破坏了水体的功能，从而影响水的有效利用和使用价值的现象。引起水体污染的物质叫水体污染物。

水体污染分为两类，一类是自然污染，另一类是人为污染。自然污染主要是指自然的原因造成的，如特殊的地质使某些地区某种化学元素大量富集；当降雨淋洗地面后，溶解和夹带各种物质流入水体；随大气扩散的有毒物质通过重力沉降或降水过程而进入水体等而造成的污染。由于自然污染所产生的有害物质的含量一般称为自然"本底值"或"背景值"。人为污染即指人为因素造成的水体污染，如向水体排放未经过妥善处理的城市污水和工业废水、农田排水、矿山排水等。人为污染是水体污染的主要原因。

三、水质和水质指标

水广泛应用于工农业生产和人民生活之中。人们在利用水时，要求水必须符合一定的质量。由于水中含有各种成分，其含量不同时，水的感观性状（色、臭、浑浊度等）、物理化学性质（温度、pH、电导率、放射性、硬度等）、生物组成（种类、数量、形态等）和底质情况也就不同，这种由水和水中所含的杂质共同表现出来的综合特性即为水质。

描述水质质量的参数就是水质指标。水质指标数目繁多，因用途的不同而各异，根据杂质的性质不同可分为物理的、化学的和生物的三大类。

（一）物理性水质指标

(1) 感观物理性状指标　如温度、色度、浑浊度。

(2) 其他物理性指标　如悬浮物、电导率、放射性等。

（二）化学性水质指标

(1) 一般化学性水质指标　如 pH、硬度、各种阳离子、含盐量、一般有机物等。

(2) 有毒的化学性水质指标　如各种重金属、氰化物、多环芳烃、各种农药等。

(3) 氧平衡指标　如溶解氧（DO）、化学需氧量（COD）、生化需氧量（BOD）、总需氧量（TOD）等。

（三）生物学水质指标

一般包括细菌总数、总大肠菌群数、各种病原细菌、病毒等。

四、水质监测的对象和目的

水质监测可分为水环境现状监测和水污染源监测。代表水环境现状的水体包括地面水（江河、湖、库、海水）和地下水；水污染源主要包括生活污水、医院污水和各种工业废水等。

水质监测的目的主要有以下几个方面。

① 对进入江、河、湖、库、海洋等地表水体的污染物质及渗透到地下水中的污染物质进行经常性监测，以掌握水质现状及其发展趋势。

② 对生产过程、生活设施及其他排放源排放的各类废水进行监视性监测，为污染源管理和排污收费提供依据。

③ 对水环境污染事故进行应急监测，为分析判断事故原因、危害及采取对策提供依据。

④ 为国家政府部门制定环境保护法规、标准和规划，全面开展环境保护和管理工作提

供有关数据和资料。

⑤ 为开展环境质量评价、预测预报及进行环境科学研究提供基础数据和手段。

五、水质标准

水的用途很广，无论是作为生活饮用水、工业用水、农业灌溉用水或是渔业用水等用途，都有一定的水质要求。由于用途不同，必须建立起相应的物理、化学、生物学的质量标准，对水中的杂质加以一定的限制，这就是水质的标准。目前我国已经颁布的水质标准包括水环境质量标准和排放标准。

（一）地面水环境质量标准（GB 3838—2002）

本标准适用于全国江河、湖泊、水库等具有使用功能的地面水水域。其目的是保障人体健康、维护生态平衡、保护水资源、控制水污染以及改善地面水质量和促进生产。依据地面水水域使用目的和保护目标将其划分为五类。

Ⅰ类：主要适用于源头水、国家自然保护区。

Ⅱ类：主要适用于集中式生活饮用水水源地一级保护区、珍贵鱼类保护区、鱼虾产卵场等。

Ⅲ类：主要适用于集中式生活饮用水源二级保护区，一般鱼类保护区及游泳区。

Ⅳ类：主要适用于一般工业用水及人体非直接接触的娱乐用水区。

Ⅴ类：主要适用于农业用水区及一般景观要求水域。

同一水域兼有多类功能的，依最高功能划分类别。有季节性功能的，可分季划分类别。

地面水环境质量标准基本项目标准限值见表 2-1。

标准规定的不同功能水域应执行不同标准值。划分各水域功能，一般不得低于现状功能，排污口所在水域形成的混合区，不得影响鱼类回游通道及邻近功能区水质。渔业水域，由各级渔业行政部门按《渔业水质标准（GB 11607—1989）》监督管理；生活饮用水取水点按《生活饮用水卫生标准（GB 5749—2006）》监督管理；放射性标准执行国家《电磁辐射防护规定（GB 8703—1988）》。

表中基本要求和水温属于感官性状指标。pH、生化需氧量、高锰酸盐指数和化学需氧量是保证水质自净的指标。磷和氮是防止封闭水域富营养化的指标，大肠菌群是细菌学指标，其他属于化学、毒理指标。

（二）生活饮用水卫生标准（GB 5749—2006）

生活饮用水卫生标准为的是保证水质适于生活饮用，它与人体健康有直接关系。饮用水包括自来水、井水和深井水等。制订标准的原则和方法基本上与地面水环境质量标准相同，所不同的是饮用水不存在自净问题，因此无 BOD、DO 等指标。另外饮用水中某些微量元素（如氟）要有适当的含量，过高过低都可能对人体产生有害影响。

细菌总数是指 1ml 水样在营养琼脂培养基上，于 37℃经 24h 培养后生长的细菌菌落总数。细菌不一定有害，因此这一指标主要反映微生物情况。

对人体健康有害的病菌很多，如果在标准中一一列出，那么不仅在制订标准，并且在执行标准过程中会带来很多困难，因此在实用上只需选择一种在消毒过程中抗消毒剂能力最强、在环境水域中最常见（即有代表性）、监测方法容易的菌为代表。大肠菌群是一种需氧及兼性厌氧，在 37℃生长时能使乳糖发酵，在 24h 内产酸、产气的革兰阴性无芽孢杆菌。在有动物生存的有关水域中常见，它对消毒剂的抵抗能力大于伤寒菌、副伤寒菌、痢疾杆菌等，通常当它的浓度降低到 13 个/L 时，其他病原菌均已被杀死，因此以它作为代表比较合

表 2-1　地面水环境质量标准基本项目标准限值　　　　　单位：mg/L

序号	项目		I 类	II 类	III 类	IV 类	V 类
			\multicolumn{5}{c}{分　数}				
1	水温/℃		\multicolumn{5}{c}{人为造成的环境水温变化应限制在：周平均最大温升≤1；周平均最大温降≤2}				
2	pH		\multicolumn{5}{c}{6～9}				
3	溶解氧	≥	饱和率90%（或7.5）	6	5	3	2
4	高锰酸盐指数	≤	2	4	6	10	15
5	化学需氧量(COD)	≤	15	15	20	30	40
6	五日生化需氧量(BOD_5)	≤	3	3	4	6	10
7	氨氮(NH_3-N)	≤	0.15	0.5	1.0	1.5	2.0
8	总磷(以 P 计)	≤	0.02（湖、库 0.01）	0.1（湖、库 0.025）	0.2（湖、库 0.05）	0.3（湖、库 0.1）	0.4（湖、库 0.2）
9	总氮(湖、库,以 N 计)	≤	0.2	0.5	1.0	1.5	2.0
10	铜	≤	0.01	1.0	1.0	1.0	1.0
11	锌	≤	0.05	1.0	1.0	2.0	2.0
12	氟化物(以 F^- 计)	≤	1.0	1.0	1.0	1.5	1.5
13	硒	≤	0.01	0.01	0.01	0.02	0.02
14	砷	≤	0.05	0.05	0.05	0.1	0.1
15	汞	≤	0.00005	0.00005	0.0001	0.001	0.001
16	镉	≤	0.001	0.005	0.005	0.005	0.01
17	铬(六价)	≤	0.01	0.05	0.05	0.05	0.1
18	铅	≤	0.01	0.01	0.05	0.05	0.1
19	氰化物	≤	0.005	0.05	0.2	0.2	0.2
20	挥发酚	≤	0.002	0.002	0.005	0.01	0.1
21	石油类	≤	0.05	0.05	0.05	0.5	1.0
22	阴离子表面活性剂	≤	0.2	0.2	0.2	0.3	0.3
23	硫化物	≤	0.05	0.1	0.2	0.5	1.0
24	粪大肠菌群/(个/L)	≤	200	2000	10000	20000	40000

适。一般来说 3 个/L 是安全的，但对肝炎病毒不一定有效。

我国饮用水用氯气或漂白粉消毒，游离性余氯是表征消毒效果的指标。接触 30min 后游离氯不低于 0.3mg/L，可保证杀灭大肠杆菌和肠道致病菌，但也不应过高，首先它是强氧化剂，直接饮用对人体有害；其次，如果水中含有机物，会生成氯胺、氯酚，前者有毒，后者有强烈臭味，故国外已普遍改用臭氧和二氧化氯作为消毒剂，以避免这些弊病。

标准中规定了执行、监督、水源选择、水质鉴定、卫生防疫、日常管理等内容。生活饮用水水质，不应超过表 2-2 所规定的限量。

表 2-2 生活饮用水水质常规指标及限值

项 目	限 值
1. 微生物指标①	
总大肠菌群/(MPN/100ml 或 CFU/100ml)	不得检出
耐热大肠菌群/(MPN/100ml 或 CFU/100ml)	不得检出
大肠埃希菌/(MPN/100ml 或 CFU/100ml)	不得检出
菌落总数/(CFU/ml)	100
2. 毒理指标	
砷/(mg/L)	0.01
镉/(mg/L)	0.005
铬(六价)/(mg/L)	0.05
铅/(mg/L)	0.01
汞/(mg/L)	0.001
硒/(mg/L)	0.01
氰化物/(mg/L)	0.05
氟化物/(mg/L)	1.0
硝酸盐(以 N 计)/(mg/L)	10 地下水源限制时为 20
三氯甲烷/(mg/L)	0.06
四氯化碳/(mg/L)	0.002
溴酸盐(使用臭氧时)/(mg/L)	0.01
甲醛(使用臭氧时)/(mg/L)	0.9
亚氯酸盐(使用二氧化氯消毒时)/(mg/L)	0.7
氯酸盐(使用复合二氧化氯消毒时)/(mg/L)	0.7
3. 感官性状和一般化学指标	
色度(铂钴色度单位)	15
浑浊度(散射浑浊度单位)/NTU	1 水源与净水技术条件限制时为 3
臭和味	无异臭、异味
肉眼可见物	无
pH	大于 6.5;小于 8.5
铝/(mg/L)	0.2
铁/(mg/L)	0.3
锰/(mg/L)	0.1
铜/(mg/L)	1.0
锌/(mg/L)	1.0
氯化物/(mg/L)	250
硫酸盐/(mg/L)	250
溶解性总固体/(mg/L)	1000
总硬度(以 $CaCO_3$ 计)/(mg/L)	450
耗氧量(COD_{Mn}法,以 O_2 计)/(mg/L)	3 水源限制,原水耗氧量>6mg/L 时为 5
挥发酚类(以苯酚计)/(mg/L)	0.002
阴离子合成洗涤剂/(mg/L)	0.3
4. 放射性物质②	指导值
总 α 放射性/(Bq/L)	0.5
总 β 放射性/(Bq/L)	1

① MPN 表示最大可能数;CFU 表示菌落形成单位。当水样检出总大肠菌群时,应进一步检验大肠埃希菌或耐热大肠菌群;水样未检出总大肠菌群,不必检验大肠埃希菌或耐热大肠菌群。

② 放射性指标超过指导值,应进行核素分析和评价,判定能否饮用。

(三) 污水综合排放标准 (GB 8978—1996)

本标准适用于排放污水和废水的一切企、事业单位。按地面水水域使用功能要求和污水排放去向，对地面水水域和城市下水道排放的污水分别执行一、二、三级标准。

特殊保护的水域，指国家《地面水环境质量标准 (GB 3838—2002)》Ⅰ、Ⅱ类水域和Ⅲ类水域中划定的保护区、《海水水质标准》Ⅰ类水域。如城镇集中式生活饮用水水源地一级保护区、国家划定的重点风景名胜区水体、珍贵鱼类保护区及其他有特殊经济文化价值的水体保护区，以及海水浴场和水产养殖场等水体，不得新建排污口，现有的排污单位由环保部门从严控制，以保护受纳水体水质符合规定用途的水质标准。

重点保护水域，指国家《地面水环境质量标准 (GB 3838—2002)》Ⅲ类水域和《海水水质标准》Ⅱ类水域。如一般经济渔业水域，重点风景游览区等，对排入本区水域的污水执行一级标准。

一般保护水域，指国家《地面水环境质量标准 (GB 3838—2002)》Ⅳ、Ⅴ类水域和《海水水质标准》Ⅲ类水域。如一般工业用水区、景观用水区及农业用水区、港口和海洋开发作业区等，对排入本区水域的污水执行二级标准。

对排入城镇下水道并进入二级污水处理厂进行生物处理的污水执行三级标准。对排入未设置二级污水处理厂的城镇下水道的污水，必须根据下水道出水受纳水体的功能执行一级或二级标准。

本标准将排放的污染物按其性质分为两类。

第一类污染物。指能在环境或动植物体内蓄积，对人体健康产生长远不良影响者。含有此类有害污染物质的污水，不分行业和污水排放方式，也不分受纳水体的功能类别，一律在车间或车间处理设施排出口取样，其最高允许排放浓度必须符合表 2-3 的规定。

表 2-3 第一类污染物最高允许排放浓度　　　　　单位：mg/L

污 染 物	最高允许排放浓度	污 染 物	最高允许排放浓度
总汞	0.05	总镍	1.0
烷基汞	不得检出	苯并[a]芘	0.00003
总镉	0.1	总铍	0.005
总铬	1.5	总银	0.5
六价铬	0.5	总 α 放射性/(Bq/L)	1
总砷	0.5	总 β 放射性/(Bq/L)	10
总铅	1.0		

第二类污染物。指长远影响小于第一类的污染物质，此类污染物在排污单位排出口取样，其最高允许排放浓度根据排污单位行业不同及建设（包括改、扩建）的时间不同，分为 1997 年 12 月 31 日之前和 1998 年 1 月 1 日后建设的单位，分别执行不同的标准。1997 年 12 月 31 之前建设的单位，执行表 2-4 的规定。1998 年 1 月 1 日后建设的单位，执行表 2-5 的规定。

各类水质标准的制定，是工业生产、产品质量、毒理学、水生物学、污水处理和回收利用技术水平等综合考虑的结果。一般是经过长期观察、分析研究而制定的，在实践过程中仍将不断加以总结和修订。

表 2-4 第二类污染物最高允许排放浓度

（1997 年 12 月 31 日之前建设的单位）　　　　　　单位：mg/L

污染物	适用范围	一级标准	二级标准	三级标准
pH	一切排污单位	6～9	6～9	6～9
色度(稀释倍数)	染料工业	50	180	—
	其他排污单位	50	80	—
悬浮物(SS)	采矿、选矿、选煤工业	100	300	
	脉金选矿	100	500	
	边远地区砂金选矿	100	800	
	城镇二级污水处理厂	20	30	
	其他排污单位	70	200	400
五日生化需氧量(BOD$_5$)	甘蔗制糖、苎麻脱胶、湿法纤维板工业	30	100	600
	甜菜制糖、酒精、味精、皮革、化纤浆粕工业	30	150	600
	城镇二级污水处理厂	20	30	—
	其他排污单位	30	60	300
化学需氧量(COD)	甜菜制糖、焦化、合成脂肪酸、湿法纤维板、染料、洗毛、有机磷农药工业	100	200	1000
	味精、酒精、医药原料药、生物制药、苎麻脱胶、皮革、化纤浆粕工业	100	300	1000
	石油化工工业(包括石油炼制)	100	150	500
	城镇二级污水处理厂	60	120	—
	其他排污单位	100	150	500
石油类	一切排污单位	10	10	30
动植物油	一切排污单位	20	20	100
挥发酚	一切排污单位	0.5	0.5	2.0
总氰化合物	电影洗片(铁氰化合物)	0.5	5.0	5.0
	其他排污单位	0.5	0.5	1.0
硫化物	一切排污单位	1.0	1.0	2.0
氨氮	基药原料药、染料、石油化工工业	15	50	
	其他排污单位	15	25	
氟化物	黄磷工业	10	20	20
	低氟地区(水体含氟量<0.5mg/L)	10	20	30
	其他排污单位	10	10	20
磷酸盐(以 P 计)	一切排污单位	0.5	1.0	—
甲醛	一切排污单位	1.0	2.0	5.0
苯胺类	一切排污单位	1.0	2.0	5.0
硝基苯类	一切排污单位	2.0	3.0	5.0
阴离子表面活性剂(LAS)	合成洗涤剂工业	5.0	15	20
	其他排污单位	5.0	10	20
总铜	一切排污单位	0.5	1.0	2.0

续表

污染物	适用范围	一级标准	二级标准	三级标准
总锌	一切排污单位	2.0	5.0	5.0
总锰	合成脂肪酸工业	2.0	5.0	5.0
	其他排污单位	2.0	2.0	5.0
彩色显影剂	电影洗片	2.0	3.0	5.0
显影剂及氧化物总量	电影洗片	3.0	6.0	6.0
元素磷	一切排污单位	0.1	0.3	0.3
有机磷农药(以P计)	一切排污单位	不得检出	0.5	0.5
粪大肠菌群数	医院[①]、兽医院及医疗机构含病原体污水/(个/L)	500	1000	5000
	传染病、结核病医院污水/(个/L)	100	500	1000
总余氯(采用氯化消毒的医院污水)	医院、兽医院及医疗机构含病原体污水	<0.5[②]	≥3(接触时间≥1h)	≥2(接触时间≥1h)
	传染病、结核病医院污水	<0.5[②]	≥6.5(接触时间≥1.5h)	≥5(接触时间≥1.5h)

① 指50个床位以上的医院。
② 加氯消毒后需进行脱氯处理，达到本标准。

表2-5 第二类污染物最高允许排放浓度

（1998年1月1日后建设的单位）　　　　　　　　　　　　单位：mg/L

污染物	适用范围	一级标准	二级标准	三级标准
pH	一切排污单位	6～9	6～9	6～9
色度(稀释倍数)	一切排污单位	50	80	—
悬浮物(SS)	采矿、选矿、选煤工业	70	300	
	脉金选矿	70	400	
	边远地区砂金选矿	70	800	
	城镇二级污水处理厂	20	30	
	其他排污单位	70	150	400
五日生化需氧量(BOD$_5$)	甘蔗制糖、苎麻脱胶、湿法纤维板、染料、洗毛工业	20	60	600
	甜菜制糖、酒精、味精、皮革、化纤浆粕工业	20	100	600
	城镇二级污水处理厂	20	30	—
	其他排污单位	20	30	300
化学需氧量(COD)	甜菜制糖、合成脂肪酸、湿法纤维板、染料、洗毛、有机磷农药工业	100	200	1000
	味精、酒精、医药原料药、生物制药、苎麻脱胶、皮革、化纤浆粕工业	100	300	1000
	石油化工工业(包括石油炼制)	60	120	—
	城镇二级污水处理厂	60	120	500
	其他排污单位	100	150	500
石油类	一切排污单位	5	10	20
动植物油	一切排污单位	10	15	100

续表

污染物	适用范围	一级标准	二级标准	三级标准
挥发酚	一切排污单位	0.5	0.5	2.0
总氰化合物	一切排污单位	0.5	0.5	1.0
硫化物	一切排污单位	1.0	1.0	1.0
氨氮	医药原料药、染料、石油化工工业	15	50	—
	其他排污单位	15	25	—
氟化物	黄磷工业	10	15	20
	低氟地区（水体含氟量<0.5mg/L）	10	20	30
	其他排污单位	10	10	20
磷酸盐（以P计）	一切排污单位	0.5	1.0	—
甲醛	一切排污单位	1.0	2.0	5.0
苯胺类	一切排污单位	1.0	2.0	5.0
硝基苯类	一切排污单位	2.0	3.0	5.0
阴离子表面活性剂（LAS）	一切排污单位	5.0	10	20
总铜	一切排污单位	0.5	1.0	2.0
总锌	一切排污单位	2.0	5.0	5.0
总锰	合成脂肪酸工业	2.0	5.0	5.0
	其他排污单位	2.0	2.0	5.0
彩色显影剂	电影洗片	1.0	2.0	3.0
显影剂及氧化物总量	电影洗片	3.0	3.0	6.0
元素磷	一切排污单位	0.1	0.1	0.3
有机磷农药（以P计）	一切排污单位	不得检出	0.5	0.5
乐果	一切排污单位	不得检出	1.0	2.0
对硫磷	一切排污单位	不得检出	1.0	2.0
甲基对硫磷	一切排污单位	不得检出	1.0	2.0
马拉硫磷	一切排污单位	不得检出	5.0	10
五氯酚及五氯酚钠（以五氯酚计）	一切排污单位	5.0	8.0	10
可吸附有机卤化物（AOX）（以Cl计）	一切排污单位	1.0	5.0	8.0
三氯甲烷	一切排污单位	0.3	0.6	1.0
四氯化碳	一切排污单位	0.03	0.06	0.5
三氯乙烯	一切排污单位	0.3	0.6	1.0
四氯乙烯	一切排污单位	0.1	0.2	0.5
苯	一切排污单位	0.1	0.2	0.5
甲苯	一切排污单位	0.1	0.2	0.5
乙苯	一切排污单位	0.4	0.6	1.0
邻二甲苯	一切排污单位	0.4	0.6	1.0
对二甲苯	一切排污单位	0.4	0.6	1.0

续表

污 染 物	适 用 范 围	一级标准	二级标准	三级标准
间二甲苯	一切排污单位	0.4	0.6	1.0
氯苯	一切排污单位	0.2	0.4	1.0
邻二氯苯	一切排污单位	0.4	0.6	1.0
对二氯苯	一切排污单位	0.4	0.6	1.0
对硝基氯苯	一切排污单位	0.5	1.0	5.0
2,4-二硝基氯苯	一切排污单位	0.5	1.0	5.0
苯酚	一切排污单位	0.3	0.4	1.0
间甲酚	一切排污单位	0.1	0.2	0.5
2,4-二氯酚	一切排污单位	0.6	0.8	1.0
2,4,6-三氯酚	一切排污单位	0.6	0.8	1.0
邻苯二甲酸二丁酯	一切排污单位	0.2	0.4	2.0
邻苯二甲酸二辛酯	一切排污单位	0.3	0.6	2.0
丙烯腈	一切排污单位	2.0	5.0	5.0
总硒	一切排污单位	0.1	0.2	0.5
粪大肠菌群数	医院[①]、兽医院及医疗机构含病原体污水	500个/L	1000个/L	5000个/L
	传染病、结核病医院污水	100个/L	500个/L	1000个/L
总余氯（采用氯化消毒的医院污水）	医院[①]、兽医院及医疗机构含病原体污水	<0.5[②]	≥3（接触时间≥1h）	≥2（接触时间≥1h）
	传染病、结核病医院污水	<0.5[②]	≥6.5（接触时间≥1.5h）	≥5（接触时间≥1.5h）
总有机碳（TOC）	合成脂肪酸工业	20	40	—
	苎麻脱胶工业	20	60	—
	其他排污单位	20	30	—

① 指50个床位以上的医院。
② 加氯消毒后需进行脱氯处理，达到本标准。
注：其他排污单位：指除在该控制项目中所列行业以外的一切排污单位。

第二节　水体中主要污染物及水体监测项目

一、水体中主要污染物

未经处理的工业废水、矿山排水、农田排水和生活污水中含有各种污染物，如果任意排入水体，就会引起水体的污染。水体污染物常根据其性质的不同可分为化学、物理和生物性污染物三大类。

（一）化学性污染物

1. 无机无毒污染物

污水中的无机无毒物质大致可以分为3种类型：一是属于砂粒、矿渣一类的颗粒状的物质；二是酸碱和无机盐类；三是氮、磷等营养物质。

（1）颗粒状污染物　砂粒、土粒及矿渣一类的污染物质和有机性颗粒的污染物质混在一起统称悬浮物或悬浮固体,在污水中悬浮物可能处于3种状态,部分轻于水的悬浮物浮于水面,在水面形成浮渣;部分相对密度大于水的悬浮物沉于水底,这部分悬浮物又称为可沉固体;另一部分悬浮物,由于相对密度接近于水,在水中呈真正的悬浮状态。由于悬浮固体在污水中是能看到的,而且它能使水混浊,因此,悬浮物属于感官性的污染指标。

悬浮物是水体的主要污染物之一。水体被悬浮物污染,可能造成以下主要危害。①大大降低光的穿透能力,减少了水生植物的光合作用并妨碍水体的自净作用。②对鱼类产生危害,可能堵塞鱼鳃,导致鱼的死亡,制浆造纸废水中的纸浆对此最为明显。③水中的悬浮物又可能是各种污染物的载体,它可能吸附一部分水中的污染物并随水流动而迁移。

(2) 酸、碱和无机盐类污染物 水体中的酸主要来自矿山排水和工业废水。矿山排水中的酸由硫化矿物的氧化作用而产生,产生的酸继续与其他成分反应生成各种盐,主要是硫酸盐。其他如金属加工、酸洗车间、黏胶纤维、染料及酸法造纸等工业都排放酸性废水。

水体中的碱主要来源于碱法造纸、化学纤维、制碱、制革及炼油等工业废水。

酸性废水与碱性废水相互中和产生各种盐类,它们与地表物质相互反应,也可能生成无机盐类,因此酸与碱的污染必然伴随着无机盐类的污染。

酸碱污染水体,使水体的pH发生变化,腐蚀船舶和水下建筑,破坏自然缓冲作用,消灭或抑制微生物生长,妨碍水体自净,如长期遭受酸碱污染,水质逐渐恶化、周围土壤酸化,危害渔业生产。

酸碱污染不仅能改变水体的pH,而且可大大增加水中的一般无机盐类和水的硬度。水中无机盐的存在能增加水的渗透压,对淡水生物和植物生长不利。水体的硬度增加,使工业用水的水处理费用提高。

(3) 氮、磷等营养物 营养物质是指促使水中植物生长,从而加速水体富营养化的各种物质,主要指氮和磷。

污水中的氮可分为有机氮和无机氮两类。前者是含氮化合物,如蛋白质、多肽、氨基酸和尿素等,后者指氨氮、亚硝酸态氮、硝酸态氮等,它们中大部分直接来自污水,但也有一部分是有机氮经微生物分解转化而形成。

城市生活污水中含有丰富的氮、磷,粪便是生活污水中氮的主要来源。由于使用含磷洗涤剂,所以在生活污水中也含有大量的磷。另外未被植物吸收利用的化肥绝大部分被农田排水和地表径流带至地下水和地表水中,农业废弃物(植物秸秆、牲畜粪便等)也是水体中氮化合物的主要来源。

植物营养物污染的危害是水体富营养化,如果氮、磷等植物营养物质大量而连续地进入湖泊、水库及海湾等缓流水体,将促进各种水生生物的活性,刺激藻类的异常繁殖,这样就带来一系列严重的后果。

藻类在水体中占据的空间越来越大,减小了鱼类活动的空间。藻类过度生长繁殖,造成水体中溶解氧的急剧变化,藻类的呼吸作用和死亡藻类的分解作用消耗大量的氧,使水体处于缺氧状态,影响鱼类生存。严重的还可能导致水草丛生,湖泊退化,近海则形成大面积赤潮。

2. 无机有毒污染物

无机有毒污染物主要是重金属等有潜在长期影响的物质及氰化物等。

重金属污染系指我国《污水综合排放标准(GB 8978—1996)》规定的第一类污染物中的汞、烷基汞、总镉、总铬、六价铬、总砷、总铅、总镍及第二类污染中的铜、锌、锰等金属的污染。重金属在自然界分布很广泛，在自然环境的各部分均存在着本底含量，正常的天然水中重金属含量均很低，如汞的含量介于 $10^{-3} \sim 10^{-2}$ mg/L 量级之间。化石燃料的燃烧、采矿和冶炼是向环境释放重金属的最主要污染源。

重金属污染物在水体中可以氢氧化物、硫化物、硅酸盐、配位化合物或离子状态存在，其毒性以离子态最为严重；重金属不能被生物降解，有时还可转化为极毒的物质，如无机汞转化为甲基汞，并且大多数重金属离子能被富集于生物体内，通过食物链危害人类。

水体中氰化物主要来源于电镀废水、焦炉和高炉的煤气洗涤冷却水、某些化工厂的含氰废水及金、银选矿废水等。

氰化物是剧毒物质，急性中毒抑制细胞呼吸，造成人体组织严重缺氧，氰对许多生物有害，能杀死水中微生物，妨碍水体自净。

3. 有机无毒污染物（需氧有机污染物）

生活污水、牲畜污水以及屠宰、肉类加工、罐头等食品工业、制革、造纸等工业废水中所含的碳水化合物、蛋白质、脂肪等有机物可在微生物的作用下进行分解，在分解过程中，需要消耗氧气，故称为需氧有机物。

如果这类有机物排入水体过多，将会大量消耗水体中的溶解氧，造成缺氧，从而影响水中鱼类和其他水生生物的生长。水中溶解氧耗尽后，有机物将进行厌氧分解而产生大量硫化氢、氨、硫醇等难闻物质，使水质变黑发臭，使水质进一步恶化。需氧污染物是目前水体中量最大、最常见和面最广的一种污染物质。

4. 有机有毒污染物

水体中有机有毒污染物的种类很多，大多属于人工合成的有机物质，如农药（DDT、六六六等有机氯农药）、醛、酮、酚以及多氯联苯、多环芳烃、芳香族氨基化合物等，这类物质主要来源于石油化学工业的合成生产过程及有关的产品使用过程中排放出的废水。

这类污染物大多比较稳定，不易被微生物降解，所以又称为难降解有机污染物。如有机农药在环境中的半衰期为十几年到几十年，它们都危害人体健康，有些还具有致癌、致畸、致遗传变异作用，如多氯联苯是较强的致癌物质。水生生物对有机氯农药有很强的富集能力，在水生生物体内的有机氯农药含量可比水中含量高几千到几百万倍，通过食物链进入人体，达到一定浓度后，显示出对人体的毒害作用。

5. 石油类污染物

近年来，石油及石油类制品对水体的污染比较突出，在石油开采、运输、炼制和使用过程中，排出的废油和含油废水使水体遭受污染。石油化工、机械制造行业排放的废水也含有各种油类。

石油进入海洋后不仅影响海洋生物的生长、降低海滨环境的使用价值、破坏海岸设施，还可能影响局部地区的水文气象条件和降低海洋的自净能力。

（二）物理性污染物

1. 热污染

因能源的消费而引起环境增温效应的污染叫热污染。水体热污染主要来源于工矿企业向江河排放的冷却水。其中以电力工业为主，其次是冶金、化工、石油、建材、机械等工业，如一般以煤为燃料的大电站通常只有40%的热能转变为电能，剩余的热能则随冷却水带走进入水体或大气。

热污染致使水体水温升高，增加水体中化学反应速率，会使水体中有毒物质对生物的毒性提高。如当水温从 8℃ 升高到 18℃ 时，氰化钾对鱼类的毒性提高 1 倍。水温升高会降低水生生物的繁殖率。此外水温升高可使一些藻类繁殖加快，加速水体"富营养化"的过程，使水体中溶解氧下降，破坏水体的生态和影响水体的使用价值。

2. 放射性污染

水中所含有的放射性核素构成一种特殊的污染，它们总称放射性污染。核武器试验是全球放射性污染的主要来源，原子能工业特别是原子能电力工业的发展致使水体的放射性物质含量日益增高，铀矿开采、提炼、转化、浓缩过程均产生放射性废水和废物。

污染水体最危险的放射性物质有锶 90、铯 132 等，这些物质半衰期长，化学性能与组织人体的主要元素钙和钾相似，经水和食物进入人体后，能在一定部位积累，从而增加人体的放射线辐射，严重时可引起遗传变异或癌症。

（三）生物性污染物

各种病菌、病毒等致病微生物，寄生虫都属于生物性污染物，它们主要来自生活污水、医院污水、制革、屠宰及畜牧污水。

生物性污染物的特点是数量大、分布广，存活时间长，繁殖速度快，易产生抗药性。一般的污水处理不能彻底消灭微生物。这类微生物进入人体后，一旦条件适合，会引起疾病。常见的病菌有大肠杆菌、绿脓杆菌等；病毒有肝炎病毒、感冒病毒等；寄生虫有血吸虫、蛔虫等，对于人类，上述病原微生物引起传染病的发病率和死亡率都很高。

水质监测中常用细菌总数和大肠杆菌总数作为致病微生物污染的衡量指标。

二、水体监测项目

监测项目的选择首先取决于水体目前和将来的用途，其次是监测站的职能。为了掌握水质的瞬间状态，便于一般控制，测定水样的物理和化学项目即可，但为了分析长期的水质变化，还必须测定一些生物项目。此外，底质组成成分的分析对反映水生环境的污染情况，也至关重要。如重金属难于用一般的分析方法在水样中发现，却易从底质和水生生物体内检出。所以水质监测的项目应该包括物理的、化学的和生物的三个方面，其数量繁多，但受人力、物力、经费等各种条件的限制，不可能也没有必要一一监测，而要根据实际情况，选择那些排放量大，危害严重，影响范围广，有可靠的分析方法保证获得准确的数据，并能对数据作出解释和判断的项目。

我国《环境监测技术规范》分别规定的监测项目如下。

① 生活污水监测项目包括化学需氧量、生化需氧量、悬浮物、氨氮、总氮、总磷、阴离子洗涤剂、细菌总数、大肠菌群等。

② 医院污水监测项目包括 pH、色度、浊度、悬浮物、余氯、化学需氧量、生化需氧量、致病菌、细菌总数、大肠菌群等。

③ 地表水监测项目见表 2-6。

④ 工业废水的监测项目因行业不同而各异，详细可参阅有关资料并参见表 2-7。

⑤ 地下水监测项目主要根据地下水在本地区的天然污染，工业与生活污染状况和环境管理的需要确定。

根据国家《环境质量报告书编写技术规定》，地下水必测项目有总硬度、氨氮、硝酸盐氮、亚硝酸盐氮、挥发性酚、氰化物、砷、汞、六价铬、镉、氟化物、细菌总数和大肠菌群，选测项目有 pH、总矿化度、高锰酸盐指数、钙、铁、锰、钾、钠、硫酸盐、碳酸氢盐和石油类等。

表 2-6 地表水监测项目[①]

类 别	必 测 项 目	选 测 项 目
河流	水温、pH、溶解氧、高锰酸盐指数、化学需氧量、BOD_5、氨氮、总磷、总氮、铜、锌、氟化物、硒、砷、汞、镉、铬(六价)、铅、氰化物、挥发酚、石油类、阴离子表面活性剂、硫化物和粪大肠菌群	总有机碳、甲基汞,其他项目参照表2-7,根据纳污情况由各级相关环境保护主管部门确定
集中式饮用水源地	水温、pH、溶解氧、悬浮物[②]、高锰酸盐指数、化学需氧量、BOD_5、氨氮、总磷、总氮、铜、锌、氟化物、铁、锰、硒、砷、汞、镉、铬(六价)、铅、氰化物、挥发酚、石油类、阴离子表面活性剂、硫化物、硫酸盐、氯化物、硝酸盐和粪大肠菌群	三氯甲烷、四氯化碳、三溴甲烷、二氯甲烷、1,2-二氯乙烷、环氧氯丙烷、氯乙烯、1,1-二氯乙烯、1,2-二氯乙烯、三氯乙烯、四氯乙烯、氯丁二烯、六氯丁二烯、苯乙烯、甲醛、乙醛、丙烯醛、三氯乙醛、苯、甲苯、乙苯、二甲苯[③]、异丙苯、氯苯、1,2-二氯苯、1,4-二氯苯、三氯苯[④]、四氯苯[⑤]、六氯苯、硝基苯、二硝基苯[⑥]、2,4-二硝基甲苯、2,4,6-三硝基甲苯、硝基氯苯[⑦]、2,4-二硝基氯苯、2,4-二氯酚、2,4,6-三氯苯酚、五氯酚、苯胺、联苯胺、丙烯酰胺、丙烯腈、邻苯二甲酸二丁酯、邻苯二甲酸二(2-乙基己基)酯、水合肼、四乙基铅、吡啶、松节油、苦味酸、丁基黄原酸、活性氯、滴滴涕、林丹、环氧七氯、对硫磷、甲基对硫磷、马拉硫磷、乐果、敌敌畏、敌百虫、内吸磷、百菌清、甲萘威、溴氰菊酯、阿特拉津、苯并[a]芘、甲基汞、多氯联苯[⑧]、微囊藻毒素-LR、黄磷、钼、钴、铍、硼、锑、镍、钡、钒、钛、铊
湖泊水库	水温、pH、溶解氧、高锰酸盐指数、化学需氧量、BOD_5、氨氮、总磷、总氮、铜、锌、氟化物、硒、砷、汞、镉、铬(六价)、铅、氰化物、挥发酚、石油类、阴离子表面活性剂、硫化物和粪大肠菌群	总有机碳、甲基汞、硝酸盐、亚硝酸盐,其他项目参照表2-7,根据纳污情况由各级相关环境保护主管部门确定
排污河(渠)	根据纳污情况,参照表2-7中工业废水监测项目	

① 监测项目中,有的项目监测结果低于检出限,并确认没有新的污染源增加时可减少监测频次。根据各地经济发展情况不同,在有监测能力(配置GC-MS)的地区每年应监测1次选测项目。
② 悬浮物在5mg/L以下时,测定浊度。
③ 二甲苯指邻二甲苯、间二甲苯和对二甲苯。
④ 三氯苯指1,2,3-三氯苯、1,2,4-三氯苯和1,3,5-三氯苯。
⑤ 四氯苯指1,2,3,4-四氯苯、1,2,3,5-四氯苯和1,2,4,5-四氯苯。
⑥ 二硝基苯指邻二硝基苯、间二硝基苯和对二硝基苯。
⑦ 硝基氯苯指邻硝基氯苯、间硝基氯苯和对硝基氯苯。
⑧ 多氯联苯指PCB-1016、PCB-1221、PCB-1232、PCB-1242、PCB-1248、PCB-1254和PCB-1260。

表 2-7 工业废水监测项目

类 别	监 测 项 目
黑色金属矿山(包括磁铁矿、赤铁矿、锰矿等)	pH、悬浮物、硫化物、铜、铅、镉、汞、六价铬等
黑色冶金(包括选矿、烧结、炼焦、炼钢、轧钢等)	pH、悬浮物、化学需氧量、硫化物、氟化物、挥发酚、氰化物、石油类、铜、铅、锌、砷、镉、汞等
选矿药剂	化学需氧量、生化需氧量、悬浮物、硫化物、挥发酚等
有色金属矿山及冶炼(包括选矿、烧结、冶炼、电解、精炼等)	pH、悬浮物、化学需氧量、硫化物、氟化物、铜、铅、锌、砷、镉、汞、六价铬等
火力发电、热电	pH、悬浮物、硫化物、砷、铅、镉、挥发酚、石油类、水温等
煤矿(包括洗煤)	pH、悬浮物、砷、硫化物等
焦化	化学需氧量、生化需氧量、悬浮物、硫化物、氟化物、氰化物、石油类、氨氮、苯类、多环芳烃、水温等
石油开发	pH、化学需氧量、生化需氧量、悬浮物、硫化物、挥发酚、石油类等
石油炼制	pH、化学需氧量、生化需氧量、悬浮物、硫化物、氟化物、氰化物、石油类、苯类、多环芳烃等

续表

类　　别		监　测　项　目
化学矿开采	硫铁矿	pH、悬浮物、硫化物、铜、铅、锌、镉、汞、砷、六价铬等
	雄黄矿	pH、悬浮物、硫化物、砷等
	磷　矿	pH、悬浮物、氟化物、硫化物、砷、铅、磷等
	萤石矿	pH、悬浮物、氟化物等
	汞　矿	pH、悬浮物、硫化物、砷、汞等
有机原料	硫　酸	pH（或酸度）、悬浮物、硫化物、氟化物、铜、铅、锌、镉、砷等
	氯　碱	pH（或酸、碱度）、化学需氧量、悬浮物、汞等
	铬　盐	pH（或酸度）、总铬、六价铬等
有机原料		pH（或酸、碱度）、化学需氧量、生化需氧量、悬浮物、挥发酚、氰化物、苯类、硝基苯类、有机氯等
化肥	磷　肥	pH（或酸度）、化学需氧量、悬浮物、氟化物、铜、磷等
	氮　肥	化学需氧量、生化需氧量、挥发酚、氰化物、硫化物、砷等
橡胶	合成橡胶	pH（或酸、碱度）、化学需氧量、生化需氧量、石油类、铜、锌、六价铬、多环芳烃等
	橡胶加工	化学需氧量、生化需氧量、硫化物、六价铬、石油类、苯、多环芳烃等
塑料		化学需氧量、生化需氧量、硫化物、氰化物、铅、砷、汞、石油类、有机氯、苯类、多环芳烃等
化纤		pH、化学需氧量、生化需氧量、悬浮物、铜、锌、石油类等
农药		pH、化学需氧量、生化需氧量、悬浮物、硫化物、挥发酚、砷、有机氯、有机磷等
制药		pH（或酸、碱度）、化学需氧量、生化需氧量、石油类、硝基苯类、硝基酚类、苯胺类等
染料		pH（或酸、碱度）、化学需氧量、生化需氧量、悬浮物、挥发酚、硫化物、苯胺类、硝基苯类等
颜料		pH、化学需氧量、悬浮物、硫化物、汞、六价铬、铅、镉、砷、锌、石油类等
油漆		化学需氧量、生化需氧量、挥发酚、石油类、氰化物、镉、铅、六价铬、苯类、硝基苯类等
其他有机化工		pH（或酸、碱度）、化学需氧量、生化需氧量、挥发酚、石油类、氰化物、硝基苯类等
合成脂肪酸		pH、化学需氧量、生化需氧量、油、锰、悬浮物等
合成洗涤剂		化学需氧量、生化需氧量、油、苯类、表面活性剂等
机械制造		化学需氧量、悬浮物、挥发酚、石油类、铅、氰化物等
电镀		pH（或酸度）、氰化物、六价铬、铜、锌、镍、镉、锡等
电子、仪器、仪表		pH（或酸度）、化学需氧量、苯类、氰化物、六价铬、汞、镉、铅等
水泥		pH、悬浮物等
玻璃、玻璃纤维		pH、悬浮物、化学需氧量、挥发酚、氰化物、砷、铅等
油毡		化学需氧量、石油类、挥发酚等
石棉制品		pH、悬浮物、石棉等
陶瓷制品		pH、化学需氧量、铅、镉等
人造板、木材加工		pH（或酸、碱度）、化学需氧量、生化需氧量、悬浮物、挥发酚、甲醛等

续表

类　　别	监　测　项　目
食品	pH、化学需氧量、生化需氧量、悬浮物、挥发酚、氨氮等
纺织、印染	pH、化学需氧量、生化需氧量、悬浮物、挥发酚、硫化物、苯胺类、色度、六价铬等
造纸	pH(或碱度)、化学需氧量、生化需氧量、悬浮物、挥发酚、硫化物、铅、汞、木质素、色度等
皮革及皮革加工	pH、化学需氧量、生化需氧量、悬浮物、硫化物、氯化物、总铬、六价铬、色度等
电池	pH(或酸度)、铅、锌、汞、镉等
绝缘材料	化学需氧量、生化需氧量、挥发酚等

⑥ 底质监测项目可参考国家《环境质量报告书编写技术规定》提出的监测项目。

必测项目：砷、汞、铬、铅、镉、铜等。

选测项目：锌、硫化物、有机氯农药、有机磷农药、有机物等。

为积累必要的资料，采样时应在现场测定沉积物的 pH 和氧化还原电位（Eh 值）。

第三节　水体监测方案的制定

监测方案是一项监测任务的总体构思和设计，制定时必须首先明确监测目的，然后在调查研究的基础上确定监测对象、建立监测网点、选择采样地点，合理安排采样时间和采样频率，选定采样方法和分析测定技术，提出监测报告要求，制定质量保证程序、措施和方案的实施计划等。

一、地面水监测方案的制定

流过或汇集在地球表面上的水，如海洋、河流、湖泊、水库、池塘、沟渠中的水称为地面水，也叫地表水。

（一）基础资料的收集

在制定监测方案之前，应尽可能完备地收集欲监测水体及所在区域的有关资料，主要有如下几点。

① 水体的水文、气候、地质、地貌特征。

② 水体沿岸城市分布和工业布局、污染源分布、排污情况和城市给排水情况。

③ 水体沿岸资源（包括森林、矿产、土壤、耕地、水资源）现状，特别是植被破坏和水土流失情况。

④ 水体功能区划情况，各类用水功能区的分布，特别是饮用水源分布和重点水源保护区。

⑤ 实地勘察现场的交通状况、河宽、河床结构、岸边标志等。对于湖泊还需了解生物、沉积物特点、间温层分布、容积、平均深度、等深线、滞流时间等。

⑥ 收集原有的水质监测资料、水文实测资料和水环境研究成果。

（二）监测断面的设置

在对调查研究结果和有关资料进行综合分析的基础上，根据监测目的，结合水域类型、监测项目、污染源分布，并考虑人力、物力等因素，在研究、论证基础上确定监测断面。

1. 监测断面的设置原则

① 在断面布设前，应首先查清监测水域内生产和生活取水口的位置、取水量；废水排放口的位置及污染物排放情况；河段水文及河床情况；支流汇入、水工建筑情况；其他影响水质及均匀程度的因素。

② 监测断面的布设是水体监测工作的重要环节，应有代表性，即能真实、全面地反映水体水质及污染物的空间分布和变化规律。

③ 断面设置数量应根据水环境质量状况的实际需要，考虑对污染物时空分布和变化规律的控制，选择优先方案，力求以较少的断面取得代表性最好的样点。

④ 断面位置应该避开死水区，尽量选择顺直河段、河床稳定、水流平缓、无急流湍滩处。

2. 河流监测断面的设置

① 对流经城市和工业区的河段，一般应设置下列 3 种断面。

a. 对照断面。反映进入本地区河流水质的初始情况，它布设在进入城市、工业排污区的上游，不受该污染区域影响的适当位置。一个河段一般只设一个对照断面，一般设在距离最近的排污口上游 50～1000m 范围内。

b. 控制断面。为评价、监测河段两岸污染源对水体水质影响而设置的采样断面。控制断面的数目应根据河段沿岸的污染源分布情况而定，可设置一至数个控制断面；控制断面的位置应根据主要污染物的迁移、扩散规律，水体径流和河道水动力特征确定，一般设在排污口下游 500～1000m 处。

c. 消减断面。是指废水、污水汇入河流，流经一定距离与河水充分混合后，水中污染物浓度因河水的稀释作用和河流本身的自净作用而逐渐降低，其左、中、右三点浓度差异较小的断面，主要反映河流对污染物稀释自净情况。消减断面布设在控制断面的下游，一条河流只设置一个消减断面，通常设在城市或工业区最后一个排污口下游 1500m 以外的河段上。

② 为取得水系或水质的背景值，应设置背景断面。所谓背景断面值是指未受或基本未受人类活动影响的区域环境内接近天然水体的物质组成与基本含量。背景断面一般设置在河流上游不受污染的河段或接近源头处。

③ 沿岸大城市、大型工矿区、工业集中地区、大型排污口的下游河段和沿岸将要兴建大、中型厂矿的河段应设置采样断面。

④ 饮用水源区、水资源集中的水域、主要风景游览区、水上娱乐区及重大水力设施所在地等功能区应视需要设置采样断面。

⑤ 较大支流汇合口上游和汇合后与干流充分混合处、河流的入海口处、受潮汐影响的河段和严重水土流失区应布设采样断面。

⑥ 在河流流经途中遇有湖泊、水库等时，尽可能靠近入口和流出口设置采样断面。

⑦ 国际河流出入国境线的出入口处，地方河流出入边界线的出入口处需设置采样断面。

⑧ 河流采样断面应尽可能与水文测量断面重合，并要求交通方便，有明显的岸边标志。

在实际应用中要全面考虑各种复杂情况，灵活运用，以使采样具有代表性。图 2-1 为河流监测断面设置示意图。

3. 湖泊、水库监测垂线的布设

① 湖泊、水库通常只设监测垂线，如有特殊情况可参照河流的有关规定设置监测断面。

② 湖（库）区的不同水域，如进水区、出水区、深水区、浅水区、湖心区、岸边区，按水体类别设置监测垂线。

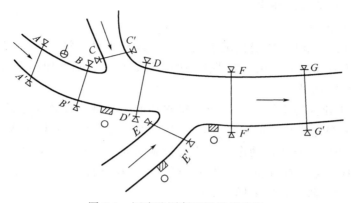

图 2-1 河流监测断面设置示意图

→—水流方向；⊖—自来水厂取水点；○—污染源；▨—排污口；

$A—A'$—对照断面；$G—G'$—消减断面；$B—B'$、$C—C'$、$D—D'$、$E—E'$、$F—F'$—控制断面

③ 湖（库）区若无明显功能区别，可用网格法均匀设置监测垂线。

④ 监测垂线上采样点的布设一般与河流的规定相同，但对有可能出现温度分层现象时，应做水温、溶解氧的探索性试验后再定

⑤ 受污染物影响较大的重要湖泊、水库，应在污染物主要输送路线上设置控制断面。

（三）采样点位的确定

设置监测断面后，应根据水面的宽度确定断面上的采样垂线，再根据采样垂线的深度确定采样点的位置和数目，河流、湖（库）采样垂线和采样点数按表2-8～表2-10进行设置。

表 2-8 采样垂线数的设置

水面宽	垂线数	说明
≤50m	一条（中泓）	1. 垂线布设应避开污染带，要测污染带应另加垂线
50～100m	二条（近左、右岸有明显水流处）	2. 确能证明该断面水质均匀时，可仅设中泓垂线
>100m	三条（左、中、右）	3. 凡在该断面要计算污染物通量时，必须按本表设置垂线

表 2-9 采样垂线上的采样点数的设置

水深	采样点数	说明
≤5m	上层一点	1. 上层指水面下 0.5m 处，水深不到 0.5m 时，在水深1/2处
5～10m	上、下层两点	2. 下层指水底以上 0.5m 处
>10m	上、中、下三层三点	3. 中层指 1/2 水深处 4. 封冻时在冰下 0.5m 处采样，水深不到 0.5m 处时，在水深1/2处采样 5. 凡在该断面要计算污染物通量时，必须按本表设置采样点

表 2-10 湖（库）监测垂线采样点的设置

水深	分层情况	采样点数	说明
≤5m		一点（水面下 0.5m 处）	1. 分层是指湖水温度分层状况
5～10m	不分层	二点（水面下 0.5m，水底上 0.5m）	2. 水深不足 1m，在 1/2 水深处设置测点
5～10m	分层	三点（水面下 0.5m，1/2 斜温层，水底上 0.5m 处）	3. 有充分数据证实垂线水质均匀时，可酌情减少测点
>10m		除水面下 0.5m，水底上 0.5m 处外，按每一斜温分层 1/2 处设置	

（四）监测时间和频率的确定

水样的采集要有代表性，应能反映出时间和空间上的变化规律。为了掌握时间上的周期

性变化，必须确定合理的监测频率。

1. 河流采样时间和频率

① 布设监测断面的河段，根据我国水质监测手段和力量，每年至少应在丰、枯、平水期各采样 2 次。北方有冰封期和南方有洪水期的省区、市要分别增加相应水期的采样，亦即 1 年内采样不应少于 6~8 次。

② 流经城市或工业区污染严重的河流、特殊功能的水域（如饮用水源地、游览水域），为了掌握水质的季节变化情况，每年监测不少于 12 次，每月至少采样 1 次。

③ 为了掌握短期内水质变化动态，重要的控制断面可根据需要，按一定的时间间隔进行 1~3d 的连续采样监测。有自动采样设备的则可进行连续自动采样和监测。

④ 河流水系的背景断面每年采样 1 次。

2. 湖泊水库的采样时间和频率

设有专门监测站位的湖泊、水库，每月采样不少于 1 次，全年采样不少于 12 次。其他一般湖泊、水库全年采样 2 次，在枯、丰水期各 1 次。有废水排入且污染严重的湖、库应酌情增加采样次数。

二、地下水监测方案的制定

储存在土壤和岩石空隙（孔隙、裂隙、溶隙）中的水，统称为地下水。地下水埋藏在地层的不同深度，相对地面水而言，其流动性和水质参数的变化比较缓慢。地下水质监测方案的制定过程与地面水基本相同。

（一）基础资料的收集

① 收集、汇总监测区域的水文、地质、气象等方面的有关资料和以往的监测资料。例如，地质图、剖面图、测绘图、水井的成套参数、含水层、地下水补给、径流和流向，以及温度、湿度、降水量等。

② 调查监测区域内城市发展、工业分布、资源开发和土地利用情况，尤其是地下工程规模、应用等；了解化肥、农药的施用面积和施用量；查清污水灌溉、排污、纳污和地面水污染现状。

③ 测量或查知水位、水深，以确定采水器和泵的类型、所需费用和采样程序。

④ 在完成以上调查的基础上，确定主要污染源和污染物，并根据地区特点与地下水的主要类型把地下水分成若干个水文地质单元。

（二）采样点的设置

由于地质结构复杂，地下水采样点的设置也比较复杂。自监测井采集的水样只代表含水层平行和垂直的一小部分，所以必须合理地选择采样点。

1. 背景值监测点的设置

背景值采样点应设在污染区的外围不受或少受污染的地方。对于新开发区，应在引入污染源之前设背景值监测点。

2. 监测井（点）的设置

监测井布点时，应考虑环境水文地质条件、地下水开采情况、污染物的分布和扩散形式，以及区域水化学特征等因素。

工业区和重点污染源所在地的监测井的布设主要根据污染源在地下水中的扩散形式确定。分以下几种情况。

① 渗坑、渗井和堆渣区的污染物在含水层渗透性较大的地区易造成条带状污染，其监

测井的布设应沿地下水流向，用平行和垂直的监测断面控制；渗坑、渗井和堆渣区的污染物在含水层渗透性小的地区易造成点状污染，其监测井应设置在与污染源距离最近的地方。如图2-2所示。

② 沿河、渠排放的工业废水和生活污水因渗漏可能造成带状污染，监测井则应根据河渠的状态和河渠所在位置的地质结构等条件，用网状布点法设置垂直于河渠的监测断面。如图2-3所示。

③ 污灌区、缺乏卫生设施的居民区的污水等渗透到地下易造成块状污染。其监测井的布点方式应是平行和垂直于地下水流向的方式，以监测污染物在两个方向上的扩散程度。

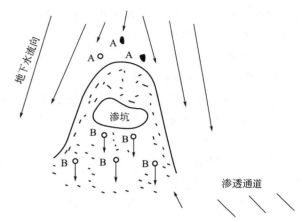

图2-2　条带状和点状污染扩散形式的布点示意图
A—条带状污染扩散形式的监测井；
B—点状污染扩散形式的监测井

一般监测井在液面下0.3～0.5m处采样。若有间温层或多含水层分布，可根据具体情况分层采样。

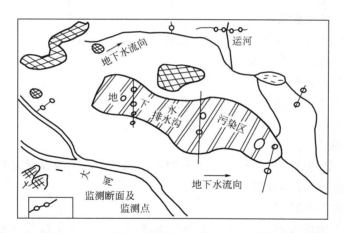

图2-3　有害物质沿河、渠渗漏形成的带状扩散污染监测断面设置示意图

（三）采样时间和频率的确定

① 每年应在丰水期和枯水期分别采样测定；有条件的地方按地区特点分四季采样；已建立长期观测点的地方可按月采样监测。

② 通常每一采样期至少采样监测1次；对饮用水源监测点，要求每一采样期采样监测2次，其间至少相隔10d；对有异常情况的井点，应适当增加采样监测次数。

三、水污染源监测方案的制定

水污染源包括工业废水源、生活污水源、医院污水源等。

工业生产过程中排出的水称为废水。包括工艺过程用水、机器设备冷却水、设备和场地清洗水等，它是造成水体污染的主要原因。不同的工业产生不同性质的废水，工业废水性质复杂，水量变化大。

人们生活过程中产生的污水包括住宅、商业、机关、学校、医院及文娱体育场所排出的粪尿和洗浴、洗涤和卫生清洁等污水统称生活污水。工业废水和生活污水采样是污染源调查和监测的主要工作内容之一，而污染源调查和监测则是监测工作的一个重要方面，是环境管理和治理的基础。

(一) 采样前的调查和资料收集

要保证采样地点、采样方法可靠并使水样具有代表性，采样前必须对污染源进行调查研究并收集有关资料。主要包括以下几方面内容。

1. 调查工业用水情况

工业用水一般分生产用水和管理用水。生产用水主要包括工艺用水、冷却用水、漂白用水等。管理用水主要包括地面与车间冲洗用水、洗浴用水、生活用水等。

要查清工业用水量、工业用水量中的循环用水量、废水排放量、设备蒸发量以及渗漏损失量。

2. 调查工业废水类型

工业废水有物理污染废水、化学污染废水、生物和生物化学污染废水三种主要类型以及混合污染废水。

3. 调查工业废水的排污去向

① 调查车间、工厂或地区的排污口数量和位置。

② 调查工业废水是直接排入，还是渠道排入江、河、湖、库或海内；是否有排放渗坑。

4. 调查生活污水的排放情况

① 调查该地区的居民人数及分布状况、居民点和村落分布情况。

② 调查该地区生活用水来源及用量。

③ 调查该地区生活污水的排放口及排放去向。

④ 调查该地区生活污水的水量和水质情况。

⑤ 调查该地区下游是否有城市污水处理厂。

(二) 采样点的设置

水污染源一般经管道或沟、渠排入，水流的截面积较小，不需设置断面，而直接确定采样点位。其采样点按下列原则设置。

1. 工业废水采样点的确定

① 含第一类污染物的废水，不分行业和废水排放方式，也不按受纳水体的功能类别，一律在车间或车间处理设施的排出口设置采样点。

② 含第二类污染物的废水，应在排污单位的废水出口处设置采样点。

③ 有处理设施的工厂，应在处理设施的排出口处布点。为了解对废水的处理效果，可在进水口和出水口同时布点采样。

④ 在排污渠道上，采样点应设在渠道较直、水量稳定、上游没有污水汇入处。

⑤ 在接纳废水入口后的排水管道或渠道中，采样点应设在离废水（或支管）入口约20~30 倍管径的下游处，以保证两股水流的充分混合。

⑥ 目前某些第二类污染物的监测方法尚不成熟，在总排污口处布点采样时，因干扰物质多而会影响监测结果，这时，应将采样点移到车间排污口，测定出浓度后再按废水排放量的比例换算成总排污口废水中的浓度。

⑦ 在排水管道或渠道中流动的废水，由于管壁的滞留作用，同一断面的不同部位流速和浓度都有可能互不相同。因此，可在水面下 $1/4 \sim 1/2$ 水深处取样，作为代表平均浓度的

废水水样。

⑧ 采样点应设立明显的固定标志，标志一经确定即不能随意改变，因工艺变化或其他原因需变更采样点时，应由地方环保行政部门重新认定。

2. 综合排污口、排污渠采样点的设置

城市综合排污口、排污渠污水的采样点根据监测目的选择以下位置。

① 在一个城市的主要排污口或总排污口处布点。

② 在污水处理厂的污水进、出口处布点。

③ 在污水泵站的进水和安全溢流口处布点。

④ 在市政排污管线的入水体处布点。

（三）采样时间和频率的确定

各种工业废水都含有特殊的污染物质，其排放量、浓度等因工艺、操作时间及开工率不同有很大的差异。采样的时间和采样频率的选择是一个复杂的问题，主要取决于排污的情况（均匀性）和分析的要求。对于排污情况复杂、浓度变化很大的废水，采样的时间间隔要短，最好采用连续自动采样方式，若工厂有废水处理设备时，由于水质和水量的变化比较稳定，频次可以大为减少。在一般情况下，工业废水的采样时间应尽可能选择在开工率、运转时间及设备等没有异常状况的时间内，并根据废水排放的具体情况，确定采样的时间间隔。

1. 车间排污口

（1）连续稳定生产车间的排污口　连续稳定生产车间的排污口，应在一个生产周期内采取水样，根据监测需要可以采取 2 种水样。

① 平均水样。在一个生产周期内，按等时间间隔采样数次，混合均匀后用于测定平均浓度。这种水样不适于测 pH，每次采样必须单独测 pH。也可以用连续自动采水器，取一个生产周期的水样进行分析。

② 定时（或称瞬时）水样。每半小时或 1h 取 1 个水样，找出污染物排放高峰，然后求采样周期内各水样测定结果的平均值，作为一个生产周期的平均值。采样频率为每月 1 次。

（2）连续不稳定生产车间的排污口

① 混合水样。根据排污量大小，在一个生产周期内按比例采样，混合均匀后测定平均浓度。每月至少测 1 次。

② 定时水样。根据排放规律，在一个生产周期内每小时采样 1 次，找出废水量最大、污染物浓度最高、危害最强的排放高峰。每个水样应分别测定，每月至少测 2 次。

（3）间断排污车间的排污口　对这类车间排污口要特别注意调查其排污规律和排污量，根据实际情况，在生产时进行采样。每个生产周期至少采样 8~10 次，每月监测 1 次。

（4）无规律生产车间的排污口　对于无规律生产车间的排污口，必须摸清其生产情况和排污的具体时间，根据排污的实际情况采样。一个生产周期内采样不少于 8~10 次。

对于上述（2）、（3）、（4）类车间排污口排放的废水，如果工厂筑有废水池（均衡池），则可在该池的排水口采样。采样频率为每月 1 次。

2. 工厂排污口

首先要安排一个周期的连续定时采样，对水样作单独分析，以便找出污染物浓度高峰。以后每季度测 1 次废水排放量，每月测 2 次水质情况。

根据"谁污染谁监测"的原则，上述车间排污口和工厂排污口的废水均由工厂自行监测。环保监测部门可进行不定期的抽样监测，对重点污染源应进行必要的监督和检查。

3. 城市主要入江排污口

结合对江河水质的例行监测,按丰、枯、平水期每年测 3 次,每次进行一昼夜或 8h 连续定时采样或用连续自动采水器采样,分析水样的平均浓度。

四、沉积物监测方案的制定

沉积物,又称底质,是矿物、岩石、土壤的自然沉积产物,生物过程的产物,有机质的降解物,污水排出物和河床母质等随水流迁移而沉降积累在水体底部的堆积物质的统称。

沉积物中蓄积了各种各样的污染物,显著地表征出水环境的物理、化学和生物学的污染现象。沉积物由于分解、解吸和受其界面反应作用,又不断受到水流的搬迁作用,其中蓄积的部分污染物又扩散于水体之中,导致水质的二次污染。水质与沉积物是息息相关的,水、沉积物和各种水生生物组成了一个完整的水环境体系。沉积物能记录给定水环境的污染历史,反映难于降解的污染物的累积情况。沉积物采样监测的目的是为了全面了解水环境的现状、水环境的污染历史、沉积物污染对水体的潜在危险。沉积物监测是水环境监测的一个重要部分。沉积物研究是环境分析的一项主要内容。通过对沉积物的物理、化学、生物等特性分析,以及对沉积物环境的研究,可以判断污染程度,确定污染源位置。

(一) 调查研究和资料收集

由于水体底部沉积物不断受到水流的搬迁作用,不同河流、河段的沉积物类型和性质差异很大。为此,在布设采样断面和采样点之前,先要调查沉积物的分布情况。下面介绍调查的内容和方法。

① 沉积物的类型和性质与河床母质、河床特征、水文地质以及周围的植被有关。所以,要充分收集并详细研究与之有关的材料。

② 沉积物的类型和性质还与污染源的分布有关。所以,还应收集污染源分布及排污资料。

③ 与有关部门配合,在水体中随机设置探查点。探查沉积物的构成类型(泥质、砂或砾石)和分布情况,并选择有代表性的探查点,采集表层沉积物样品。

④ 在泥质沉积物水域内设置 1~2 个采样点,采集柱状样品。枯水期可以在河床内靠近岸边 30m 左右处挖剖面。通过现场测量和样品分析,了解沉积物垂直分布状况和水域的污染历史。

⑤ 将上述资料绘制水体沉积物分布图,并标出水质采样断面。

(二) 采样断面和采样点的设置

1. 采样断面的设置

① 沉积物采样断面的设置原则与地面水采样断面的设置原则相同。沉积物采样断面应尽可能和地面水的采样断面重合,以便于将沉积物的组成及其物理化学性质与水质情况进行对比研究。

② 一般沉积物采样是指采集泥质沉积物。如果所设水质控制断面和消减断面处于砂砾、卵石或岩石区,则沉积物的采样断面可根据所绘沉积物分布图,向下游偏移至泥质区;如果水质对照断面所处的位置是砂砾、卵石或岩石区,测沉积物的采样断面应向上游偏移至泥质区。在此情况下,允许水质与沉积物的采样断面不重合,但是,必须保证所设断面能充分代表给定河段的水环境特征。

③ 调查特定污染源的影响时,应在排污口上游避开污水回流影响处设置一个对照断面,在排污口下游 1500m 距离内设置若干个采样断面。

2. 采样点的设置

① 沉积物采样点应尽可能与水质采样点位于同一垂线上。如果采样有障碍物，可以适当偏移。若中泓点为砂砾或卵石，可只设左、右两点；若左、右两点中有一点或两点都采不到泥质样品，可将采样点向岸边偏移，但必须是在洪、丰水期能被水面淹没的地方。

② 沉积物未受污染时，由于地质因素的原因，其中也会含有重金属。因此，必须了解背景情况。为此，要采集对照样品，或进行沉积物的背景值调查，以便进行综合评价。一个水系内，应在其主要支流不受或少受人类活动影响的清洁河段上设置沉积物背景值采样点。该采样点应尽可能与水质背景值采样点位于同一垂线上。

3. 柱状样品采样点的设置

由于柱状样品的采样工作困难大，人力、物力和时间的消耗多，所以，要求所设的采样点数要少，但必须有代表性，并能反映当地水体污染历史和河床的背景情况。为此，在给定的水域中只设 2～3 个采样点即可。

① 在主要污染断面的污染带一侧设置一个采样点。

② 在对照断面设置一个采样点。

③ 在消减断面设置一个采样点。

(三) 沉积物采样时间和频率的确定

一般来说，沉积物受水文、气象条件的变化远比水质变化小，相对稳定，污染物浓度随时间变化差异不大，而且很少有突变性。枯水期采集沉积物比较方便。为此，1 年内在枯水期采集 1 次即可，与水质采样同步进行。如果需要 1 年内采 2 次，应分别在丰水期和枯水期采样。

第四节　水样的采集和保存

一、采样前的准备

(一) 容器的准备

水样贮存容器因材质选择不当，有可能由于吸附、溶解等而造成待测组分损失或沾污样品。为此，在采样前，必须了解监测对象对样品贮存容器的选择和规定，选择符合要求的容器。

容器的材质与水样相互作用有 3 个方面：①容器材质可溶于水，如从塑料容器溶解下来有机质，从玻璃容器溶解下来钠、硅和硼等；②容器材质可吸附水样中某些组分，如玻璃吸附痕量金属，塑料吸附有机质等；③水样与容器直接发生化学反应，如水样中的氟化物与玻璃容器间的反应等。

为此，对水样容器及材质的要求如下：①容器材质的化学稳定性好，可保证水样的各组成成分在贮存期间不发生变化；②抗极端温度性能好，抗震，容器大小、形状和质量适宜；③能严密封口，且容易打开；④材料易得，成本较低；⑤容易清洗，能反复使用。

常用的水样贮存容器材质有硼硅玻璃（即硬质玻璃）、石英、聚乙烯和聚四氟乙烯塑料，广泛使用的是聚乙烯塑料和硼硅玻璃材质的容器。

硼硅玻璃容器。硼硅玻璃主要成分是二氧化硅和三氧化硼，因为无色透明便于观察样品及其变化，耐热性能良好，能耐强酸、强氧化剂以及有机溶剂的侵蚀。但是不耐氟化氢和强碱，易破碎，运输中需特别小心。玻璃容器常用作监测有机污染物和生物水样的贮存容器，也可作某些无机污染物（如六价铬、硫化氢、氨）水样的贮存容器。不宜贮存碱性水样以及测定锌、钠、钾、钙、镁、硅等的水样，因为玻璃容器可溶解出这些物质而沾污样品。

聚乙烯容器。聚乙烯在常温下不被浓盐酸、磷酸、氢氟酸和浓碱腐蚀，对许多试剂都很稳定，容器耐冲击、轻便、便于运输和携带。但浓硝酸、溴水、高氯酸和有机溶剂对它有缓慢的侵蚀作用。贮存水样时，对大多数金属离子很少吸附，但有吸附磷酸根离子及有机物的倾向，而且塑料本身和添加剂的老化分解，能从器壁溶解到水样中，产生有机物污染。所以聚乙烯容器用于贮存测定金属离子和其他无机物的水样，不宜贮存含有机污染物（如苯、油等）的水样。

对特殊项目的监测容器，可选用其他高级化学惰性材料制作的容器。

（二）采样器的准备

采样前根据监测项目选择合适的采样器，先用自来水冲去灰尘和其他杂物，再用酸或其他溶剂洗涤，最后用蒸馏水冲洗干净，如果是铁质采样器，要用洗涤剂彻底消除油污，再用自来水漂洗干净，晾干待用。

（三）交通工具的准备

最好有专用的监测船或采样船，如果没有，根据水体和气候选用适当吨位的船只，根据交通条件选用陆上交通工具。

二、地面水水样的采集

（一）采集方法

1. 船只采样

利用船只到指定的地点，按深度要求，把采水器浸入水面下采样，该方法比较灵活，适用于一般河流和水库的采样，但不容易固定采样地点，往往使数据不具有可比性。同时，一定要注意采样人员的安全。

2. 桥梁采样

确定采样断面应考虑交通方便，并应尽量利用现有的桥梁采样。在桥上采样安全、可靠、方便、不受天气和洪水的影响，适合于频繁采样，并能在横向和纵向准确控制采样点位置。

3. 涉水采样

较浅的小河和靠近岸边水浅的采样点可涉水采样，但要避免搅动沉积物而使水样受污染。涉水采样时，采样者应站在下游，向上游方向采集水样。

4. 索道采样

在地形复杂、险要，地处偏僻处的小河流，可架索道采样。

（二）采样器及使用方法

1. 水桶采样

水桶特别塑料水桶是一种普通的采样器具，适于采集表层水。采集的水样既有表层水，也有几十厘米深处的水，是混合水样，这在实际工作中是允许的。

塑料水桶适用于水体中除溶解氧、油类、细菌学指标等有特殊采样要求以外的大部分水样和水生生物监测样品的采集。

用水桶采样时,应注意下述事项。

① 到达采样站位正式采样前,首先要用水样冲洗桶体 2~3 次。

② 用桶采集的水样包括离表层零至几十厘米深处的混合水样,这在实际工作中是允许的,但是,应该避免水面漂浮的物质进入采样桶。

③ 采样时,使桶口迎着水流方向浸入水中,水充满桶后,应迅速提出水面。

2. 单层采水器

单层采水器主要由采水瓶架子（包括铅锤）和采水瓶构成,其结构见图 2-4。单层采水器的特点是由样品瓶直接在水体中装样,从表层水到较深的水体都可使用。它适用于大部分监测项目的样品采集,尤其是油类和细菌学指标等监测项目必须使用这类采水器。但是这类采水器不能用于水中微量气体（如溶解氧等）项目样品的采样,这是由于在水样充满样品瓶过程中,水气交换改变了容器内水样中微量气体的含量之故。

单层采水器操作步骤如下。

① 将已洗净并经干燥或特殊处理的样品瓶固定在采水器上,连接启瓶盖（塞）装置,检查各部分连接是否牢固可靠。

② 将采水器慢慢放入水体中。

③ 到达预定深度后,打开瓶盖（塞）,待水充满样品瓶（从水面可以观察到不再冒气泡）后,迅速提出水面,倒掉瓶上部少量水样（充满容器保存的样品除外）,便获得所需样品。

3. 有机玻璃采水器

该采水器由桶体、带轴的两个半圆上盖和活动底板等构成。桶体内装有水银温度计,采水器桶体容积 1~5L 不等,常用的一般为 2L（见图 2-5）。有机玻璃采水器用途较广,除油类、细菌学指标等监测项目所需水样不能使用该采水器外,适用于水质、水生生物大部分监测项目测定用样品的采集。

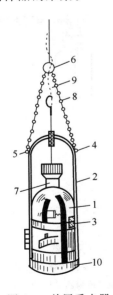

图 2-4 单层采水器
1—水样瓶;2,3—采水瓶架;4,5—控制采水瓶平衡的挂钩;6—固定采水瓶绳的挂钩;7—瓶塞;8—采水瓶绳;9—开瓶塞的软绳;10—铅锤

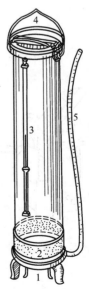

图 2-5 有机玻璃采水器
1—进水阀门;2—压重铅阀;3—温度计;4—溢水门;5—橡皮管

用有机玻璃采水器采样应注意如下事项。

① 有机玻璃采水器放入水体时，应保持与水面垂直，因此当水深流急时，应增加铅锤的质量。

② 采水器到达指定水层后，稍停片刻即可提升出水面。在样品分装前，松开放水胶管夹子，先放掉少量水样，再分装。

③ 有机玻璃采水器强度较差，在采样过程中容易因碰撞或操作不当，引起采水器损坏。如果发现采水器活动底板漏水或上盖板脱落，应立即停止使用。

4. 直立式采水器

直立式采水器由采水桶、溶解氧采水瓶和采水器架等部件组成。可专供溶解氧（或其他水中微量气体）监测用水样的采集。采水器示意图见图2-6。

直立式采水器采样操作步骤如下。

① 将采水桶和溶解氧瓶分别放入采水器架内的相应位置上，固定后，用乳胶管连接好溶解氧瓶，关好侧门。

② 换上带软绳的瓶塞，将直立式采水器慢慢放入水中。

③ 到达预定水层时，分别提拉采水桶和溶解氧瓶塞的软绳，将瓶塞打开，水便从溶解氧瓶灌入，空气从采水桶口排出。待水灌满后迅速提出水面，倒掉采水桶上部一层水，取下采样瓶。

5. 泵式采水器

泵式采水器由抽吸泵（常用的是真空泵）、采样瓶、安全瓶、采水管（一般可用聚乙烯管）等部件构成。采水管的进水口固定在带有铅锤的链子或钢丝绳上，到达预定水层用泵抽吸水样，因此泵式采水器可用于多种监测项目的样品采集。

泵式采水器装置示意图见图2-7。采样操作步骤如下。

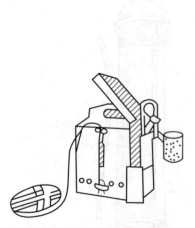

图2-6 直立式采水器示意图

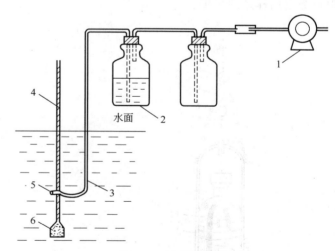

图2-7 泵式采水器

1—抽吸泵；2—样品容器；3—聚乙烯管；4—固定绳（或钢丝绳）；5—采水嘴（玻璃或聚乙烯材料）；6—重锤

① 连接采样装置，开启真空泵，堵住采水管的进水口，检查采样系统的密封性能。

② 将采水管的进水口通过钢丝绳沉降到所需深度（一般由绞车操纵），开启真空泵抽吸，当采样瓶中水样体积达到采水管内容积5倍以上后，关闭气路，将采样瓶内的水倒掉

弃去。

③ 把采水管上端插到采样瓶底部,以 1L/min 的速度抽吸水样。待采样瓶充满水样后,关闭气路,迅速从采样瓶中取出采水管,把水样分装到样品瓶中。

泵式采水器不能用于测定油类、细菌学指标的水样采集。当无其他采水器而必须用泵式采水器采集水中微量气体(如溶解的氧、二氧化碳等)的样品时,样品瓶应直接作为采样瓶通过泵吸采样,并且要缓慢地进行抽吸(但泵压不能明显低于大气压),否则易造成样品中气体成分逸散。在抽吸时应使样品溢出至安全瓶,溢流量为样品容器容积的 5 倍左右。

泵式采水器采集测定不溶性物质的水样时,采水管的进水口应当对着水流方向,并且要调整采样速度,使水的流速与被采样水体的流速相接近,以便进入采样瓶中的待测物浓度与在水体中浓度相同。

6. 急流采水器

如图 2-8 所示,采集水样时,打开铁框的铁栏,将样瓶用橡皮塞塞紧,再把铁栏扣紧,然后沿船身垂直方向伸入水深处,打开钢管上部橡皮管的夹子,水样便从橡皮塞的长玻璃管流入样瓶中,瓶内空气由短玻璃管沿橡皮管排出。

7. 溶解氧采水器

结构如图 2-9 所示,将采样器沉入要求水深处后,打开上部的橡胶管夹,水样进入小瓶并将空气驱入大瓶,从连接大瓶短玻璃管的橡胶管排出,直到大瓶中充满水样,提出水面后迅速密封。

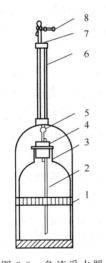

图 2-8 急流采水器

1—铁框;2—长玻璃管;3—采样瓶;4—橡胶塞;
5—短玻璃管;6—钢管;7—橡胶管;8—夹子

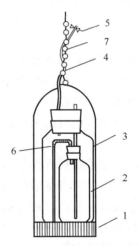

图 2-9 溶解氧采水器

1—带重锤的铁框;2—小瓶;3—大瓶;
4—橡胶管;5—夹子;6—塑料管;7—绳子

(三) 水样的类型

1. 瞬时水样

指在某一时间和地点从水体中随机采集的分散水样。当水体水质稳定,或其组分在相当长的时间或相当大的空间范围内变化不大时,瞬时水样具有很好的代表性;当水体组分及含量随时间和空间变化时,就应隔时、多点采集瞬时样,分别进行分析,摸清水质的变化规律。

2. 混合水样

指在同一采样点于不同时间所采集的瞬时水样的混合水样,有时称"时间混合水样"。这种水样在观察平均浓度时非常有用,但不适用于被测组分在贮存过程中发生明显变化的水样。

3. 综合水样

把不同采样点同时采集的各个瞬时水样混合后所得到的样品称综合水样。这种水样在某些情况下更具有实际意义。例如,当为几条废水河、渠建立综合处理厂时,以综合水样取得的水质参数作为设计的依据更为合理。

(四) 特殊项目的采样方法

1. pH、电导率

测定样品的 pH,应使用密封性好的容器。由于水样的 pH 不稳定,且不宜保存,所以采样器采集样品后,应立即灌装。另外,在样品灌装时,应从采样瓶底部慢慢将样品容器完全充满并且紧密封严,以隔绝空气的作用。

灌装样品前,每个样品瓶及瓶塞(盖)必须用水样充分荡洗。方法是,装入样品瓶容积的 1/4 水样,盖紧摇动,倒出洗涤水时,同时冲洗瓶塞,重复操作 2 次。

测定电导率的样品可参照 pH 测定样品要求采集。也可从测定 pH 的样品中,分取部分样品用于电导率的测定(但不能用已测定过 pH 的样品溶液再去测定电导率)。

2. 溶解氧、生化需氧量

应用碘量法测定水中溶解氧,水样需直接采集到样品瓶中。在采集水样时,要注意不使水样暴气或有气泡残存在采样瓶中。特别的采样器如直立式采水器和专用的溶解氧瓶可防止暴气和残存气体对样品的干扰。如果使用有机玻璃采水器则必须防止搅动水体,入水应缓慢小心。

当样品不是用溶解氧瓶直接采集,而需要从采样器(或采样瓶)分装时,溶解氧样品必需最先采集,而且应在采样器从水中提出后立即进行。用乳胶管一端连接采水器放入嘴或用虹吸法与采样瓶连接,乳胶管的另一端插入溶解氧瓶底。注入水样时,先慢速注至小半瓶,然后迅速充满,至溢流出瓶的水样达溶解氧瓶 1/3～1/2 容积时,在保持溢流状态下,缓慢地撤出管子。

合格的样品一经采集后立即加入保存剂固定。小心移开瓶塞,按顺序加入锰盐溶液和碱性碘化钾溶液,加入时需将移液管的尖端缓慢插入样品表面稍下处,慢慢注入试剂。小心盖好瓶塞防止气泡残留在瓶内,将样品瓶倒转 5～10 次以上,并尽快送实验室分析。

在现场用电极法测定溶解氧,可将预先处理好的电极直接放入河水或 1000ml 以上容积的水样瓶中测量。采样方法同上。

测定生化需氧量的样品采集参照溶解氧水样。

3. 浑浊度、悬浮物及总残渣

浑浊度、悬浮物及总残渣测定用的水样,在采集后,应尽快从采样器中放出样品,在装瓶的同时摇动采样器,防止悬浮物在采样器内沉降。非代表性的杂质,如树叶、杆状物等应从样品中除去。灌装前,样品容器和瓶盖用水样彻底冲洗。

该类项目分析用样品都难于保存,所以采集后应尽快分析。

4. 重金属污染物、化学耗氧量

水体中的重金属污染物和部分有机污染物都易被悬浮物质吸附。特别在水体中悬浮物含量较高时,样品采集后,采样器内的样品中所含的污染物随着悬浮物的下沉而沉降。因此必须边摇动采样器（或采样瓶）边向样品容器灌装样品，以减少被测定物质的沉降，保证样品的代表性。

样品采集后为防止水体的生物、化学和物理作用，应立即过滤处理或加入固定剂保存。采样中要防止采样现场大气中降尘带来的沾污。

5. 油类

① 测定水中溶解的或乳化的油含量时，应该用单层采水器固定样品瓶在水体中直接灌装，采样后迅速提出水面，保持一定的顶空体积，在现场用石油醚萃取。

测定油类的样品容器禁止预先用水样冲洗。

② 测定水体中包括油膜的油含量时，要一并采集水面上的油膜样品，同时测量油膜厚度和覆盖面积。

采样方法如下。将三角漏斗固定在球形分液漏斗上（分液漏斗的体积视样品需要量而定）。采样时，打开分液漏斗的支管活塞，手持分液漏斗和三角漏斗，将其倒置迅速插入水中，水样和油膜一并通过三角漏斗进入分液漏斗中，即将充满时，关闭分液漏斗的支管活塞，快速倒转取出水面。

③ 测定水面上薄层油膜的油分含量时，可用一个已知面积的不锈钢格架，格架上布好不锈钢丝网，网上固定着容易吸收油类的介质（如厚滤纸、有机溶剂泡洗过的纸浆、硅藻土、合成纤维等）。将不锈钢网格放在水面上吸收漂浮的油分。

（五）采样注意事项

① 水环境的采样顺序是先水质后底质，采集多层次的深水水域样品，按从浅到深的顺序采集。

② 采样时应避免剧烈搅动水体，任何时候都要避免搅动底质。如发现水体受底质影响发生浑浊，应停止采样，待影响消除后再进行。当水体中漂浮有杂质时，应注意防止漂浮杂质进入采样器，否则应重新采样。用采水塑料桶或样品瓶人工直接采集水体表层水样时，采样容器的口部应该面对水流流向。

③ 采水器的容积有限不能一次完成采样时，可以多次采集，将各次采集的水样集装在洗涤干净的大容器中（容积大于5L的玻璃瓶或聚乙烯桶），样品分装前应充分摇匀。注意混匀样品不适宜于测定溶解氧、BOD、油类、细菌学指标、硫化物及其他有特殊要求的项目。

④ 在样品分装和添加保存剂时，应防止操作现场环境可能对样品的沾污，尤其测定微量物质的样品更应格外小心。要预防样品瓶塞（或盖）受沾污。

⑤ 测定溶解氧、BOD、pH、二氧化碳等项目的水样，采样时必需充满，避免残留空气对测定项目的干扰。测定其他项目的样品瓶，在装取水样（或采样）后至少留出占容器体积10%的空间，一般可装到瓶肩处，以满足分析前样品充分摇匀。

⑥ 从采样器往样品瓶注入水样时，应沿样品瓶内壁注入，除特殊要求外，放水管不要插入液面下装样。

⑦ 除现场测定项目外，样品采集后应立即按保存方法采取措施，加保存剂的样品应在采样现场进行。在加保存剂时，除碘量法测定溶解氧的样品，移液管插入液面下加入保存剂外，一般项目加保存剂时，移液管嘴应靠瓶口内壁，使保存剂沿壁加到样品中，防止溅出。加入保存剂的样品，应颠倒摇动数次，使保存剂在水样中均匀分散。

⑧ 河流、湖泊、水库和河口、港湾水域可使用船舶进行采样监测，最好用专用的监测船或采样船。如无专用船只，可根据监测站位所在水域的状况、气象条件、安全和采样要求，选用适当吨位的船只作为采样船。采样船只从到达采样站位开始直至采样结束，禁止排放任何污染物。采样时，船首应该逆向水流流向，保持顶流状态。水质样品的采集一般在船只的前半部分作业。测定油类的水样，必须在船首附近面对水流流向的位置操作，要避开船体及船上油性污染物沾污的局部水域。

三、地下水水样的采集

从监测井中采集水样常利用抽水机设备。启动抽水机后，先放水数分钟，将积留在管道内的杂质及陈旧水排出，用水样洗涤容器2~3次，再用容器接取水样。对于无抽水设备的水井，可选择合适的专用采水器进行采集。

采集泉水水样，当水源不足1m时，可直接用采样容器灌注。对于自涌泉水，应在泉水涌出口处采样。涌出量有限时，可用小采水器多次采样，集装于干净的大容器中，混合均匀后再分装于各水样瓶中。

地下水水质较稳定，一般采集瞬时水样，即能有较好的代表性。

四、废水样品的采集

废水样品的贮存容器的选择和地面水样相同。废水一般流量较小，距地面距离近，地形也不复杂，所以采样设备和采集方法也比较简单。

（一）采样方法

1. 浅水采样

可用容器直接采集，或用聚乙烯塑料长把勺采集。

2. 深层水采样

可使用专制的深层采水器采集，也可将聚乙烯筒固定在重架上，沉入要求深度采集。

3. 自动采样

采用自动采样器或连续自动定时采样器采集。例如，自动分级采样式采水器，可在一个生产周期内，每隔一定时间将一定量的水样分别采集在不同的容器中；自动混合采样式采水器可定时连续地将定量水样或按流量比采集的水样汇集于一个容器内。

（二）废水样类型

1. 瞬时废水样

对于生产工艺连续、稳定的工厂，所排放废水中的污染组分及浓度变化不大，瞬时水样具有较好的代表性。对于某些特殊情况，如废水中污染物质的平均浓度合格，而高峰排放浓度超标，这时也可间隔适当时间采集瞬时水样，并分别测定，将结果绘制成浓度-时间关系曲线，以得知高峰排放时污染物质的浓度，同时也可计算出平均浓度。

2. 平均废水样

由于工业废水的排放量和污染组分的浓度往往随时间起伏较大，为使监测结果具有代表性，需要增大采样和测定频率，但这势必增加工作量，此时比较好的办法是采集平均混合水样或平均比例混合水样。前者系指每隔相同时间采集等量废水样混合而成的水样，适于废水流量比较稳定的情况；后者系指在废水流量不稳定的情况下，在不同时间依照流量大小按比例采集的混合水样。有时需要同时采集几个排污口的废水样，并按比例混合，其监测结果代表采样时的综合排放浓度。

3. 单独废水样

测定废水的 pH、溶解氧、硫化物、细菌学指标、余氯、化学需氧量、油脂类和其他可溶性气体等项目的废水样不宜混合,要瞬时采集单独废水样,并应尽快予以测定,不能及时分析的也应采取相应保存方法予以处理。

(三) 废水采样注意事项

① 在排污管道或渠道中采样时,应在水流平稳、水质均匀的部位采集,要防止异物进入采样水体。

② 随废水流动的悬浮物或固体颗粒,应看成是废水的一个组成部分,不应在测定前滤除。油、有机物和重金属离子等,可能被悬浮物吸附,有的悬浮物中就含有被测定的物质,如选矿、冶炼废水中的重金属。

③ 采集平均废水样,可采样后立即混合,也可采样后分批放置,待采样完毕后再进行混合。采集的废水样品应保存在避光和较低温度的环境中,以减少贮存过程中某些组分的损失。

④ 特殊监测项目的样品采集要求参照"地面水样品的采集"相关内容。

五、沉积物样品的采集

(一) 样品容器

沉积物样品用聚乙烯塑料袋盛装,也可用白色广口玻璃瓶贮装,所用容器不得有泄漏或破损。

聚乙烯塑料袋要求使用新袋,不能印有任何标志和字迹,不需洗涤。

由于聚乙烯材质对某些物质的吸附和沾污,不能用于湿样测定项目和硫化物等项目的样品贮装。测定硫化物的底质样品可使用不透明的棕色广口玻璃瓶作容器。供有机物分析的样品应置于棕色磨口瓶中,瓶盖内衬垫洁净铝箔或聚四氟乙烯薄膜。采集痕量金属测定用的底质样品,最好用石英或聚四氟乙烯容器。

(二) 采样器

(1) 掘式(抓式)采泥器　适用于采集量较大的表层底质样品。常用掘式采泥器如图 2-10 所示。

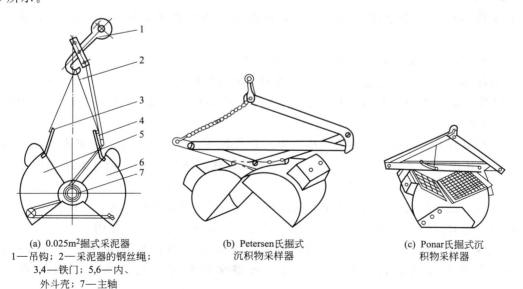

(a) 0.025m² 掘式采泥器
1—吊钩;2—采泥器的钢丝绳;
3,4—铁门;5,6—内、
外斗壳;7—主轴

(b) Petersen 氏掘式沉积物采样器

(c) Ponar 氏掘式沉积物采样器

图 2-10　常用掘式采泥器

（2）锥式采泥器　适用于采集量较少的表层底质样品。

（3）管式泥芯采样器　适用于采集柱状样品，常用重力管状钻式沉积物采样器如图 2-11 所示。

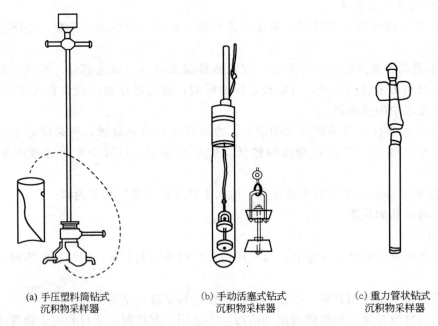

(a) 手压塑料筒钻式沉积物采样器　(b) 手动活塞式钻式沉积物采样器　(c) 重力管状钻式沉积物采样器

图 2-11　常用重力管状钻式沉积物采样器

（4）如果水域水深小于 3m 可将竹竿粗的一端削成尖头斜面，插入底泥中采样。当水深小于 0.5m 时，可用长柄塑料勺直接采集表层底质。

（5）底质采样辅助器材　除采泥器外，底质采集还需其他辅助工具，如接样盘、接样箱、小铲或小勺、分析筛等。

（三）采样注意事项

① 采样器材质一般要用强度高、耐磨性能好的钢材制成，使用前应除去油脂并清洗干净。

② 采样时，应尽量避免搅动水体及沉积物，特别是浅水区采样更应注意。

③ 采泥器深入表层不超过 5cm 时，应重采。如沉积物很硬，不能深入下去，可在同一采样点周围采样 2～3 次，将各次样品混合后分装。底质样品采集量视监测项目、目的而定，但一般不少于 1kg。

④ 采样器提升时，如发现采集底质因障碍物导致斗壳锁合不稳定、不紧密或者壳口处夹有卵石和其他杂物，样品流失过多，或因泥质太软，从采样器耳盖等处溢出时，应重新采样。

⑤ 底质样品采集后，应滤去水分，剔除砾石、木屑、杂草及贝壳等动、植物残体。

⑥ 样品处理完毕后，打开采泥器壳口，弃去残留底质，冲洗干净备用。

⑦ 从采样器中取样必须使用非金属器具，并且避免取已接触采样器内壁的底泥。采样和样品分装应防止采样装置、大气尘埃带来的污染或已采集样品引起的交叉污染。

⑧ 样品采集后盛放样品的容器应贮放于清洁的样品箱内，有条件应冷藏保存。

六、流量的测定

为了全面掌握水环境状况，除需要水质监测数据外，还需要测量水体的水位、流速、流量等水文参数，因为在计算水体污染负荷是否超过环境容量、控制污染源排放量、估价污染控制效果等工作中，都必须知道相应水体的流量。

较大的河流，水利部门一般设有水文监测断面，前面介绍的监测断面要尽量与水文断面重合，就是为利用其数据和设备。对于小河流、排污渠和排污管道，可实际测量其流量。废水流量的测量应当在采样时同步进行。污染调查中常用的流量测量方法如下。

（一）流速仪法

由于排污管道的截面积和污水排放时间较易求得，所以排水量可通过测量流速然后计算求出。

$$排水量 = 流量 \times 时间 = 流速 \times 截面积 \times 时间$$

水深大于 0.3m，流速不小于 0.05m/s 时，可用流速仪测量流速。水文测量中使用的流速仪，适用于测量河水的流速，如用于污染源监测，要注意废水可能对仪器的腐蚀，应勤于维护。

常用的流速仪有旋杯式和桨式两种，其转速与废水的关系如下式。

$$u = K\frac{N}{t} + c \tag{2-1}$$

式中 u——废水流速，m/s；

N——旋杯或叶片桨在 t 时间内的总转数；

t——测量时间，s；

K——比例系数；

c——因摩擦引起的修正系数。

使用流速仪测量流量时，要把流速仪沉降到指定深度，且把流速仪置于正对着水流方向上测定。测量时间越长，流速越准确，最短测量时间不应少于 100s。

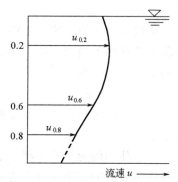

图 2-12 垂直流速曲线

在水流方向垂直的截面上，水的流速随深度而改变。一般先将水深分成 10 等分，绘制垂直流速曲线，如图 2-12 所示，然后求出图中封闭图形部分面积，再除以水深，便得到垂线上的平均流速。

$$\overline{V} = \frac{0.1H\sum_{i=1}^{10} u_i}{H} = 0.1\sum_{i=1}^{10} u_i \tag{2-2}$$

式中 H——水深，m；

u_i——水深 H_i 时的流速，m/s。

这种方法在实际应用时，费时而且麻烦，一般可采用如下简便和迅速的方法。

一点法： $\overline{u} = u_{0.6}$ (2-3)

二点法： $\overline{u} = \frac{1}{2}(u_{0.2} + u_{0.8})$ (2-4)

三点法： $\overline{u} = \frac{1}{4}(u_{0.2} + 2u_{0.6} + u_{0.8})$ (2-5)

式中 $u_{0.2}$——0.2 倍水深位置的流速；

$u_{0.6}$——0.6 倍水深位置的流速；

$u_{0.8}$——0.8 倍水深位置的流速。

据文献报道，将实际测得的河流流速与上述方法相比较时，一点法误差为 2.6%，二点法误差为 1.3%，三点法误差为 1.8%。二点法较为准确，实际应用时，当水深小于 40cm 时采用一点法，水深大于 40cm 时，采用二点法。

（二）浮标法

浮标法是一种粗略测量流速的简易方法。在推算和估计水渠（或河段）中的浅水或洪水期间的河流流量时，经常采用浮标法。

选取一段底壁平滑、长度不小于 10m、无弯曲、有一定液面高度的排水渠，经过疏通后，取一小段漂浮物（如木棒、泡沫塑料、小塑料瓶等，最好涂有醒目的颜色），放入流动的废水渠道中，在无外力影响（如风力、漂浮物阻挡等）的情况下，使漂浮物流经被测距离，记录流过的时间，重复数次，取平均值，即得流速。然后，再根据水流截面积计算出流量。流速的计算如下式：

$$u = \alpha L / t \tag{2-6}$$

式中　u——流速，m/s；
　　　L——漂浮物流过的距离（水渠测定长度），m；
　　　t——漂浮物通过距离 L 的平均时间，s；
　　　α——系数。

系数 α 为平均流速与主轴线表面流速之比，它随水渠（或河道）的宽度、水深、水渠的状况等条件的不同而不同，还由于表面浮漂容易受到风的影响等问题，所以 α 并不是一个恒定的值，对一般的渠道，取 $\alpha=0.7$。

（三）容积法

当废水流量较小时，可在废水出口处或废水水流有落差的地方，利用容器接流方法测定流量。

通常使用的容器有水桶（数升到数十升）、汽油桶、石油桶等，在测定流量时，选择将水装满需要时间在 20s 以上的容器，把流水的溢流口或水渠中形成适当落差的地点作为流量测定点。将容器放在流水降落地点的同时，卡上秒表，测定容器中装至一定体积水所需的时间。重复测定数次，求出其平均时间，然后根据容器的容量，计算出流量。

$$Q = V / t \tag{2-7}$$

式中　Q——流量，m^3/s；
　　　V——容器的容积，m^3；
　　　t——接流时间的平均值，s。

（四）溢流堰法

在水沟或水渠中设置一定形状的开口墙或板拦住水流，水由开口断面自由溢流，这种开口墙或板就是堰。上游水头和水流过的开口断面的大小、形状与流量之间存在一定的关系，溢流堰法就是根据它们之间的这种关系来测定流量的一种方法。

薄壁堰是废水流量测定中常用的量水设备，具有使用方便、测流精度高等优点，适用于现场或实地测定小明渠水流或废水流量。薄壁堰根据溢流口的形状不同又可分为多种堰，环境监测中常用三角堰和矩形堰。

1. 三角薄壁堰

三角薄壁堰是废水测流中最常用的实用测流设备，如图 2-13 所示，使用方法简单，测定准确度较高，因而获得广泛应用。

实际测量中常用直角薄壁三角堰，适合于水头在 0.05～0.35m，流量小于 0.1m³/s 的废水流量的测定。其流量计算公式如下。

（1）当水头 $H=0.02～0.20$m 时

$$Q_1 = 1.41H^{2.5} \tag{2-8}$$

式中　Q_1——流量，m³/s；
　　　H——堰的几何水头，m。

（2）当水头 $H=0.301～0.350$m 时

$$Q_2 = 1.343H^{2.47} \tag{2-9}$$

（3）当水头 $H=0.201～0.300$m 时

$$Q_3 = (Q_1 + Q_2)/2 \tag{2-10}$$

直角三角薄壁堰流量的另一个计算公式为

$$Q = KH^{2.5} \tag{2-11}$$

式中　K——流量系数。

$$K = 1.353 + 0.004/H + (0.14 + 0.2/\sqrt{D}) \cdot (H/B_0 - 0.09)^2$$

式中　D——从水渠底面到溢流口底部的高度，m；
　　　B_0——水渠的宽度，m。

此公式的适用范围是：

B_0——0.5～1.2m；

D——0.1～0.75m；

H——0.07～0.26m（要求 $H \leq 1/3 B_0$）。

2. 矩形薄壁堰

矩形堰测流装置见图 2-14。

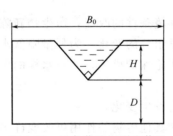

图 2-13　三角薄壁堰测流装置

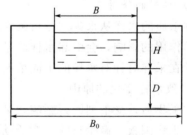

图 2-14　矩形堰测流装置

矩形薄壁堰流量计算公式为

$$Q = MB\sqrt{2g}H^{1.5} \tag{2-12}$$

$$M = [0.405 + 0.0027/H - 0.03 \times (B_0 - B)/B] \times \{1 + 0.55 \times (B/B_0)^2 \times [H^2/(H+D)]^2\}$$

式中　Q——流量，m³/s；
　　　B——堰口宽，m；
　　　H——堰几何水头，m；
　　　g——重力加速度，9.8m/s²；
　　　M——流量系数；
　　　D——从水渠底面到溢流口底部的高，m；

B_0——水渠宽度,m。

一般,M 取 0.405。

(五)测量注意事项

① 量水堰应设置在渠壁平整、水流呈直线流动的直段内,直段长应大于堰上最大水头的 5 倍以上,堰板垂直设置,不得渗漏,并保证堰口中心与上游水流中心一致。

② 水舌下空气应保持自由通路,对于自由出流,堰下水位应保持低于堰顶。

③ 测量过堰水头 H 时,应在堰口上游大于 $3H$ 处进行。

④ 在两明渠汇流处不宜设置量水堰,当水流量大于 $0.15\text{m}^3/\text{s}$ 时,不宜在排水渠中临时安装堰板。

七、水样的运输与保存

(一)水样的运输管理

采集的水样,除供一部分监测项目在现场测定使用外,大部分水样要运回到实验室进行分析测试。在水样运输过程中,为保持水样的完整性,使之不受污染、损坏和丢失,运输过程中要注意以下几点。

① 根据采样记录和样品登记表清点样品,防止搞错。

② 塑料容器要塞紧内塞、旋紧外盖。

③ 玻璃瓶要塞紧磨口塞,然后用细绳将瓶塞与瓶颈栓紧,或用封口胶、石蜡封口(测油类水样除外)。

④ 防止样品在运输过程中因震动、碰撞而导致损失或沾污,最好将样品装桶运送。装运箱和盖要用泡沫塑料或瓦楞纸板作衬里和隔板。样品按顺序装入箱内,加盖前要垫一层塑料膜,再在上面放泡沫塑料或干净的纸条使盖能压住样品瓶。

⑤ 需冷藏的样品,应配备专门的隔热容器,放入制冷剂,将样品置于其中保存。

⑥ 冬季应采取保温措施,以免冻裂样品瓶。

(二)水样的保存

各种水质的水样从采集到分析测定这段时间,由于环境条件的改变,微生物新陈代谢活动和化学作用的影响,会引起水样的某些物理参数及化学组分的变化,为尽量降低水样的变化,必须在采样时针对水样的不同情况和待测物的特性实施保护措施,注意水样的保存。

1. 导致水样变化的原因

水样采集后,受下列因素影响,某些组分浓度可能会发生变化。

(1)生物因素 微生物的代谢活动,如细菌、藻类和其他生物的作用可改变许多被测物的化学形态,它们可影响许多测定指标,主要反映在 pH、溶解氧、生化需氧量、二氧化碳、碱度、硬度、磷酸盐、硫酸盐、硝酸盐和某些有机化合物的浓度变化上。

(2)化学因素 测定组分可能被氧化或还原,如六价铬在酸性条件下易被还原为三价铬,低价铁可氧化成高价铁。由于铁、锰等价态的改变,可导致某些沉淀的溶解、聚合物产生或解聚作用的发生。所有这些变化,均能导致测定结果与水样实际情况不符。

(3)物理因素 测定组分被吸附在容器壁上或悬浮颗粒物的表面上,如溶解的金属或胶状的金属以及某些化合物等。

2. 水样的保存方法

(1)冷藏 水样冷藏温度一般要低于采样时的温度。水样采集后,立即投入冰箱或冰-水浴中并置于暗处。冷藏温度一般为 2~5℃,冷藏不能长期保存水样,但是短期内保存样

表 2-11　水样的保存方法、采样量及水样贮存容器的洗涤方法

项　目	采样容器	保存剂及用量	保存期	采样量[3]/ml	容器洗涤
浊度[1]	G、P		12h	250	I
色度[1]	G、P		12h	250	I
pH[1]	G、P		12h	250	I
电导[1]	G、P		12h	250	I
悬浮物[1]	G、P		14d	500	I
碱度[1]	G、P		12h	500	I
酸度[2]	G、P		30d	500	I
COD	G	加 H_2SO_4，pH≤2	2d	500	I
高锰酸盐指数[2]	G		2d	500	I
DO[1]	溶解氧瓶	加入硫酸锰，碱性 KI 叠氮化钠溶液，现场固定	24h	250	I
BOD_5[1]	G		12h	250	I
TOC	P	加 H_2SO_4，pH≤2	7d	250	I
F^-[1]	G、P		14d	250	I
Cl^-[2]	G、P		30d	250	I
Br^-[2]	G、P		14h	250	I
I^-[1]	G、P	NaOH，pH=12	14d	250	I
SO_4^{2-}[2]	G、P		30d	250	I
PO_4^{3-}	G、P	NaOH，H_2SO_4 调 pH=7，$CHCl_3$ 0.5%	7d	250	IV
总磷	G、P	HCl，H_2SO_4，pH≤2	24h	250	IV
氨氮	G、P	H_2SO_4，pH≤2	24h	250	I
NO_2^--N[2]	G、P		24h	250	I
NO_3^--N[2]	G、P		24h	250	I
总氮	G、P	H_2SO_4，pH≤2	7d	250	I
硫化物	G、P	1L 水样加 NaOH 至 pH=9，加入 5%抗坏血酸 5ml，饱和 EDTA 3ml，滴加饱和 $Zn(Ac)_2$ 至胶体产生，常温避光	24h	250	I
总氰	G、P	NaOH，pH=9	12h	250	I
Be	G、P	HNO_3，1L 水样中加浓 HNO_3 10ml	14d	250	III
B	P	HON_3，1L 水样中加浓 HNO_3 10ml	14d	250	I
Na	P	HNO_3，1L 水样中加浓 HNO_3 10ml	14d	250	II
Mg	G、P	HNO_3，1L 水样中加浓 HNO_3 10ml	14d	250	II
K	P	HNO_3，1L 水样中加浓 HNO_3 10ml	14d	250	II
Ca	G、P	HNO_3，1L 水样中加浓 HNO_3 10ml	14d	250	II
Cr(VI)	G、P	NaOH，pH=8～9	14d	250	III

续表

项 目	采样容器	保存剂及用量	保存期	采样量[3]/ml	容器洗涤
Mn	G、P	HNO_3,1L 水样中加浓 HNO_3 10ml	14d	250	Ⅲ
Fe	G、P	HNO_3,1L 水样中加浓 HNO_3 10ml	14d	250	Ⅲ
Ni	G、P	HNO_3,1L 水样中加浓 HNO_3 10ml	14d	250	Ⅲ
Cu	P	HNO_3,1L 水样中加浓 HNO_3 10ml[4]	14d	250	Ⅲ
Zn	P	HNO_3,1L 水样中加浓 HNO_3 10ml[4]	14d	250	Ⅲ
As	G、P	HNO_3,1L 水样中加浓 HNO_3 10ml,DDTC 法,HCl 2ml	14d	250	Ⅰ
Se	G、P	HCl,1L 水样中加浓 HCl 2ml	14d	250	Ⅲ
Ag	G、P	HNO_3,1L 水样中加浓 HNO_3 2ml	14d	250	Ⅲ
Cd	G、P	HNO_3,1L 水样中加浓 HNO_3 10ml[4]	14d	250	Ⅲ
Sb	G、P	HCl,0.2%(氢化物法)	14d	250	Ⅲ
Hg	G、P	HCl 1%,如水样为中性,1L 水样中加浓 HCl 10ml	14d	250	Ⅲ
Pb	G、P	HNO_3 1%,如水样为中性,1L 水样中加浓 HNO_3 10ml[4]	14d	250	Ⅲ
油类	G	加入 HCl 至 pH≤2	7d	250	Ⅱ
农药类[1]	G	加入抗坏血酸 0.01~0.02g 除去残余氯	24h	1000	Ⅰ
除草剂类[2]	G	加入抗坏血酸 0.01~0.02g 除去残余氯	24h	1000	Ⅰ
邻苯二甲酸酯类[2]	G	加入抗坏血酸 0.01~0.02g 除去残余氯	12h	1000	Ⅰ
挥发性有机物[2]	G	用(1+10)HCl 至 pH≤2 加入 0.01~0.02g 抗坏血酸除去残余氯	24h	1000	Ⅰ
甲醛[2]	G	加入 0.2~0.5g/L 硫代硫酸钠除去残余氯	12h	250	Ⅰ
酚类[2]	G	用 H_3PO_4 调至 pH≤2,用 0.01~0.02g 抗坏血酸除去残余氯	24h	1000	Ⅰ
阴离子表面活性剂	G、P		24h	250	Ⅳ
微生物[2]	G	加入硫代硫酸钠至 0.2~10.5g/L 除去残余物,4℃保存	12h	250	Ⅰ
生物[2]	G、P	不能现场测定时用甲醛固定	12h	250	Ⅰ

① 表示应尽量做现场测定。
② 低温（0~4℃）避光保存。
③ 为单项样品的最少采样量。
④ 如用溶出伏安法测定,可改用 1L 水样中加 19ml 浓 $HClO_4$。

注：1. G 为硬质玻璃瓶；P 为聚乙烯瓶（桶）。

2. Ⅰ,Ⅱ,Ⅲ,Ⅳ表示四种洗涤方法,如下
   Ⅰ：洗涤剂洗一次,自来水三次,蒸馏水一次；
   Ⅱ：洗涤剂洗一次,自来水洗二次,(1+3)HNO_3 荡洗一次,自来水洗三次,蒸馏水一次；
   Ⅲ：洗涤剂洗一次,自来水洗二次,(1+3)HNO_3 荡洗一次,自来水洗三次,去离子水一次；
   Ⅳ：铬酸洗液洗一次,自来水洗三次,蒸馏水洗一次。
   如果采集污水样品可省去用蒸馏水、去离子水清洗的步骤。

3. 经160℃干热灭菌 2h 的微生物、生物采样容器,必须在两周内使用,否则应重新灭菌；经121℃高压蒸汽灭菌 15min 的采样容器,如不立即使用,应于 60℃将瓶内冷凝水烘干,两周内使用。细菌监测项目采样时不能用水样冲洗采样容器,不能采混合水样,应单独采样后 2h 内送实验室分析。

品的一种较好的方法，对测定基本无妨碍。

（2）冷冻　为了延长保存期限，抑制微生物活动，减缓物理挥发和化学反应速率，可采用冷冻保存，冷冻温度在$-20℃$。但要特别注意冷冻过程和解冻过程中，不同状态的变化会引起水质的变化。为防止冷冻过程中水的膨胀，无论使用玻璃容器还是塑料容器都不能将水样充满整个容器。

（3）加入保存剂（化学法）

① 加杀生物剂法。为了抑制生物作用，可往样品中加入杀生物剂。如在测氨氮、硝酸盐氮、COD 的水样中，加入氯化汞或三氯甲烷等作防护剂以抑制生物对亚硝酸盐、硝酸盐、铵盐的氧化还原作用。在测酚水样中用磷酸调节溶液的 pH，加入硫酸铜以控制苯酚分解菌的活动。

② 加酸或碱。加入酸或碱改变溶液的 pH，从而使待测组分处于稳定状态。例如测重金属时加 HNO_3 至 pH 为 1～2，既可防止水解沉淀，又可避免被器壁吸附；测定氰化物和挥发酚的水样需加氢氧化钠调节 pH 至 12。测定六价铬的水样，则加氢氧化钠调至 pH 等于 8，因为酸性介质中六价铬的氧化电位高，易被还原。

③ 加入氧化剂。在水样中加入氧化剂增强氧化性组分的稳定性。如 Hg^{2+} 在水样中易被还原而引起汞的挥发损失，加入硝酸-重铬酸钾溶液可使汞维持在高氧化态，汞的稳定性大为改善。

④ 加入还原剂。在水样中加入还原性物质可除去氧化性物质对待测组分的氧化，增强待测组分的稳定性。如余氯能氧化 CN^-，能使酚类等氧化成相应的衍生物，可加入硫代硫酸钠除去余氯，增强水样中酚、CN^- 等的稳定性；测定硫化物的水样加入抗坏血酸，以防止其被氧化。

应当注意，加入的保存剂不能干扰以后的测定，保存剂最好是优级纯的，加入的方法要正确，避免沾污，同时要做空白试验，扣除保存剂空白对测定结果进行校正。

3. 常用样品保存技术

水样的贮存期限与多种因素有关，如组分的稳定性、浓度、水样的污染程度等。表 2-11 为我国《地表水和污水监测技术规范》（HJ/T 91—2002）中的水样保存方法、采样量、贮存容器及容器洗涤方法。

第五节　样品的预处理

一、水样的预处理

环境水样的组成是相当复杂的，并且多数污染组分的含量低，存在形态各异，所以在分析测定之前需要进行适当的预处理，以得到欲测组分适合于测定方法要求的形态、浓度和消除共有组分干扰的试样体系。本节介绍几种主要的预处理方法。

（一）消解

当测定含有机物水样中的无机元素时，需进行消解处理，金属化合物的测定多采用此法进行预处理。处理的目的是排除有机物和悬浮物的干扰，将各种价态的欲测元素氧化成单一高价态或转变成易于分离的无机化合物，同时消解还可达到浓缩水样的目的。消解后的水样应清澈、透明、无沉淀。

消解水样的方法有湿式消解法和干式消解法（干法灰化）。

1. 湿式消解法

湿式消解采用硝酸、硫酸、高氯酸等作消解试剂，以分解复杂的有机物。在进行消解时，应根据水样的类型及采用的测定方法选择消解试剂。

(1) 硝酸消解法 对于较清洁的水样，可用硝酸消解。其方法要点如下。取混匀的水样50～200ml 于烧杯中，加入 5～10ml 浓硝酸，在电热板上加热煮沸，蒸发至小体积，试液应清澈透明，呈浅色或无色，否则，应补加硝酸连续消解。蒸至近干，取下烧杯，稍冷后加2％硝酸（或盐酸）20ml，温热溶解可溶盐。若有沉淀应过滤，滤液冷至室温后定容，备用。该方法由于硝酸沸点低，一般单独使用的不太多。

(2) 硝酸-硫酸消解法 硝酸氧化力强，硫酸沸点高，两者结合可提高消解温度和消解效果。用硝酸-硫酸消解最为常见，应用比较广泛。常用的硝酸与硫酸的比例为 5：2。消解时，先将硝酸加入水样中，加热蒸发至小体积，稍冷，再加入硫酸、硝酸，继续加热蒸发至冒大量白烟，冷却，加适量水，温热溶解可溶盐，若有沉淀，应过滤。

(3) 硝酸-高氯酸消解法 两种酸都为强氧化性酸，联合使用可消解含难氧化有机物的水样。其方法要点如下。取适量水样于烧杯或锥形瓶中，加 5～10ml 硝酸，在电热板上加热、消解至大部分有机物被分解。取下烧杯，稍冷，加 2～5ml 高氯酸，继续加热至开始冒白烟，如试液呈深色，再补加硝酸，继续加热至冒浓厚白烟将尽（不可蒸干）。取下烧杯冷却，用 2％ HNO_3 溶解，如有沉淀应过滤，滤液冷至室温定容备用。

(4) 其他消解法 消解试剂除上述三种外，还有硫酸-磷酸、硫酸-高锰酸钾、硝酸-过氧化氢、氢氧化钠-高锰酸钾、氢氧化钠-过氧化氢等。

2. 干式消解

干式消解又称干法灰化或高温分解，多用于固态样品，如沉积物、底泥等。对含有大量有机物的水样，也可采用灰化法。其处理过程是取适量水样于白瓷或石英蒸发皿中，置于水浴上蒸干，移入马弗炉内，于 450～550℃ 灼烧到残渣呈灰白色，使有机物完全分解除去，取出蒸发皿，冷却，用适量 2％ HNO_3（或 HCl）溶解样品灰分，过滤，滤液定容后供测定。

本方法不适用于处理测定易挥发组分（如砷、汞、镉、硒、锡等）的水样。

3. 消解操作的注意事项

① 选用的消解试剂能使样品完全分解。
② 消解过程中不得使待测组分因产生挥发性物质或沉淀而造成损失。
③ 消解过程中不得引入待测组分或任何其他干扰物质，为后续操作引入干扰和困难。
④ 消解过程应平稳，升温不宜过猛，以免反应过于激烈造成样品损失或人身伤害。
⑤ 使用高氯酸进行消解时，不得直接向含有有机物的热溶液中加入高氯酸。
⑥ 消解操作必须在通风橱内进行。

(二) 挥发分离

1. 挥发

挥发是利用某些污染组分挥发度大，或者将欲测组分转变成易挥发物质，然后用惰性气体带出而达到分离的目的。例如，用冷原子荧光法测定水样中的汞时，先将汞离子用氯化亚锡还原为原子态汞，再利用汞易挥发的性质，通入惰性气体将其带出并送入仪器测定；用分光光度法测定水中的硫化物时，先使之在磷酸介质中生成硫化氢，再用惰性气体载入乙酸锌-乙酸钠溶液中吸收，从而达到与母液分离的目的，如图 2-15 所示。测定废水中的砷时，

将其转变成 H_3As 气体,用吸收液吸收后供分光光度法测定。

2. 蒸馏

蒸馏是利用水样中各污染组分具有不同的沸点而使其彼此分离的方法。它是环境监测分析中分离待测物的重要操作方法之一。蒸馏具有消解、富集和分离三种作用。如图 2-16 所示是测定水样中的挥发酚和氰化物的蒸馏装置。

按所用手段和条件的不同蒸馏可分为常压蒸馏、减压蒸馏、分馏和其他类型的蒸馏。

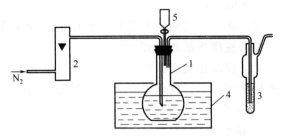

图 2-15 测定硫化物的吹气分离装置

1—500ml 平底烧瓶(内装水样);2—流量计;
3—吸收管;4—50~60℃恒温水浴;5—分液漏斗

3. 蒸发浓缩

蒸发就是将液体加热变成蒸气而除去的操作。在水质分析中蒸发可用来减少溶剂量(浓缩)或完全除去溶剂(蒸干),以达到富集待测物的目的。一般用于含有欲测组分的稀溶液。

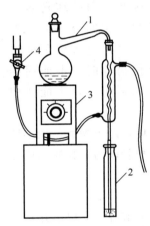

图 2-16 挥发酚、氰化物的蒸馏装置

1—500ml 全玻璃蒸馏器;
2—接收瓶;3—电炉;
4—水龙头

(三)溶剂萃取

有机化合物的测定多采用此法进行预处理。溶剂萃取法是基于物质在不同的溶剂相中分配系数不同,而达到组分的富集与分离目的。萃取有以下 2 种类型。

1. 有机物质的萃取

分散在水相中的有机物质易被有机溶剂萃取,利用此原理可以富集分散在水样中的有机污染物质。例如,用 4-氨基安替比林分光光度法测定水样中的挥发酚时,当酚含量低于 0.05mg/L 时,则水样经蒸馏分离后需再用三氯甲烷进行萃取浓缩;用紫外光度法测定水中的油和用气相色谱法测定有机农药(六六六、DDT)时,需先用石油醚萃取等。

2. 无机物的萃取

由于有机溶剂只能萃取水相中以非离子状态存在的物质(主要是有机物质),而多数无机物质在水相中以水合离子状态存在,故无法用有机溶剂直接萃取。为实现用有机溶剂萃取,需先加入一种试剂,使其与水相中的离子态组分相结合,生成一种不带电、易溶于有机溶剂的物质,即将其由亲水性变成疏水性。该试剂与有机相、水相共同构成萃取体系。根据生成可萃取物类型的不同,可分为螯合物萃取体系、离子缔合物萃取体系、三元配合物萃取体系和协同萃取体系等。水质监测中,双硫腙比色法测定水样中的 Cd^{2+}、Hg^{2+}、Pb^{2+}、Zn^{2+} 等用的就是螯合物萃取体系;氟试剂比色法测定氟化物时,用的就是三元配合物萃取体系。

(四)其他预处理方法

在水样预处理过程中除上述主要方法之外还有其他预处理方法。

离子交换分离法。利用离子交换剂(主要为有机离子交换剂,即离子交换树脂)与溶液中的离子发生交换反应而进行分离的方法。

共沉淀法。利用溶液中难溶化合物在形成沉淀过程中,将共存的某些痕量组分一起载带沉淀出来的分离方法。

吸附法。利用固体吸附剂将水样中一种或数种组分吸附于表面，以达到分离的目的。

二、底质样品的预处理

底质样品送交实验室后，应尽快处理和分析，如放置时间较长，应放于－40～－20℃的冷冻柜中保存。在处理过程中应尽量避免沾污和污染物损失。

（一）制备

1. 脱水

底质中含有大量水分，必须用适当的方法除去，不可直接在日光下暴晒或高温烘干。常用脱水方法有：在阴凉、通风处自然风干（适于待测组分较稳定的样品）；离心分离（适于待测组分易挥发或易发生变化的样品）；真空冷冻干燥（适用于各种类型样品，特别是测定对光、热、空气不稳定组分的样品）；无水硫酸钠脱水（适于测定油类等有机污染物的样品）。

2. 筛分

将脱水干燥后的底质样品平铺于硬质白纸板上，用玻璃棒等压散（勿破坏自然粒径）。剔除砾石及动、植物残体等杂物，使其通过20目筛。筛下样品用四分法缩分至所需量。用玛瑙研钵（或玛瑙碎样机）研磨至全部通过80～200目筛，装入棕色广口瓶中，贴上标签备用。但测定汞、砷等易挥发元素及低价铁、硫化物等时，不能用碎样机粉碎，且仅通过80目筛。测定重金属元素的试样，使用尼龙材质网筛，不能使用金属材质网筛。

对于用管式泥芯采样器采集的柱状样品，尽量不要使分层状态破坏，经干燥后，用不锈钢小刀刮去样柱表层，然后按上述表层底质方法处理。如欲了解各沉积阶段污染物质的成分和含量变化，可沿横断面截取不同部位样品分别处理和测定。

（二）分解

底质样品的分解方法根据监测目的和监测项目不同而异，常用的分解方法有以下几种。

1. 硝酸-氢氟酸-高氯酸（或王水-氢氟酸-高氯酸）分解法

该方法也称全量分解法，适用于测定底质中元素含量水平及随时间变化和空间分布的样品分解。其分解过程是称取一定量样品于聚四氟乙烯烧杯中，加硝酸（或王水）在低温电热板上加热分解有机质。取下稍冷，加适量氢氟酸煮沸（或加高氯酸继续加热分解并蒸发至约剩0.5ml残液）。再取下冷却，加入适量高氯酸，继续加热分解并蒸发至近干（或加氢氟酸加热挥发除硅后，再加少量高氯酸蒸发至近干）。最后，用1%硝酸煮沸溶解残渣，定容，备用。这样处理得到的试液可测定全量Cu、Pb、Zn、Cd、Ni、Cr等。

2. 硝酸分解法

该方法能溶解出由于水解和悬浮物吸附而沉淀的大部分重金属，适用于了解底质受污染的状况。其分解过程是称取一定量样品于50ml硼硅玻璃管中，加几粒沸石和适量浓硝酸，徐徐加热至沸并回流15min，取下冷却，定容，静置过夜，取上层清液分析测定。

3. 水浸取法

称取适量样品，置于磨口锥形瓶中，加水，密塞，放在振荡器上振摇4h，静置，用干滤纸过滤，滤液供分析测定。该方法适用于了解底质中重金属向水体释放情况的样品分解。

4. 有机溶剂提取法

该方法用于处理测定有机污染组分的底质样品，如测定六六六、DDT等。

第六节 物理性质的测定

一、水温

水温是重要的水质物理指标，水的物理、化学性质与水温密切相关。水中溶解性气体（溶解氧，二氧化碳）的溶解度、微生物活动、盐度、pH 及碳酸钙的饱和度等都受水温影响。

水温为现场观测项目，常用的测量仪有水温计和颠倒温度计，前者用于浅层水温的测量，后者用于深层水温的测量。此外还有热敏电阻温度计等。

（一）水温计法

水温计为安装于金属半圆槽壳内的水银温度计，下端连接一金属贮水杯，使温度计球部悬于杯中，温度计顶端的壳带一圆环，拴以一定长度的绳子。水温计适用于测量水的表层温度，通常测量范围为 $-6 \sim 41℃$，分度为 $0.2℃$。将水温计沉入一定深度的水中，放置 5min 后，迅速提出水面并读取温度值。从水温计离开水面至读数完毕应不超过 20s，必要时，重复沉入水中，再一次读数。

（二）颠倒温度计法

颠倒温度计由主温表和辅温表构成。主温表是双端式水银温度计，用于观测水温；辅温表为普通水银温度计，用于观测读取水温时的气温，以校正因环境温度改变而引起的主温表读数的变化。颠倒温度计适于测量水深在 40m 以上的各层水温，测量时，将其沉入预定深度水层，感温 7min，提出水面后立即读数，根据主、辅温度表的读数，分别查主、辅温度表的器差表，得出相应的校正值。

二、色度

纯净的不受污染的水是无色而透明的，天然水经常显示各种不同的颜色。这些颜色主要来源于植物的叶、皮、根、腐殖质以及泥沙、矿物质等。工业废水的污染常使水色变得十分复杂。水色的存在，使饮用者外观有不快之感，且会使工业产品质量降低，尤其对一些轻工业品如食品、造纸、纺织、饮料工业等，故需对其进行测定。

水色可分"真色"和"表色"，水中悬浮物质完全除去后呈现的颜色称为"真色"，没有除去悬浮物时所呈现的颜色，称为"表色"。水质分析中所表示的颜色，是指水的"真色"而言。故在测定前需先用澄清或离心沉降的方法除去水中的悬浮物，但不能用滤纸过滤，因滤纸能吸收部分颜色。有些水样含有颗粒太细的有机物或无机物质，不易用离心分离，只能测定水样的"表色"，这时需要在结果报告上注明，在清洁的或混浊度很低的水样中，水的"表色"与"真色"几乎完全相同。

（一）铂、钴比色法

该方法适用于较清洁的，带有黄色色调的天然水和饮用水的测定。用氯铂酸钾（K_2PtCl_6）与氯化钴（$CoCl_2 \cdot 6H_2O$）的混合溶液作为标准溶液，称为铂钴标准。每升水中含有 1mg 铂和 0.5mg 钴所具有的颜色，称为 1 度。测定时用目视比较水样和铂钴标准，直接记录水样色度。

（二）稀释倍数法

该方法适用于受工业废水污染的地面水和工业废水颜色的测定。测定时，首先用文字描述水样颜色的种类和深浅，如蓝色、黄色、灰色等。然后将废水水样用无色水稀释至将近无色，装入比色管中，水柱高10cm，在白色背景上与同样高的蒸馏水比较，一直稀释至不能觉察出颜色为止，这个刚能觉察有色的最大稀释倍数，即为该水样的稀释倍数，用稀释倍数表示水样的色度。

三、残渣

残渣分为总残渣、总可滤残渣和总不可滤残渣三种。总残渣是水或废水在一定温度下蒸发、烘干后残留在器皿中的物质。总可滤残渣也称溶解性总固体，系指通过滤器并在103～105℃烘干至恒重的固体。它们是表征水中溶解性物质、不溶性物质含量的指标。一般用称量法直接求出，三者的关系如下。

$$总残渣 = 总可滤残渣 + 总不可滤残渣 \tag{2-13}$$

（一）总残渣

其测定方法是取适量（如50ml）振荡均匀的水样于称至恒重的蒸发皿中，在蒸汽浴或水浴上蒸干，移入103～105℃烘箱内烘至恒重，增加的质量即为总残渣（mg/L）。计算式如下

$$总残渣 = \frac{(A-B) \times 1000 \times 1000}{V} \tag{2-14}$$

式中　A——总残渣和蒸发皿质量，g；
　　　B——蒸发皿质量，g；
　　　V——水样体积，ml。

（二）总不可滤残渣（悬浮物，SS）

悬浮物系指残留在滤器上，并于103～105℃烘至恒重的固体。它是决定工业废水和生活污水能否直接排入公共水域或必须处理到何种程度才能排入水体的重要条件之一。主要包括不溶于水的泥砂、各种污染物、微生物及难溶无机物等。直接测量法是，选择一定型号的滤纸烘干至恒重，取一定量的（50ml）水样过滤，再将滤纸及其残渣烘干至恒重，二者之差即为悬浮物质量，再除以水样的体积，单位为mg/L。计算式如下

$$\rho = \frac{(m_1 - m_2) \times 10^6}{V} \tag{2-15}$$

式中　ρ——水中悬浮物质量浓度，mg/L；
　　　m_1——悬浮物+滤膜+称量瓶质量，g；
　　　m_2——滤膜+称量瓶质量，g；
　　　V——试样体积，ml。

注意事项。

① 慎重选择烘干温度、烘干时间。
② 注意选择滤纸型号，前后测定滤纸要一致。
③ 树叶、棍棒等不均匀物质应从水样中除去。
④ 水样不宜保存，应尽快分析。
⑤ 如水样较清澈，可多取水样，最好是使悬浮物质质量在50～100mg。

四、浊度

浊度是表示水中悬浮物对光线透过时所发生的阻碍程度。水中含有泥土、粉砂、有机物、无机物、浮游生物和其他微生物等悬浮物和胶体物质都可使水体呈现浊度。水的浊度大小不仅和水中存在颗粒物质含量有关，而且和其粒径大小、形状及颗粒表面对光散射特性有

密切关系。我国采用 1L 蒸馏水中含有 1mg 二氧化硅为一个浊度单位。浊度的测定方法如下。

(一) 目视比浊法

将水样与用硅藻土配制的标准浊度溶液进行比较，以确定水样的浊度。它适合于饮用水和水源水等低浊度水的测定。测定时配制一系列浊度的标准溶液，其范围视水样浊度而定，取与浊度标准溶液等体积的摇匀水样，目视比较水样的浊度。

(二) 分光光度法

该方法适用于天然水、饮用水及高浊度水的测定。将一定量的硫酸肼与六亚甲基四胺聚合，生成白色高分子聚合物，以此作为浊度标准溶液，配制一系列浊度标准溶液，在 680nm 波长处分别测其吸光度，绘制吸光度-浊度标准曲线，再测水样的吸光度，从校准曲线上查得水样的浊度。如果水样经过稀释，要换算成原水样的浊度。

此外还有浊度计测定法，一般用于水体浊度的连续自动测定。

五、透明度

透明度是指水样的澄清程度，洁净的水是透明的。水中存在悬浮物和胶体时，透明度便降低，水中悬浮物越多，其透明度就越低。透明度与浊度相反。测定透明度的方法有铅字法、塞氏盘法、十字法等。

(一) 铅字法

本法适用于天然水或处理后的水。检验人员从透明度计的上方垂直向下观察，以刚好能清楚地辨认出其底部的标准铅字印刷符号时的水柱高度（以 cm 计）为该水的透明度。透明度计，是一种长 33cm，内径 2.5cm 的玻璃筒，上面有厘米为单位的刻度，筒底有一磨光的玻璃片。筒与玻璃片之间有一个胶皮圈，用金属夹固定。距玻璃筒底部 1~2cm 处有一放水侧管。测定时将振荡均匀的水样立即倒入筒内至 30cm 处，从筒口垂直向下观察，如不能清楚地看见印刷符号，缓慢地放出水样，直到刚好能辨认出符号为止。记录此时水柱高度的厘米数，估计至 0.5cm。

本法受检验人员的主观影响较大，照明等条件应尽可能一致，最好取多次或数人测定结果的平均值。

(二) 塞氏盘法

这是一种现场测定透明度的方法。塞氏盘为直径 200mm、黑白各半的圆盘，将其沉入水中，以刚好看不到它时的水深（cm）表示透明度。

(三) 十字法

在内径为 30mm、长为 0.5m 或 1.0m 的具刻度玻璃筒的底部放一白瓷片，片中部有宽度为 1mm 的黑色十字和 4 个直径为 1mm 的黑点。将混匀的水样倒入筒内，从筒下部徐徐放水，直至明显地看到十字，而看不到 4 个黑点为止，以此时水柱高度（cm）表示透明度。当高度达 1m 以上时即为透明水。

第七节　金属化合物的测定

一、铬的测定

铬存在于电镀、冶炼、制革、纺织、制药、炼油、化工等工业废水污染的水体中。富铬地区地表水径流中也含铬。自然形成的铬常以元素或三价状态存在，铬是人体必需的微量元素之一，金属铬对人体是无毒的，缺乏铬反而还可引起动脉粥样硬化，所以天然的铬给人体造成的危害并不大。铬是变价金属，污染的水中铬有三价、六价两种价态，一般认为六价铬的毒性比三价铬高约100倍，即使是六价铬，不同的化合物其毒性也不一样，三价铬也是如此。三价铬是一种蛋白质凝固剂。六价铬更易为人体吸收，对消化道和皮肤具刺激性，而且可在体内蓄积，产生致癌作用。铬抑制水体的自净，累积于鱼体内，也可使水生生物致死。用含铬的水灌溉农作物，铬可富集于果实中。

铬的测定可采用二苯碳酰二肼分光光度法、原子吸收分光光度法和硫酸亚铁铵滴定法。

(一) 二苯碳酰二肼分光光度法测定六价铬

1. 方法原理

在酸性溶液中，六价铬与二苯碳酰二肼反应，生成紫红色化合物，其色度在测量范围内与含量成正比，于540nm波长处进行比色测定，利用标准曲线法求水样中铬的含量。反应式如下：

$$\text{(二苯碳酰二肼)} + Cr(VI) \longrightarrow \text{(中间体)} + Cr^{3+} \longrightarrow \text{紫红色配合物}$$

本方法适用于地面水和工业废水中六价铬的测定。方法的最低检出浓度为0.004mg/L，使用光程为10mm比色皿，测定上限为1mg/L。

2. 测定要点

① 对于清洁水样可直接测定；对于色度不大的水样，可以用丙酮代替显色剂的空白水样作参比测定；对于浑浊、色度较深的水样，以氢氧化锌作共沉淀剂，调节溶液pH为8～9，此时Cr^{3+}、Fe^{3+}、Cu^{2+}均形成氢氧化物沉淀，可被过滤除去，与水样中的$Cr(VI)$分离；存在亚硫酸盐、二价铁等还原性物质和次氯酸盐等氧化物时，也应采取相应措施消除干扰。

② 用优级纯$K_2Cr_2O_7$配制铬标准溶液，分别取不同的体积于比色管中，加水定容，加酸（H_2SO_4、H_3PO_4）控制pH，加显色剂显色，以纯溶剂（丙酮）为参比分别测其吸光度，将测得的吸光度经空白校正后，绘制吸光度对六价铬含量的标准曲线。

③ 取适量清洁水样或经过预处理的水样，与标准系列同样操作，将测得的吸光度经空白校正后，从标准曲线上查得并计算原水样中六价铬含量。

(二) 总铬的测定

三价铬不与二苯碳酰二肼反应，因此必须将三价铬氧化至六价铬后，才能显色。

在酸性溶液中，以$KMnO_4$氧化水样中的三价铬为六价铬，过量的$KMnO_4$用$NaNO_2$分解，过量的$NaNO_2$以$CO(NH_2)_2$分解，然后调节溶液的pH，加入显色剂显色，按测定六价铬的方法进行比色测定。

注意，$KMnO_4$氧化三价铬时，应加热煮沸一段时间，随时添加$KMnO_4$使溶液保持红色，但不能过量太多。还原过量的$KMnO_4$时，应先加尿素，后加$NaNO_2$溶液。

(三) 硫酸亚铁铵[$Fe(NH_4)_2(SO_4)_2$]滴定法

本法适用于总铬浓度大于1mg/L的废水，其原理为在酸性介质中，以银盐作催化剂，用过硫酸铵将三价铬氧化成六价铬。加少量氯化钠并煮沸，除去过量的过硫酸铵和反应中产生的氯气。以苯基代邻氨基苯甲酸作指示剂，用硫酸亚铁铵标准溶液滴定，至溶液呈亮绿色。根据硫酸亚铁铵溶液的浓度和进行试剂空白校正后的用量，可计算出水样中总铬的含量。

二、砷的测定

砷不溶于水，可溶于酸和王水中。砷的可溶性化合物都具毒性，三价砷化合物比五价砷化合物毒性更强。砷在饮水中的最高允许浓度为 0.05mg/L，口服 As_2O_3（俗称砒霜）5～10mg 可造成急性中毒，致死量为 60～200mg。砷还有致癌作用，能引起皮肤病。

地面水中砷的污染主要来源于硬质合金、染料、涂料、皮革、玻璃脱色、制药、农药、防腐剂等工业废水，化学工业、矿业工业的副产品会含有气体砷化物。含砷废水进入水体中，一部分随悬浮物、铁锰胶体物沉积于水底沉积物中，另一部分存在于水中。

砷的监测方法有分光光度法、阳极溶出伏安法及原子吸收法等。新银盐分光光度法测定快速、灵敏度高，二乙氨基二硫代甲酸银是一经典方法。

（一）新银盐分光光度法

1. 方法原理

硼氢化钾（KBH_4 或 $NaBH_4$）在酸性溶液中，产生新生态的氢，将水中无机砷还原成砷化氢气体，以硝酸-硝酸银-聚乙烯醇-乙醇溶液为吸收液。砷化氢将吸收液中的银离子还原成单质胶态银，使溶液呈黄色，颜色强度与生成氢化物的量成正比。黄色溶液在 400nm 处有最大吸收，峰形对称。颜色在 2h 内无明显变化（20℃以下）。化学反应如下。

$$BH_4^- + H^+ + 3H_2O \longrightarrow 8[H] + H_3BO_3$$

$$As^{3+} + 3[H] \longrightarrow AsH_3 \uparrow$$

$$6Ag^+ + AsH_3 + 3H_2O \longrightarrow 6Ag + H_3AsO_3 + 6H^+$$

取最大水样体积 250ml，本方法的检出限为 0.0004mg/L，测定上限为 0.012mg/L。方法适用于地表水和地下水痕量砷的测定。吸收装置如图 2-17 所示。

2. 干扰及消除

本方法对砷的测定具有较好的选择性。但在反应中能生成与砷化氢类似氢化物的其他离子有正干扰，如锑、铋、锡等；能被氢还原的金属离子有负干扰，如镍、钴、铁等；常见离子不干扰。

（二）二乙氨基二硫代甲酸银分光光度法

锌与酸作用，产生新生态氢。在碘化钾和氯化亚锡存在下，使五价砷还原为三价砷，三价砷被新生态氢还原成气态砷化氢。用二

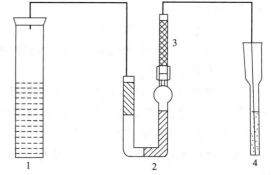

图 2-17 砷化氢发生与吸收装置
1—砷化氢发生器；2—U 形管；
3—导气管；4—砷化氢吸收管

乙氨基二硫代甲酸银-三乙醇胺的三氯甲烷溶液吸收砷，生成红色胶体银，在波长 510nm 处测其吸光度。空白校正后的吸光度用标准曲线法定量。

本方法可测定水和废水中的砷。

三、镉的测定

镉是毒性较大的金属之一。镉在天然水中的含量通常小于 0.01mg/L，低于饮用水的水质标准，天然海水中更低，因为镉主要在悬浮颗粒和底部沉积物中，水中镉的浓度很低，欲

了解镉的污染情况，需对底泥进行测定。

镉污染不易分解和自然消化，在自然界中是积累的。废水中的可溶性镉被土壤吸收，形成土壤污染，土壤中可溶性镉又容易被植物所吸收，形成食物中镉量增加，人们食用这些食品后，镉也随着进入人体，分布到全身各器官，主要贮积在肝、肾、胰和甲状腺中，镉也随尿排出，但持续时间很长。

镉污染会产生协同作用，加剧其他污染物的毒性。实际上，单一的或纯净的含镉废水是少见的，所以呈现更大的毒性。我国规定，镉及其无机化合物，工厂最高允许排放浓度为0.1mg/L，并不得用稀释的方法代替必要的处理。镉污染主要来源于以下几个方面。

① 金属矿的开采和冶炼，镉属于稀有金属，天然矿物中镉与锌、铅、铜等共存，因此在矿石的浮选、冶炼、精炼等过程中便排出含镉废水。

② 化学工业中涤纶、涂料、塑料、试剂等工厂企业使用镉或镉制品作原料或催化剂的某些生产过程中产生含镉废水。

③ 生产轴承、弹簧、电光器械和金属制品等机械工业与电器、电镀、印染、农药、陶瓷、蓄电池、光电池、原子能工业部门废水中亦含有不同程度的镉。

测定镉的方法，主要有原子吸收分光光度法、双硫腙分光光度法、阳极溶出伏安法等。

（一）原子吸收分光光度法

原子吸收分光光度法，又称原子吸收光谱分析，简称原子吸收分析，它是根据某元素的基态原子对该元素的特征谱线的选择性吸收来进行测定的分析方法。镉的原子吸收分光光度法有直接吸入火焰原子吸收分光光度法、萃取火焰原子吸收分光光度法、离子交换火焰原子吸收分光光度法和石墨炉原子分光光度法。

1. 直接吸入火焰原子分光光度法

该方法测定快速、干扰少，适于分析废水、地下水和地面水，一般仪器的适用浓度范围0.05～1.00mg/L。

（1）方法原理　将试样直接吸入空气-乙炔火焰中，在228.8nm处测定吸光度。火焰中形成的原子蒸气对光产生吸收，将测得的样品吸光度和标准溶液的吸光度进行比较，确定样品中被测元素的含量。

（2）试样测量　首先将水样进行消解处理，然后按说明书启动、预热、调节仪器，使之处于工作状态。依次用0.2%硝酸溶液将仪器调零，用标准系列分别进行喷雾，每个水样进行3次读数，3次读数的平均值作为该点的吸光度。以浓度为横坐标，吸光度为纵坐标绘制标准曲线。同样测定试样的吸光度，从标准曲线上查得水样中待测离子浓度，注意水样体积的换算。

2. 萃取火焰原子吸收分光光度法

本法适用于地下水和清洁地面水。分析生活污水和工业废水以及受污染的地面水时样品预先消解。一般仪器的适用浓度范围为1～50μg/L。

吡咯烷二硫代氨基甲酸铵-甲基异丁酮（APDC-MIBK）萃取程序是取一定体积预处理好的水样和一系列标准溶液，调pH为3，各加入2ml 2%的APDC溶液摇匀，静置1min，加入10ml MIBK，萃取1min，静置分层弃去水相，用滤纸吸干分液漏斗颈内残留液。有机相置于10ml具塞试管中，盖严。按直接测定条件点燃火焰以后，用MIBK喷雾，降低乙炔/空气比，使火焰颜色和水溶液喷雾时大致相同。用萃取标准系列中试剂空白的有机相将仪器调零，分别测定标准系列和样品的吸光度，利用标准曲线法求水样中的Cd^{2+}含量。

（二）双硫腙分光光度法

1. 方法原理

在强碱性溶液中，Cd^{2+}与双硫腙生成红色配合物。用氯仿萃取分离后，于518nm波长处进行比色测定。从而求出镉的含量，其反应式如下。

$$Cd^{2+} + 2S=C\begin{array}{c}NH-NH-C_6H_5\\ \|\\ N=N-C_6H_5\end{array} \longrightarrow S=C\begin{array}{c}N-N-C_6H_5\\ \|\\ N=N-C_6H_5\end{array}Cd\begin{array}{c}C_6H_5-N-N\\ \|\\ C_6H_5-N=N\end{array}C=S + 2H^+$$

2. 方法适用范围

各种金属离子的干扰均可用控制pH和加入络合剂的方法除去。当有大量有机物污染时，需把水样消解后测定。本方法适用于受镉污染的天然水和废水中镉的测定，最低检出浓度为0.001mg/L，测定上限为0.06mg/L。

四、铅的测定

铅的污染主要来自铅矿的开采，含铅金属冶炼，橡胶生产，含铅油漆颜料的生产和使用，蓄电池厂的熔铅和制粉，印刷业的铅版、铅字的浇铸，电缆及铅管的制造，陶瓷的配釉，铅质玻璃的配料以及焊锡等工业排放的废水。汽车尾气排出的铅随降水进入地面水中，亦造成铅的污染。

铅通过消化道进入人体后，即积蓄于骨髓、肝、肾、脾、大脑等处，形成所谓"贮存库"，以后慢慢从中放出，通过血液扩散到全身并进入骨骼，引起严重的累积性中毒。世界上地面水中，天然铅的平均值大约是0.5μg/L，地下水中铅的浓度在1～60μg/L，当铅浓度达到0.1mg/L时，可抑制水体的自净作用。铅进入水体中与其他重金属一样，一部分被水生物浓集于体内，另一部分则随悬浮物絮凝沉淀于底质中，甚至在微生物的参与下可能转化为四甲基铅。铅不能被生物代谢所分解，在环境中属于持久性的污染物。

测定铅的方法有双硫腙分光光度法，原子吸收分光光度法，阳极溶出伏安法。本节主要介绍双硫腙分光光度法。

在pH为8.5～9.5的氨性柠檬酸盐-氰化物的还原性介质中，铅与双硫腙形成可被三氯甲烷萃取的淡红色的双硫腙铅螯合物，其反应式如下

$$Pb^{2+} + 2S=C\begin{array}{c}NH-NH-C_6H_5\\ \|\\ N=N-C_6H_5\end{array} \longrightarrow S=C\begin{array}{c}N-N-C_6H_5\\ \|\\ N=N-C_6H_5\end{array}Pb\begin{array}{c}C_6H_5-N-N\\ \|\\ C_6H_5-N=N\end{array}C=S + 2H^+$$

（淡红色）

有机相可于最大吸收波长510nm处测量，利用工作曲线法求得水样中铅的含量，本方法的线性范围为0.01～0.3mg/L。本方法适用于测定地表水和废水中痕量铅。

测定时，要特别注意器皿、试剂及去离子水是否含痕量铅，这是能否获得准确结果的关键。所用KCN毒性极大，在操作中一定要在碱性溶液中进行，严防接触手上破皮之处。Bi^{3+}、Sn^{2+}等干扰测定，可预先在pH为2～3时用双硫腙三氯甲烷溶液萃取分离。为防止双硫腙被一些氧化物质如Fe^{3+}等氧化，在氨性介质中加入了盐酸羟胺和亚硫酸钠。

五、汞的测定

汞（Hg）及其化合物属于剧毒物质，可在体内蓄积。进入水体的无机汞离子可转变为毒性更大的有机汞，由食物链进入人体，引起全身中毒作用。

天然水含汞极少，水中汞本底浓度一般不超过 0.1mg/L。由于沉积作用，底泥中的汞含量会大一些，本底值的高低与环境地理地质条件有关。我国规定生活饮用水的含汞量不得高于 0.001mg/L，工业废水中，汞的最高允许排放浓度 0.05mg/L，这是所有的排放标准中最严的。地面水汞污染的主要来源是重金属冶炼、食盐电解制碱、仪表制造、农药、军工、造纸、氯碱工业、电池生产、医院等工业排放的废水。

由于汞的毒性大、来源广泛，汞作为重要的测定项目为各国所重视，研究普遍，分析方法较多。化学分析方法有：硫氰酸盐法、双硫腙法、EDTA 配位滴定法及沉淀重量法等。仪器分析方法有：阳极溶出伏安法、气相色谱法、中子活化法、X 射线荧光光谱法、冷原子吸收法、冷原子荧光法、中子活化法等。其中冷原子吸收法、冷原子荧光法是测定水中微量、痕量汞的特异方法，干扰因素少，灵敏度较高。双硫腙分光光度法是测定多种金属离子的适用方法，如能掩蔽干扰离子和严格掌握反应条件，也能得到满意的结果。

（一）冷原子吸收法

1. 方法原理

汞蒸气对波长为 253.7nm 的紫外线有选择性吸收，在一定的浓度范围内，吸光度与汞浓度成正比。

水样中的汞化合物经酸性高锰酸钾热消解，转化为无机的二价汞离子，再经亚锡离子还原为单质汞，用载气或振荡使之挥发，该原子蒸气对来自汞灯的辐射，显示出选择性吸收作用，通过吸光度的测定，分析待测水样中汞的浓度。

2. 测定要点

（1）水样的预处理 取一定体积水样于锥形瓶中，加硫酸、硝酸和高锰酸钾溶液、过硫酸钾溶液，置沸水浴中使水样近沸状态下保温 1h，维持红色不褪，取下冷却。临近测定时滴加盐酸羟胺溶液，直至刚好使过剩的高锰酸钾褪色及二氧化锰全部溶解为止。

（2）标准曲线绘制 依照水样介质条件，用 $HgCl_2$ 配制系列汞标准溶液。分别吸取适量汞标准溶液于还原瓶内，加入氯化亚锡溶液，迅速通入载气，记录表头的指示值。以经过空白校正的各测量值（吸光度）为纵坐标，相应标准溶液的汞浓度为横坐标，绘制出标准曲线。

（3）水样测定 取适量处理好的水样于还原瓶中，与标准溶液进行同样的操作，测定其吸光度，扣除空白值从标准曲线上查得汞浓度，如果水样经过稀释，要换算成原水样中汞（Hg，$\mu g/L$）的含量。其计算式为

$$汞含量 = C \times \frac{V_0}{V} \times \frac{V_1 + V_2}{V_1} \tag{2-16}$$

式中 C——试样测量所得汞含量，$\mu g/L$；

V——试样制备所取水样体积，ml；

V_0——试样制备最后定容体积，ml；

V_1——最初采集水样时体积，ml；

V_2——采样时加入试剂总体积，ml。

3. 注意事项

① 样品测定时，同时绘制标准曲线，以免因温度、灯源变化影响测定准确度。

② 试剂空白应尽量低，最好不能检出。

③ 对汞含量高的试样，可采用降低仪器灵敏度或稀释办法满足测定要求，但以采用前者措施为宜。

（二）冷原子荧光法

它是在原子吸收法的基础上发展起来的，是一种发射光谱法。汞灯发射光束经过由水样中所含汞元素转化的汞蒸气云时，汞原子吸收特定共振波的能量，使其由基态激发到高能态，而当被激发的原子回到基态时，将发出荧光，通过测定荧光强度的大小，即可测出水样中汞的含量，这就是冷原子荧光法的基础。检测荧光强度的检测器要放置在和汞灯发射光束成直角的位置上。本方法最低检出浓度为 $0.05\mu g/L$，测定上限可达到 $1\mu g/L$，且干扰因素少，适用于地面水、生活污水和工业废水的测定。

（三）双硫腙分光光度法

水样于 95℃，在酸性介质中用高锰酸钾和过硫酸钾消解，将无机汞和有机汞转化为二价汞。

用盐酸羟胺将过剩的氧化剂还原，在酸性条件下，汞离子与双硫腙生成橙色螯合物，用有机溶剂萃取，再用碱液洗去过剩的双硫腙，于 485nm 波长处测定吸光度，以标准曲线法求水样中汞的含量。

汞的最低检出浓度（取 250ml 水样）为 $0.002mg/L$，测定上限为 $0.04mg/L$，本方法适用于工业废水和受汞污染的地面水的监测。

第八节　非金属无机化合物的测定

一、pH 的测定

天然水的 pH 在 7.2～8 范围内。当水体受到酸、碱污染后，引起水体 pH 变化，对 pH 的测量，可以估计哪些金属已水解沉淀，哪些金属还留在水中。水体的酸污染主要来自于冶金、搪瓷、电镀、轧钢、金属加工等工业的酸洗工序和人造纤维、酸法造纸排出的废水，另一个来源是酸性矿山排水。碱污染主要来源于碱法造纸、化学纤维、制碱、制革、炼油等工业废水。

水体受到酸碱污染后，pH 发生变化，在水体 pH<6.5 或 pH>8.5 时，水中微生物生长受到抑制，使得水体自净能力受到阻碍并腐蚀船舶和水中设施。酸对鱼类的鳃有不易恢复的腐蚀作用；碱会引起鱼鳃分泌物凝结，使鱼呼吸困难，不宜鱼类生存。长期受到酸、碱污染将导致人类生态系统的破坏。为了保护水体，我国规定河流水体的 pH 应在 6.5～9。

测 pH 的方法有玻璃电极法和比色法，其中玻璃电极法基本上不受溶液的颜色、浊度、胶体物质、氧化剂和还原剂以及高含盐量的干扰。但当 pH 大于 10 时，产生较大的误差，使读数偏低，称为"钠差"。克服"钠差"的方法除了使用特制的"低钠差"电极外，还可以选用与被测溶液 pH 相近的标准缓冲溶液对仪器进行校正。

（一）玻璃电极法

1. 玻璃电极法原理

以饱和甘汞电极为参比电极，玻璃电极为指示电极组成电池，在 25℃下，溶液中每变化 1 个 pH 单位，电位差就变化 59.9mV，将电压表的刻度变为 pH 刻度，便可直接读出溶液的 pH，温度差异可以通过仪器上的补偿装置进行校正。

2. 所需仪器

各种型号的 pH 计及离子活度计，玻璃电极、甘汞电极。

3. 注意事项

① 玻璃电极在使用前应浸泡激活。通常用邻苯二甲酸氢钾、磷酸二氢钾＋磷酸氢二钠和四硼酸钠溶液依次校正仪器，这三种常用的标准缓冲溶液，目前市场上有售。

② 本实验所用蒸馏水为二次蒸馏水，电导率小于 $2\mu\Omega/cm$，用前煮沸以排出 CO_2。

③ pH 是现场测定的项目，最好把电极插入水体直接测量。

（二）比色法

酸碱指示剂在其特定 pH 范围的水溶液中产生不同颜色，向标准缓冲溶液中加入指示剂，将生成的颜色作为标准比色管，与加入同一种指示剂的水样显色管目视比色，可测出水样的 pH。本法适用于色度很低的天然水，饮用水等。如水样有色、浑浊或含较高的游离余氯、氧化剂、还原剂，均干扰测定。

二、溶解氧的测定

溶解氧就是指溶解于水中分子状态的氧，即水中的 O_2，以 DO 表示。溶解氧是水生生物生存不可缺少的条件。溶解氧的一个来源是水中溶解氧未饱和时，大气中的氧气向水体渗入；另一个来源是水中植物通过光合作用释放出的氧。溶解氧随着温度、气压、盐分的变化而变化，一般说来，温度越高，溶解的盐分越大，水中的溶解氧越低；气压越高，水中的溶解氧越高。溶解氧除了被通常水中硫化物、亚硝酸根、亚铁离子等还原性物质所消耗外，也被水中微生物的呼吸作用以及水中有机物质被好氧微生物氧化分解所消耗。所以说溶解氧是水体的资本，是水体自净能力的表示。

天然水中溶解氧近于饱和值（9mg/L），藻类繁殖旺盛时，溶解氧呈过饱和。水体受有机物及还原性物质污染可使溶解氧降低，当 DO 小于 4.5mg/L 时，鱼类生活困难。当 DO 消耗速率大于氧气向水体中溶入的速率时，DO 可趋近于 0，厌氧菌得以繁殖使水体恶化，所以溶解氧的大小，反映出水体受到污染，特别是有机物污染的程度，它是水体污染程度的重要指标，也是衡量水质的综合指标。

测定水中溶解氧的方法有碘量法及其修正法和膜电极法。清洁水可用碘量法，受污染的地面水和工业废水必须用修正的碘量法或膜电极法。

（一）碘量法

1. 方法原理

向水样中加入 $MnSO_4$ 和碱性 KI 溶液，反应式为

$$MnSO_4 + 2NaOH = Na_2SO_4 + Mn(OH)_2 \downarrow$$

$$2Mn(OH)_2 + O_2 = 2MnO(OH)_2 \downarrow （棕色沉淀）$$

以上称水样的固定，应在取样现场操作。

运到实验室后，向水样中加浓 H_2SO_4 和 KI 溶液，反应式为

$$MnO(OH)_2 + 2H_2SO_4 = Mn(SO_4)_2 + 3H_2O$$

$$Mn(SO_4)_2 + 2KI = MnSO_4 + K_2SO_4 + I_2 \downarrow$$

所析出的碘以淀粉为指示剂，用 $Na_2S_2O_3$ 标准溶液滴定至终点，反应式为

$$2Na_2S_2O_3 + I_2 \longrightarrow Na_2S_4O_6 + 2NaI$$

设 V 为 $Na_2S_2O_3$ 溶液的用量（ml），M 为 $Na_2S_2O_3$ 的浓度（mol/L），a 为滴定时所取水样体积（ml），DO（mg/L）可按下式计算：

$$DO = \frac{VM8}{a} \times 1000 \tag{2-17}$$

2. 叠氮化钠修正法

水样中含有亚硝酸盐会干扰碘量法测定溶解氧，可加入叠氮化钠，使水中亚硝酸盐分解而消除其干扰。具体作法是在加硫酸锰和碱性碘化钾溶液固定水样的时候，加入 NaN_3 溶液，或配成碱性碘化钾-叠氮化钠溶液加于水样中，在不含其他氧化、还原性物质的水样中含 Fe^{3+} 达 100~200mg/L 时，可加入 1ml 40%氟化钾溶液结合掩蔽消除 Fe^{3+} 的干扰，也可用磷酸代替硫酸酸化后滴定。

$$2NaN_3 + H_2SO_4 \longrightarrow 2HN_3 + Na_2SO_4$$
$$HNO_2 + HN_3 \longrightarrow H_2O + N_2 + N_2O$$

3. 高锰酸钾修正法

高锰酸钾修正法是用高锰酸钾氧化 Fe^{2+} 以消除其干扰的碘量法，过量的高锰酸钾用草酸盐去除。水样中含 Fe^{3+} 干扰测定，可加入氟化钾清除。亚硫酸盐，硫代硫酸盐，多硫化物，有机物等仍干扰测定。

（二）膜电极法

极谱型膜电极的阴极由黄金组成，阳极用银-氯化银组成。电极顶端覆有一层高分子薄膜，如聚乙烯或聚四氟乙烯等。这层薄膜将电解液和被测水样分开，只允许溶解氧渗过，当在两个电极上外加一个固定极化电压时，水中溶解氧渗过薄膜在阴极上还原，产生与氧浓度成比例的稳定扩散电流，在一定的温度下其大小和水样溶解氧含量成正比。

利用标准曲线法或已知氧浓度的水样，就可测定出水样的溶解氧。

三、氰化物的测定

氰化物主要包括氢氰酸（HCN）及其盐类（如 KCN、NaCN）。氰化物是一种剧毒物质，也是一种广泛应用的重要工业原料。在天然物质如苦杏仁、枇杷仁、桃仁、木薯及白果中，均含有少量 KCN。一般在自然水体中不会出现氰化物，水体受到氰化物的污染，往往由于工厂排放废水以及使用含有氰化物的杀虫剂所引起，它主要来源于金属、电镀、精炼、矿石浮选、炼焦、染料、制药、维生素、丙烯腈纤维制造、化工及塑料工业。

人误服或在工作环境中吸入氰化物时，会造成中毒，主要原因是氰化物进入人体后，可与高铁型细胞色素氧化酶结合，变成氰化高铁型细胞色素氧化酶，使之失去传递氧的功能，引起组织缺氧而致中毒。

测定氰化物的方法主要有硝酸银滴定法、分光光度法、离子选择电极法等。测定之前，通常先将水样在酸性介质中进行蒸馏，把能形成氰化氢的氰化物蒸出，使之与干扰组分分离。常用的蒸馏方法有以下 2 种。

① 酒石酸-硝酸锌预蒸馏。在水样中加入酒石酸和硝酸锌，在 pH 约为 4 的条件下加热蒸馏，简单氰化物及部分配位氰（如 $[Zn(CN)_4]^{2-}$）以 HCN 的形式蒸馏出来，用氢氧化钠溶液吸收，取此蒸馏液测得的氰化物为易释放的氰化物。

② 磷酸-EDTA 预蒸馏。向水样中加入磷酸和 EDTA，在 pH<2 条件下，加热蒸馏，利用金属离子与 EDTA 配位能力比与 CN^- 强的特性，使配位氧化物离解出 CN^-，并在磷酸酸化的情况下，以 HCN 形式蒸馏出。此法测得的是全部简单氰化物和绝大部分配位氰化物，而钴氰配合物则不能蒸出。

（一）硝酸银滴定法

经蒸馏得到的碱性馏出液含氰量在 1mg/L 以上时，用 $AgNO_3$ 溶液滴定，形成可溶性的银氰配合物，$Ag^+ + 2CN^- \longrightarrow [Ag(CN)_2]^-$，用试银灵作指示剂，当有刚过量 Ag^+ 存在时，溶液很快由黄色变成橙色。根据消耗硝酸银标准溶液体积，按下式计算水样中氰化物（CN^-，mg/L）浓度：

$$氰化物含量 = \frac{(V_A - V_B)c \times 52.04}{V_1} \times \frac{V_2}{V_3} \times 1000 \qquad (2-18)$$

式中 V_A——滴定水样消耗硝酸银标准溶液量，ml；
　　V_B——空白消耗硝酸银标准溶液量，ml；
　　c——硝酸银标准溶液浓度，mol/L；
　　V_1——水样体积，ml；
　　V_2——馏出液总体积，ml；
　　V_3——测定时所取馏出液体积，ml；
　　52.04——氰离子（$2CN^-$）的摩尔质量，g/mol。

本方法适用于饮用水、地面水、生活污水和工业废水。

（二）分光光度法

1. 异烟酸-吡唑啉酮比色法

在 pH 为 6.8～7.5 近中性的混合磷酸盐缓冲液条件下，氰化物被氯胺 T 氧化生成氯化氰（CNCl），然后与异烟酸作用，并经水解生成戊烯二醛，此化合物再与吡唑啉酮进行缩合作用生成稳定的蓝色化合物。在一定浓度范围内，化合物的颜色强度与氰的含量成线性关系，利用标准曲线法求水样中 CN^- 的浓度。本法的检出下限为 0.004mg/L，上限为 0.25mg/L。

2. 吡啶-巴比妥酸比色法

水样经过预处理后，溶液中的 CN^- 在中性条件下和氯胺 T 反应生成的氰化氢，使吡啶环开裂，生成戊烯二醛，戊烯二醛与巴比妥酸作用，生成红紫色聚亚甲基染料，在 580nm 处有最大吸收，其染料色度和水样中氰含量成正比，利用标准曲线法求 CN^- 的含量，方法的测量范围为 0.002～0.25mg/L。

四、氨氮的测定

水中的氨氮是指以游离氨（NH_3）和铵离子（NH_4^+）形式存在的氮，两者的组成比决定于水的 pH，当 pH 偏高时，游离氨的比例较高，反之，则铵盐的比例高。水中氨氮来源主要为生活污水中含氮有机物受微生物作用的分解产物，某些工业废水，如石油化工厂、畜牧场及它的废水处理厂、食品厂、化肥厂、炼焦厂等排放的废水及农田排水、粪便是生活污水中氮的主要来源。在有氧环境中，水中氨可转变为亚硝酸盐或硝酸盐。

我国水质分析工作者，把水体中溶解氧参数和铵浓度参数结合起来，提出水体污染指数的概念与经验公式，用以指导给水生产和作为评价给水水源水质优劣标准，所以氨氮是水质重要测量参数。氨氮的分析方法有滴定法、纳氏试剂分光光度法、苯酚-次氯酸盐分光光度法、氨气敏电极法等。

（一）纳氏试剂分光光度法

在水样中加入碘化汞和碘化钾的强碱溶液（纳氏试剂），则与氨反应生成黄棕色胶态化合物，此颜色在较宽的波长范围内具有强烈吸收，通常使用 410～425nm 范围波长光比色定量。反应式如下：

$$2K_2[HgI_4] + 3KOH + NH_3 \longrightarrow NH_2Hg_2OI + 7KI + 2H_2O$$

NH_2Hg_2OI 的色度与氨量成正比，另以各已知量的 NH_4Cl 标准溶液加纳氏试剂产生色度作标准色阶,在同一波长下测量各吸光度,绘制吸光度对氨氮浓度的标准曲线,根据水样的吸光度,从标准曲线上可以查得氨氮含量。本法最低检出浓度为 0.025mg/L,测定上限为 2mg/L。本法可适用于地面水、地下水、工业废水和生活污水。

必须注意的是以下几点。①纳氏试剂毒性很强,使用时不宜接触皮肤,因呈强碱性,不宜用滤纸过滤,一般是静置后倾斜分离,取其上清液。②如水样浑浊,有颜色,亦可用凝聚沉淀法消除,必要时可将水样蒸馏,以消除干扰。蒸馏时将已调至中性的水样加入磷酸盐缓冲液,使 pH 保持在 7.4 左右,氨呈气态被蒸出,吸收于 H_2SO_4 或 H_3BO_3 溶液中。如 pH 太高可使某些含氮的有机化合物转变为氨;pH 太低时,氨的回收不完全。蒸馏时加 $Na_2S_2O_3$ 溶液可消除余氯,多加磷酸盐可消除 Ca^{2+} 对以后测定中的干扰。

(二) 滴定法

滴定法仅适用于已进行蒸馏预处理的水样。调节水样至 pH6.0～7.4 范围,加入氧化镁使呈微碱性。加热蒸馏,释出的氨被吸收入硼酸溶液中,以甲基红-亚甲蓝为指示剂,用酸标准溶液滴定馏出液中的铵。

以无氨水代替水样,同水样全程序步骤进行测定。

(三) 氨气敏电极法

氨气敏电极是 20 世纪 70 年代发展起来的一种新型离子选择性电极。此电极在平板玻璃 pH 电极基础上,再覆盖一层憎水的透气膜,透气膜将水样溶液与电极内参比 NH_4Cl 溶液隔开,膜只允许水样溶液中产生的而且能够被电极响应的氨扩散透过,而不允许离子渗过,气体通过透气膜,直到膜内外两侧分压相等为止。水样中产生的氨气,通过透气膜扩散并溶于内参比溶液 NH_4Cl 中发生下列反应:

$$NH_3 + H^+ \rightleftharpoons NH_4^+$$

上式平衡时存在下列关系:

$$\frac{[NH_4^+]}{[H^+][NH_3]} = K = 10^{9.2}$$

则

$$[H^+] = \frac{[NH_4^+]}{[NH_3]K}$$

在内参比溶液中,NH_4Cl 浓度较大 (0.1mol/L),由 NH_3 扩散导致的 NH_4^+ 浓度变化可忽略不计,所以 NH_4^+ 浓度是固定常数,以 c 表示,上式成为

$$[H^+] = \frac{c}{[NH_3]K} = \frac{K'}{[NH_3]} \qquad K' = \frac{c}{K} \tag{2-19}$$

上式表明,内参比溶液氢离子浓度随着水样氨浓度改变而相应变化。如果用一支 pH 玻璃电极来指示内溶液的氢离子浓度变化,则 pH 玻璃电极的电极电位与 $[H^+]$ 关系可用能斯特公式表示:

$$E = E_0 + \frac{2.3RT}{F} \lg[H^+] \tag{2-20}$$

将式(2-19) 代入式(2-20) 得

$$E = E_0 + \frac{2.3RT}{F} \lg \frac{K'}{[NH_3]} = E_0' - \frac{2.3RT}{F} \lg[NH_3] \tag{2-21}$$

式(2-21) 表明,在 25℃时,氨浓度变化 10 倍,电极电位变化 59.16mV。如果预先知道氨浓度与电极电位的关系(可用已知浓度的 NH_4Cl 溶液校准),把水样 pH 调节在 11 以上时(使水样中的氨氮 99% 以上转变为 NH_3),就可以求得水样中 NH_4^+ 浓度。

该方法不受水样色度和浊度的影响，水样不必进行预蒸馏；最低检出浓度为0.03mg/L，测定上限可达1400mg/L。

五、亚硝酸盐氮的测定

亚硝酸盐是含氮化合物分解过程的中间产物，极不稳定，可被氧化成硝酸盐，也易被还原成氨，所以取样后立即测定，才能检出NO_2^-。亚硝酸盐实际是亚铁血红蛋白症的病原体，它可与仲胺类（RR'NH）反应生成亚硝胺类（RR'N-NO），已知它们之中许多具有强烈的致癌性，所以NO_2^-是一种潜在的污染物，列为水质必测项目之一。

水体亚硝酸盐的主要来源是污水、石油、燃料燃烧以及硝酸盐肥料工业，染料、药物、试剂厂排放的废水。淡水、蔬菜中亦含有亚硝酸盐，含量不等，熏肉中含量很高。亚硝酸盐氮的测定，通常采用重氮偶合比色法，按试剂不同分为N-(1-萘基)-乙二胺比色法和α-萘胺比色法。两者的原理和操作基本相同。

N-(1-萘基)-乙二胺分光光度法

在pH为1.8±0.3的磷酸介质中，亚硝酸盐与对氨基苯磺酰胺反应，生成重氮盐，再与N-(1-萘基)-乙二胺偶联生成红色染料，于540nm处进行比色测定。

本法适用于饮用水、地面水、地下水、生活污水和工业废水中亚硝酸盐氮的测定。最低检出浓度为0.003mg/L，测定上限为0.20mg/L。

必须注意的是下面两点。①水样中如有强氧化剂或还原剂时则干扰测定，可取水样加$HgCl_2$溶液过滤除去。Fe^{3+}、Ca^{2+}的干扰，可分别在显色之前加KF或EDTA掩蔽。水样如有颜色和悬浮物时，可于100ml水样中加入2ml氢氧化铝悬浮液进行脱色处理，滤去$Al(OH)_3$沉淀后再进行显色测定。②实验用水均为不含亚硝酸盐的水，制备时于普通蒸馏水中加入少许$KMnO_4$晶体，使呈红色，再加$Ba(OH)_2$或$Ca(OH)_2$使成碱性。置全玻璃蒸馏器中蒸馏，弃去50ml初馏液，收集中间约70%不含锰的馏出液。

六、硝酸盐氮的测定

硝酸盐是在有氧环境中最稳定的含氮化合物，也是含氮有机化合物经无机化作用最终阶段的分解产物。清洁的地面水硝酸盐氮含量较低，受污染水体和一些深层地下水中含量较高。制革、酸洗废水、某些生化处理设施的出水及农田排水中常含大量硝酸盐。人体摄入硝酸盐后，经肠道中微生物作用转变成亚硝酸盐而呈现毒性作用。

水中硝酸盐的测定方法有酚二磺酸分光光度法、镉柱还原法、戴氏合金还原法、紫外分光光度法和离子选择电极法。

紫外分光光度法多用于硝酸盐氮含量高、有机物含量低的地表水测定。该方法的基本原理是采用絮凝共沉淀和大孔型中性吸附树脂进行预处理，以排除天然水中大部分常见有机物、浑浊和Fe^{3+}、$Cr(VI)$对本法的干扰。利用NO_3^-对220nm波长处紫外线选择性吸收来定量测定硝酸盐氮。离子选择电极法中的NO_3^-离子选择电极属于液体离子交换剂膜电极，这类电极用浸有液体离子交换剂的惰性多孔薄膜作为传感膜，该膜对溶液中不同浓度的NO_3^-有不同的电位响应。

（一）镉柱还原法

在一定条件下，将水样通过镉还原柱（铜-镉、汞-镉或海绵状镉），使硝酸盐还原为亚硝酸盐，然后以N-(1-萘基)-乙二胺分光光度法测定。由测得的总亚硝酸盐氮减去不经还原水样所含亚硝酸盐氮即为硝酸盐氮含量。

该方法适用于测定NO_3^--N含量较低的饮用水、清洁地面水和地下水。测定范围为

0.01～0.4mg/L。但应注意，镉柱的还原效果受多种因素影响，应经常校正。

（二）戴氏合金法

在热碱性介质中，水样中的硝酸盐被戴氏合金（含50％ Cu、45％ Al、5％ Zn）还原为氨，经蒸馏，馏出液以硼酸溶液吸收后，用纳氏试剂分光光度法测定。含量较高时用酸碱滴定法测定。水样中含氨及铵盐、亚硝酸盐干扰测定。氨及铵盐可在加戴氏合金前，于碱性介质中先蒸出；亚硝酸盐可在酸性条件下加入氨基磺酸，使之反应除去。

该方法操作较繁琐，适用于硝酸盐氮大于2mg/L的水样。其最大优点是可以测定带深色的严重污染的水及含大量有机物或无机盐的废水中的硝酸盐氮。同时亦可作为水样中亚硝酸盐氮的测定（由水样在碱性预蒸馏去除氨和铵盐后，测定亚硝酸盐和硝酸盐总量，减去单独测定的硝酸盐量后，即为亚硝酸盐量）。

（三）酚二磺酸分光光度法

原理：酚与浓硫酸作用生成酚二磺酸。

$$\text{C}_6\text{H}_5\text{OH} + 2\text{H}_2\text{SO}_4 \longrightarrow \text{HO}_3\text{S-C}_6\text{H}_3(\text{OH})\text{-SO}_3\text{H} + 2\text{H}_2\text{O}$$

在无水情况下与硝酸盐作用生成硝基二磺酸酚。

$$\text{HO}_3\text{S-C}_6\text{H}_3(\text{OH})\text{-SO}_3\text{H} + \text{HNO}_3 \longrightarrow \text{HO}_3\text{S-C}_6\text{H}_2(\text{OH})(\text{NO}_2)\text{-SO}_3\text{H} + \text{H}_2\text{O}$$

在碱性溶液中发生分子重排生成黄色化合物。

$$\text{HO}_3\text{S-C}_6\text{H}_2(\text{OH})(\text{NO}_2)\text{-SO}_3\text{H} + 3\text{NH}_3 \cdot \text{H}_2\text{O} \longrightarrow \text{NH}_4\text{O}_3\text{S-C}_6\text{H}_2(\text{O})(\text{NONH}_4)\text{-SO}_3\text{NH}_4 + 3\text{H}_2\text{O}$$

（黄色）

于410nm处测其吸光度，并用标准曲线法定量。

该方法测定浓度范围大，显色稳定，适用于测定饮用水、地下水、清洁地面水中的硝酸盐氮。最低检出浓度为0.02mg/L，测定上限为2.0mg/L。

本实验所用的硝酸盐标准溶液制备方法如下：准确吸取一定体积的硝酸钾标准贮备液，置于瓷蒸发皿中，在水浴上蒸干，然后加入酚二磺酸，用玻璃棒研磨，使残渣溶解，静置10min，加入少量水，移至500ml容量瓶中，稀释至标线，根据标准贮备液的浓度和吸取的体积，计算标准溶液的浓度。

干扰因素消除措施。①污染严重或色泽较深的水样，可于100ml水样中加入2ml Al(OH)$_3$悬浮液，摇匀后，静置数分钟，澄清后过滤，弃去最初滤出的部分溶液（5～10ml）。②Cl^-、NO_2^-、NH_4^+等均有干扰。对于Cl^-，先用AgNO$_3$滴定水样中的氯化物含量，据此加入相当量的Ag$_2$SO$_4$标准溶液，用离心或过滤除去AgCl沉淀。对于NO_2^-，测定前用KMnO$_4$将NO_2^-氧化成NO_3^-，再在测定结果中减去NO_2^-，也可加磺胺酸消除NO_2^-的干扰。对于NH_4^+，可在水样蒸发浓缩时，用0.1mol/L Na$_2$CO$_3$溶液调节水样的pH至8

左右，使 NH_4^+ 转化为 NH_3 而挥发掉。

七、磷的测定

在天然水和废水中，磷几乎都以各种磷酸盐的形成存在，它们分为正磷酸盐，缩合磷酸盐（焦磷酸盐、偏磷酸盐和多磷酸盐）和有机结合的磷酸盐，它们存在于溶液中、腐殖质粒子中或水生生物中。

天然水中磷酸盐含量较微量。化肥、冶炼、合成洗涤剂等行业的工业废水及生活污水中常含有较大量磷。磷是生物生长的必需元素之一，但水体中磷含量过高，可造成藻类的过度繁殖，造成湖泊、河流透明度降低、水质变坏。

水中磷的测定，通常按其存在的形式，分别测定总磷、溶解性正磷酸盐和总溶解性磷。正磷酸盐的测定，可采用钼锑抗分光光度法、氯化亚锡还原钼蓝法和离子色谱法。

总磷的测定，水样采集后，加硫酸酸化至 pH≤1 保存。溶解性正磷酸盐的测定，不加任何试剂，于 2~5℃ 冷处保存，在 24h 内进行分析。

（一）钼锑抗分光光度法

在酸性条件下，正磷酸盐与钼酸铵、酒石酸锑氧钾反应，生成磷钼杂多酸，被还原剂抗坏血酸还原，则变成蓝色配合物，通常即称磷钼蓝。于 700nm 波长处以零浓度溶液为参比，测量吸光度。

本方法最低检出浓度为 0.01mg/L，测定上限为 0.6mg/L，可适用于测定地面水、生活污水及日化、磷肥、机加工金属表面磷化处理、农药、钢铁、焦化等行业的工业废水中正磷酸盐测定。

（二）氯化亚锡还原光度法

在酸性条件下，正磷酸盐与钼酸铵反应，生成磷钼杂多酸。当加入还原剂氯化亚锡后，则转变成蓝色配合物，称为钼蓝。于 700nm 处以零浓度空白管为参比，测定吸光度。

本方法最低检出浓度为 0.025mg/L，测定上限为 0.6mg/L。适用于地面水中正磷酸盐的测定。

第九节　有机化合物的测定

一、化学需氧量的测定

化学需氧量（COD），是指在一定条件下，用强氧化剂处理水样时，所消耗氧化剂相当于氧的量，以 mg/L 表示。化学需氧量反映了水中受还原性物质污染的程度。水中还原性物质包括有机物、亚硝酸盐、亚铁盐、硫化物等。水被有机物污染是很普遍的，因此，化学需氧量也作为有机物相对含量的指标之一。

化学需氧量是条件性实验结果，所以，随着所用氧化剂和操作条件不同，所得到的结果差异性较大，只有给定测定时用的氧化剂的种类、浓度，加热的方式，作用的时间，pH 的大小等，COD 值才具有可比的意义。对于含有有毒成分的工业废水，化学需氧量可作为监测有机污染较好的指标。对废水化学需氧量的测定，我国规定用重铬酸钾法，也可以用与其测定结果一致的库仑滴定法。

（一）重铬酸钾法（$K_2Cr_2O_7$）

水样中加入过量而又准确称量的 $K_2Cr_2O_7$ 溶液和硫酸，加热回流 2h（为了促使直链烃氧化，回流液中加入 Ag_2SO_4），然后对回流液中反应剩下的 $K_2Cr_2O_7$，用标准铁（Ⅱ）溶液进行滴定，以试亚铁灵为指示剂，反应过程如下：

$$Cr_2O_7^{2-} + 14H^+ + 6e^- \longrightarrow 2Cr^{3+} + 7H_2O$$
$$Cr_2O_7^{2-} + 14H^+ + 6Fe^{2+} \longrightarrow 6Fe^{3+} + 2Cr^{3+} + 7H_2O$$
$$Fe^{2+} + 试亚铁灵 \longrightarrow 红褐色$$

回流装置如图 2-18 所示。测定过程如下。

水样 20ml（原样或经稀释）于锥形瓶中
↓←HgSO₄ 0.4g（消除 Cl⁻ 的干扰）
混匀
↓←0.25mol/L $(\frac{1}{6}K_2Cr_2O_7)$ 100ml 沸石数粒
混匀，连接回流装置
↓←自冷凝管上口加入 Ag₂SO₄-H₂SO₄ 溶液 30ml
混匀
↓
加热回流 2h（保持溶液的黄色，沸腾时开始计时）
↓
冷却
↓←自冷凝管上口加入 80ml 水于反应液中
取下锥形瓶
↓←加试亚铁灵指示剂数滴
↓

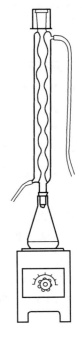

图 2-18 重铬酸钾法测定 COD 的回流装置

用 0.1mol/L (NH₄)₂Fe(SO₄)₂ 标准溶液滴定，终点由蓝绿色变成红棕色。

重铬酸钾氧化性很强，可将大部分有机物氧化，但吡啶不被氧化，芳香族有机物不易被氧化；挥发性直链脂肪化合物、苯等存在于蒸气相，不能与氧化剂液体接触，氧化不明显。氯离子能被重铬酸钾氧化，并与硫酸银作用生成沉淀，可加入适量 HgSO₄ 除之。

测定结果按下式计算：

$$COD = \frac{(V_0 - V_1)M \times 8 \times 1000}{V} \tag{2-22}$$

式中 V_0——滴定空白时消耗 (NH₄)₂Fe(SO₄)₂ 标准溶液体积，ml；
V_1——滴定水样消耗 (NH₄)₂Fe(SO₄)₂ 标准溶液体积，ml；
V——回流时所取水样体积，ml；
M——(NH₄)₂Fe(SO₄)₂ 标准溶液浓度 $(\frac{1}{6}K_2Cr_2O_7)$，mol/L。

（二）库仑滴定法

库仑滴定采用 K₂Cr₂O₇ 为氧化剂，在 10.2mol/L H₂SO₄ 介质中回流 15min 消化水解，消化后，剩余的 K₂Cr₂O₇ 用电解产生的 Fe²⁺ 作为库仑滴定剂，进行库仑滴定。根据电解产生亚铁离子所消耗的电量，按照法拉第定律计算：

$$COD = \frac{Q_s - Q_m}{96487} \times \frac{8000}{V} \tag{2-23}$$

式中 Q_s——标定 K₂Cr₂O₇ 所消耗的电量（空白滴定）；

Q_m——测定剩余 $K_2Cr_2O_7$ 所消耗的电量；

V——水样体积，ml；

96487——法拉第常数。

如仪器具有简单的数据处理装置，最后显示的数值为 COD。此法简便、快速、试剂用量少，简化了用标准溶液进行标定的手续，缩短消化时间，氧化率与重铬酸钾法基本一致，应用范围比较广泛，可用于地面水和污水 COD 值的测定。

二、高锰酸盐指数的测定

高锰酸盐指数，是指在一定条件下，以高锰酸钾为氧化剂，氧化水样中的还原性物质，所消耗的量，以氧的 mg/L 来表示。国际标准化组织（ISO）建议高锰酸盐指数仅限于测定地表水、饮用水和生活污水。

高锰酸盐指数测定，操作简便，所需时间短，在一定程度上可以说明水体受有机物污染的情况，常被用于污染较轻的水样。按测定溶液的介质不同，分为酸性 $KMnO_4$ 法和碱性 $KMnO_4$ 法。当 Cl^- 含量高于 300mg/L 时，应采用碱性高锰酸钾法，因为在碱性条件下高锰酸钾的氧化能力比较弱，此时不能氧化水中的氯离子，故常用于测定含 Cl^- 浓度较高的水样；对于清洁的地面水和被污染的水体中氯离子含量不高的水样，通常采用酸性 $KMnO_4$ 法，当高锰酸盐指数超过 5mg/L 时，应少取水样并经稀释后再测定，其测定过程如下。

取水样 100ml（原样或经稀释）于锥形瓶中

↓← (1+3) H_2SO_4 5ml

混匀

↓← 0.01mol/L 高锰酸钾标准溶液 $\left(\dfrac{1}{5}KMnO_4\right)$ 10.00ml

沸水浴 30min

↓← 0.0100mol/L $Na_2C_2O_4$ 标准溶液 $\left(\dfrac{1}{2}Na_2C_2O_4\right)$ 10.00ml

褪色

↓← 0.01mol/L $KMnO_4$ 标准溶液回滴

终点微红色

测定结果按下式计算。

（一）水样不经稀释

$$\text{高锰酸盐指数} = \frac{[(10+V_1)K-10]M \times 8 \times 1000}{100} \tag{2-24}$$

式中　V_1——滴定水样消耗 $KMnO_4$ 标准溶液量，ml；

　　　K——校正系数（每毫升 $KMnO_4$ 标准溶液相当于 $Na_2C_2O_4$ 标准溶液的毫升数）；

　　　M——$Na_2C_2O_4$ 标准溶液浓度 $\left(\dfrac{1}{2}Na_2C_2O_4\right)$，mol/L；

　　　8——氧 $\left(\dfrac{1}{2}O\right)$ 的摩尔质量，g/mol；

　　　100——取水样体积，ml。

（二）水样经过稀释

$$\text{高锰酸盐指数} = \frac{\{[(10+V_1)K-10]-[(10+V_0)K-10]f\}M \times 8 \times 1000}{V_2} \tag{2-25}$$

式中　　V_0——空白试验中高锰酸钾标准溶液消耗量，ml；

　　　　V_2——所取水样体积，ml；

　　　　f——稀释后水样中含稀释水的比值（如 10ml 水样稀释至 100ml，则 $f=0.90$）。

碱性 $KMnO_4$ 法的原理如下。在碱性溶液中，加一定量 $KMnO_4$ 溶液于水样中，加热一定时间以氧化水中的还原性无机物和部分有机物。加酸酸化后，用草酸钠溶液还原剩余的 $KMnO_4$ 并加入过量，再以 $KMnO_4$ 溶液滴定至微红色。

化学需氧量和高锰酸盐指数是采用不同的氧化剂在各自的氧化条件下测定的，难以找出明显的相关关系。一般来说，重铬酸钾法的氧化率可达 90%，而高锰酸钾法的氧化率为 50%左右，两者均未完全氧化，因而都只是一个相对参考数据。

三、生化需氧量的测定

生化需氧量是指由于水中的好氧微生物的繁殖或呼吸作用，水中有机物被分解时所消耗的溶解氧的量，简称 BOD。通常规定为 20℃时 5d 中所消耗氧量，即 BOD_5，以 mg/L 表示。

从以上定义可以看到，水体要发生生物化学过程必须具备 3 个条件：①好氧微生物；②足够的溶解氧；③能被微生物利用的营养物质。

大量研究表明有机物在好氧微生物的作用下分解大致分为两个阶段进行。第一阶段主要氧化分解碳水化合物及脂肪等一些易被氧化分解的有机物，氧化产物为二氧化碳和水，此阶段称为碳化阶段。在 20℃时，碳化阶段可进行 16d 左右，在碳化阶段后的一段时间里称作第二阶段。第二阶段中被氧化的对象为含氮的有机化合物，氧化产物为硝酸盐和亚硝酸盐，此阶段称为硝化阶段。虽然这两个阶段并不能截然分开，但是人们所关心的是第一阶段，目前资料或书籍中所遇到的 BOD 值，一般不包括硝化阶段 BOD 值，而是指碳化阶段 BOD 值。

用 BOD 作为水质有机污染指标，是从英国开始的，以后逐渐被世界各国所采用。目前采用 20℃培养 5d 进行测定，亦是从英国习惯沿袭下来的。当时的考虑理由是英国河流夏天最高不超过 18.3℃，5d 是英国国内河流从发源地至入海口所需最长时间，同时考虑到 5d 内有更多有机物被氧化（生活污水氧化 70%，工业废水氧化 25%~90%），测定结果重复性较好，测量误差也较小，同时又不致把硝化过程也包括在内。

造纸、食品、纤维等化学工业废水及城市排放的生活污水中，含有许多有机物。它们未经处理排入水体时，水体受到有机物污染，有机物质被好氧微生物分解时，消耗水中的溶解氧。有机物含量高，溶解氧消耗多；BOD 值愈高，水质愈差。

生化需氧量的经典测量方法是稀释接种法。

（一）方法原理

像测 DO 一样，使用碘量法。对于污染轻的水样，取其两份，一份测其当时的 DO；另一份在 (20 ± 1)℃下培养 5d 再测 DO，两者之差即为 BOD。

对于大多数污水来说，为保证水体生物化学过程所必需的 3 个条件，测定时就需按估计的污染程度适当地加特制的水稀释，然后取稀释后的水样两份，一份测其当时的 DO，另一份在 (20 ± 1)℃下培养 5d 再测 DO，同时测特制水培养前后的 DO，按公式计算 BOD 值。

（二）稀释水

上述特制的、用于稀释水样的水，通称为稀释水。它是专门为满足水体生物化学过程的 3 个条件而配制的。配制时，取一定体积的蒸馏水，加 $CaCl_2$、$FeCl_3$、$MgSO_4$ 等用于微生物繁殖的营养物，用磷酸盐缓冲液调 pH 至 7.2，充分曝气，使溶解氧接近饱和，达 8mg/L

以上。水样中必须含有微生物，否则应在稀释水中加入一定量的生活污水或天然河水，以便为微生物接种，对于某些含有不易被一般微生物所分解的有机物的工业废水，需要进行微生物的驯化。

这种驯化的微生物种群最好从接受该种废水的水体中取得。为此可以在排水口以下 3~8km 处取得水样，经培养接种到稀释水中，也可用人工方法驯化，采用一定量的生活污水，每天加入一定量的待测废水，连续曝气培养，直至培养成含有可分解废水中有机物种群为止。稀释水的 BOD 值必须小于 0.2mg/L，稀释水可在 20℃ 左右保存。

为检查稀释水和微生物是否适宜，以及化验人员的操作水平，将每升含葡萄糖和谷氨酸各 150mg 的标准溶液以 1:50 稀释比稀释后，与水样同步测定 BOD，测得值应在 180~230mg/L，否则，应检查原因，予以纠正。

（三）水样的稀释

水样若非中性，则应先进行中和，再进行稀释培养。根据水样中有机物含量来选择适当的稀释倍数。对于清洁天然水和地面水，其溶解氧接近饱和，无需稀释。工业废水的稀释倍数由 BOD 值分别乘以系数 0.075、0.15、0.25 获得。由高锰酸盐指数估算稀释倍数乘以的系数，由表 2-12 列出。

表 2-12　高锰酸盐指数估算稀释倍数乘以的系数

高锰酸盐指数/(mg/L)	系　　数	高锰酸盐指数/(mg/L)	系　　数
<5	—	10~20	0.4、0.6
5~10	0.2、0.3	>20	0.5、0.7、1.0

在实践中，分析人员往往根据实验经验（样品的颜色、气味、来源及原来的监测资料）确定适当的稀释倍数。为了得到正确的 BOD 值，一般以经过稀释后的混合液在 20℃ 培养 5d 后的溶解氧残留量在 1mg/L 以上，耗氧量在 2mg/L 以上，这种稀释倍数最合适，如果各稀释倍数均能满足上述要求，则取其测定结果的平均值为 BOD 值，如果 3 个稀释倍数培养的水样均在上述范围以外，则应调整稀释倍数后重做。

（四）测定结果计算

对不经稀释直接培养的水样：

$$BOD = D_1 - D_2 \tag{2-26}$$

式中　D_1——水样在培养前溶解氧浓度，mg/L；

D_2——水样培养后剩余溶解氧浓度，mg/L。

对于稀释后培养的水样：

$$BOD = \frac{(D_1 - D_2) - (B_1 - B_2)f_1}{f_2} \tag{2-27}$$

其中：

$$f_1 = \frac{V_1}{V_1 + V_2} \qquad f_2 = \frac{V_2}{V_1 + V_2}$$

式中　B_1，B_2——稀释水在培养前后的溶解氧浓度，mg/L；

V_1，V_2——分别为稀释水和水样的体积，ml；

f_1，f_2——分别为稀释水和水样在培养液中所占比例。

（五）特殊水样的处理

如果遇到某些工业废水，含有毒物质浓度极高，而有机物质含量不高，虽然经过接种稀释，因稀释的倍数受到有机物含量的限制不能过分稀释，测定 BOD 值仍有困难时，可在污水中加入有机质（葡萄糖），人为提高稀释倍数，使稀释水样中有毒物质浓度稀释到不能抑制生化过程，在测定已加葡萄糖废水的稀释水样 BOD 值的同时，测定葡萄糖的 BOD 值，并在计算中减去此值。

在水体溶解氧过饱和的情况下，水样应预先放在 20℃ 环境中或通以空气把饱和溶解氧逸出，使溶解氧减少到饱和程度，以免过饱和的溶解氧在操作过程中逸出，给测定带来很大的误差。当水样中含有游离氯大于 0.1mg/L 时，应加亚硫酸钠或 $Na_2S_2O_3$ 除去。培养时，应严格控制温度，保证在 (20 ± 1)℃ 之内，同时注意水封，每隔 2h 检查 1 次。

四、总有机碳（TOC）和总需氧量（TOD）的测定

（一）总有机碳（TOC）的测定

总有机碳是以碳的含量表示水体中有机物质总量的综合指标。由于 TOC 的测定采用燃烧法，因此，能将有机物全部氧化，它比 BOD 或 COD 更能反映有机物的总量。

目前，广泛应用的测定 TOC 的方法是燃烧氧化-非色散红外吸收法。其测定原理是：将一定量水样注入高温炉内的石英管，在 900~950℃ 温度下，以铂为催化剂，使有机物燃烧裂解转化为二氧化碳，然后用红外线气体分析仪测 CO_2 含量，从而确定水样中碳的含量。因为在高温下，水样中的碳酸盐也分解产生二氧化碳，故上面测得的为水样的总碳（TC）。为获得有机碳含量，可采用两种方法：一是将水样预先酸化，通入氮气曝气，驱除各种碳酸盐分解生成的 CO_2 后再注入仪器测定，但由于在曝气过程中会造成水样中挥发性有机物的损失而产生测定误差，因此，其测定结果只是不可吹出的有机碳含量，此为直接法测定 TOC 值。另一种方法是使用高温炉和低温炉皆有的 TOC 测定仪。将同一等量水样分别注入高温炉（900℃）和低温炉（150℃），高温炉水样中的有机碳和无机碳均转化为 CO_2，而低温炉的石英管中装有磷酸浸渍的玻璃棉，能使无机碳酸盐在 150℃ 分解为 CO_2，有机物却不能被分解氧化。将高、低温炉中生成的 CO_2 依次导入非色散红外气体分析仪，分别测得总碳（TC）和无机碳（IC），二者之差即为 TOC。测定流程如下。

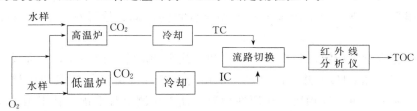

当分析含高浓度阴离子的水样时，可影响红外吸收，必要时，应用无二氧化碳蒸馏水稀释后再测定。水样含大颗粒悬浮物时，由于受水样注射器针孔的限制，测定结果往往不包括全部颗粒态有机碳。本方法检测下限为 0.5mg/L；测定上限为 400mg/L。有机碳标准溶液由邻苯二甲酸氢钾配制；无机碳标准溶液由碳酸氢钠配制，在普通 TOC 分析仪（不带数据处理微机）上，是利用工作曲线法求 TC 和 IC 的。

（二）总需氧量（TOD）的测定

总需氧量是指水中能被氧化的物质，主要是有机物质在燃烧中变成稳定的氧化物时所需要的氧量，结果以 O_2 的 mg/L 表示。

用 TOD 测定仪测定 TOD 的原理是将一定量水样注入装有铂催化剂的石英燃烧管，通入含已知氧浓度的载气（氮气）作为原料气，则水样中的还原性物质在 900℃ 下被瞬间燃烧氧化。测定燃烧前后原料气中氧浓度的减少量，便可求得水样的总需氧量值。

TOD 值能反映几乎全部有机物质经燃烧后变成 CO_2、H_2O、NO、SO_4 等所需要的氧量。它比 BOD、COD 和高锰酸盐指数更接近于理论需氧量值。但它们之间没有固定的相关关系。有的研究者指出，BOD/TOD＝0.1～0.6；COD/TOD＝0.5～0.9；具体比值取决于废水的性质。

TOD 和 TOC 的比例关系可粗略判断有机物的种类。对于含碳化合物，因为一个碳原子消耗两个氧原子，即 $M(O_2):M(C)=2.67$，因此，从理论上说，TOD＝2.67TOC。若某水样的 TOD/TOC 为 2.67 左右，可认为主要是含碳有机物；若 TOD/TOC＞4.0，则应考虑水中有较大量含 S、P 的有机物存在；若 TOD/TOC＜0.26，就应考虑水样中硝酸盐和亚硝酸盐可能含量较大，它们在高温和催化条件下分解放出氧，使 TOD 测定呈现负误差。

五、挥发酚的测定

酚是羟基（—OH）与苯环直接相连的一类物质的总称。最简单的酚为苯酚（C₆H₅—OH），苯酚的邻、间、对位可以分别被不同取代基取代，生成一系列酚的衍生物，由于结构和相对分子质量不同，导致沸点不同，分为挥发酚与不挥发酚两类。凡是在测定条件（预蒸馏）下能挥发出来的酚即为挥发酚，一般多指沸点在 230℃ 以下的酚类。废水中通常含有很多种酚，因为不能都进行测定，现在仅监测挥发酚。

酚类化合物是一种原生质毒物，可使蛋白质凝固，酚的水溶液易被皮肤吸收，酚蒸气则易由呼吸道吸入，从而引起中毒；对神经系统损害性大，也能引起肝、肾和心肌的损害。高浓度酚可引起急性中毒，甚至昏迷致死；低浓度酚可引起积累性慢性中毒。长期饮用被酚污染的水，会引起头晕、贫血及各种神经系统病症。含酚废水进入水体后，严重地影响地面水的卫生状况，水中酚含量在 0.3mg/L 以上时，可引起鱼类的逃跑，残存的鱼具有酚臭。饮用水源受到酚的污染时，水的嗅和味都会改变，当对水进行氯气消毒时，会产生令人不快的氯酚臭。我国规定地面水酚类化合物最高允许浓度为 0.005mg/L，饮用水以加 Cl_2 消毒时不产生氯酚臭为准。酚污染源比较广泛，如钢铁工业、煤气发生站、焦化厂、炼油厂、石油化工厂、木材防腐厂、造纸厂、生产苯酚及苯类化合物的车间、绝缘材料和合成纤维生产场所等。

水样中酚类化合物不稳定，易挥发、氧化和受微生物的作用而损失，因而要在水样采集后立即加入保存剂（NaOH），并尽快测定。常用的测酚方法是 4-氨基安替比林分光光度法和溴化滴定法。水样中氧化性物质、还原性物质、油类对测定有干扰，利用预蒸馏的方法可除去大多数干扰物，同时从水样中分离出挥发酚。

（一）预蒸馏

对于污染严重的水样，在蒸馏之前，要用下面方法消除干扰物。

1. 氧化剂（如游离氯）

当水样经酸化后滴于碘化钾-淀粉试纸上，出现蓝色时，说明存在氧化剂。遇此情况，可加入过量的硫酸亚铁。

2. 硫化物

水样中含少量硫化物时，用磷酸把水样 pH 调至 4.0（用甲基橙或 pH 计指示），加入适量 $CuSO_4$ 使生成 CuS 而被除去，同时抑制微生物的生长，防止酚类分解；当含量较高时，则应把用磷酸酸化的水样，置通风柜内进行搅拌曝气，使其生成 H_2S 逸出。

3. 油类

将水样移入分液漏斗中,静置分离出浮油后,加粒状 NaOH 调 pH 至 12～12.5,用 CCl_4 萃取,弃去 CCl_4 层,萃取后的水样移入烧杯中,在通风柜中于水浴上加热以除去残留的 CCl_4,用磷酸调 pH 至 4.0。

4. 甲醛、亚硫酸盐等有机或无机还原性物质

可分取适量水样于分液漏斗中,加 H_2SO_4 呈酸性,分次加入 50ml、30ml、30ml 乙醚或二氯甲烷萃取酚,合并二氯甲烷或乙醚层于另一分液漏斗,分次加入 4ml、3ml、3ml 10% NaOH 溶液进行反萃取,使酚类进入 NaOH 液中。合并碱液于烧杯中,置水浴上加热,以除去残余萃取溶剂,然后用水将碱萃取液稀释至原分取水样的体积。

同时以水做空白试验。

预蒸馏步骤。

量取 250ml 待测水样于蒸馏瓶中,加 2 滴甲基橙溶液,用磷酸溶液将水样调至橙红色(此时 pH 约为 4),加入 5ml $CuSO_4$ 溶液(如取样时已加过,就不要再加),加入数粒玻璃珠,以 250ml 量筒收集馏出液,加热蒸馏,等蒸馏出 225ml 以后,停止蒸馏,液面静止后,加入 25ml 水,继续蒸馏到馏出液为 250ml 时为止。

(二) 4-氨基安替比林分光光度法

酚类与 4-氨基安替比林反应,在碱性条件和氧化剂铁氰化钾的作用下,生成橘红色的吲哚酚安替比林染料,其水溶液呈红色,在 510nm 处有最大吸收。反应式如下。

若用氯仿萃取此染料,可在 460nm 处比色测定。

显色反应受苯环上取代基的种类、位置、数目等影响,如对位被烷基、芳香基、酯、硝基、苯酚、亚硝基或醛基取代,而邻位未被取代的酚类,与 4-氨基安替比林不产生显色反应。这是因为上述取代基阻止酚类氧化成醌型结构所致,但对位被卤素、羧基、磺酸基、羟基或甲氧基所取代的酚类与 4-氨基安替比林发生显色反应。此外,邻位和间位酚显色后的吸光度都低于苯酚。因此,本法选用苯酚作为标准,所测的结果,仅代表水中挥发酚的最小浓度。

用 13ml 氯仿提取,3cm 比色皿测定,最低检出浓度为 0.002mg/L,测定上限为 0.12mg/L。

(三) 溴化滴定法

当水样中苯酚浓度较高时,可利用此法。滴定时取一定体积的水样于碘量瓶中,加入 $KBrO_3$-KBr 溶液,立即加入浓 HCl,发生下列反应:

$$BrO_3^- + 5Br^- + 6H^+ \longrightarrow 3Br_2 + 3H_2O$$

生成的溴与苯酚立即反应,生成三溴苯酚:

过量的溴用 KI 还原:

$$Br_2 + 2I^- \longrightarrow 2Br^- + I_2$$

析出的碘用标准 $Na_2S_2O_3$ 溶液滴定：

$$I_2 + 2S_2O_3^{2-} \longrightarrow S_4O_6^{2-} + 2I^-$$

以新鲜淀粉液为指示剂滴定至蓝色刚好消失为止。一般操作步骤是先滴定至淡黄色，再加淀粉，否则淀粉与大量碘所生成的蓝色配合物因变性而颜色不易消失，难以确定终点，给测定带来误差。同时做一空白滴定，用蒸馏水代替苯酚溶液，其他试剂相等，操作一致。按式 (2-28) 计算酚浓度 (mg/L)。

$$酚浓度 = \frac{(A-B) \times 15.67 \times c \times 1000}{V} \tag{2-28}$$

式中 A, B——分别为滴定空白和水样所消耗的 $Na_2S_2O_3$ 体积，ml；

c——$Na_2S_2O_3$ 的浓度，mol/L；

V——水样体积，ml；

15.67——苯酚 $\left(\frac{1}{6}C_6H_5OH\right)$ 摩尔质量，g/mol。

六、矿物油的测定

矿物油是指溶解于特定溶剂中而收集到的所有物质，包括被溶剂从酸化的样品中萃取并在试验过程中不挥发的所有物质。水中矿物油来自工业废水和生活污水的污染。工业废水中石油类（各种烃类的混合物）污染物主要来自原油的开采、加工和运输以及各种炼制油的使用等部门。矿物性碳氢化合物，漂浮于水体表面，将影响空气与水体界面氧的交换；分散于水中以及吸附于悬浮微粒上或以乳化状态存在于水中的油，它们被微生物氧化分解，将消耗水中的溶解氧，使水质恶化。另外，矿物油中还含有毒性大的芳烃类。

测定矿物油的方法有重量法、非色散红外法、紫外分光光度法、荧光法、比浊法等。

（一）重量法

方法测定原理是以硫酸酸化水样，用石油醚萃取矿物油，然后蒸发除去石油醚，称量残渣质量，计算矿物油含量。

此法测定的是酸化样品中可被石油醚萃取的、且在试验过程中不挥发的物质总量。溶剂去除时，使得轻质油有明显损失。由于石油醚对油有选择地溶解，因此石油中较重成分可能不为溶剂萃取，当然也无从测得。重量法是最常用的方法，它不受油品种的限制，但操作繁琐，受分析天平和烧杯质量的限制，灵敏度较低，只适合于测含油量较大的水样。

（二）非色散红外法

本法系利用石油类物质的甲基（—CH_3）、亚甲基（—CH_2—）在近红外区（3.4μm）有特征吸收，作为测定水样中油含量的基础。标准油可采用受污染地点水中石油醚萃取物。根据我国原油组分特点，也可采用混合石油烃作为标准油，其组成为：十六烷：异辛烷：苯＝65：25：10（体积比）。

测定时，先用硫酸将水样酸化，加氯化钠破乳化，再用三氯三氟乙烷萃取，萃取液经无水硫酸钠层过滤，定容，注入红外分析仪测定其含量。测量前按仪器说明书规定调整和校准仪器。

所有含甲基、亚甲基的有机物质都将产生干扰。如水样中有动、植物油脂以及脂肪酸物质应预先将其分离。此外，石油中有些较重的组分不溶于三氯三氟乙烷，致使测定结果偏低。

（三）紫外分光光度法

石油及其产品在紫外区有特征吸收。带有苯环的芳香族化合物的主要吸收波长为 250～260nm；带有共轭双键的化合物主要吸收波长为 215～230nm。一般原油的 2 个吸收峰波长为 225nm 和 254nm；轻质油及炼油厂的油品可选 225nm。

水样用 H_2SO_4 酸化，加 NaCl 破乳化，然后用石油醚萃取，脱水，定容后测定。标准油采用受污染地点水样中石油醚萃取物。不同油品特征吸收峰不同，如难以确定测定波长时，可用标准油在波长 215～300nm 之间的吸收光谱，采用其最大的吸收峰的波长。

七、阴离子洗涤剂的测定

作为洗涤剂的阴离子表面活性剂主要是直链烷基苯磺酸钠（R—⟨⟩—SO_3Na）和直链烷基磺酸钠（R—SO_3Na）。当阴离子型洗涤剂进入水中后，会造成水面产生不易消失的泡沫、乳化和微粒悬浮等现象，隔绝水中氧气与空气的交换，并消耗水中溶解氧，影响水体净化。水中阴离子洗涤剂的测定方法，常用的有亚甲蓝分光光度法和液相色谱法，前者操作简便，但选择性较差，后者需用专用设备。

（一）亚甲蓝分光光度法

亚甲蓝分光光度法方法原理。阳离子染料亚甲蓝与阴离子表面活性剂（包括直链烷基苯磺酸钠、烷基磺酸钠和脂肪醇硫酸钠）作用，生成蓝色的离子化合物，这类能与亚甲蓝作用的物质统称为亚甲蓝活性物质（MBAS）。生成的显色物可被三氯甲烷萃取，其色度与浓度成正比，并可用分光光度计在波长 625nm 处测量三氯甲烷层的吸光度。

（二）干扰及消除

本方法的选择性较差，除上述三种物质外，有机硫酸盐、磺酸盐、羧酸盐、酚类以及无机的硫氰酸盐、硝酸盐和氯化物等，均对本法产生不同程度的正干扰。通过水溶液反洗可部分予以除去（有机硫酸盐、磺酸盐除外）。经水溶液反洗仍未能除去的非表面活性物质引起的正干扰，可用气提萃取法将阴离子表面活性剂从水相转移到有机相而消除。硫化物能与亚甲蓝生成无色的还原物而消耗亚甲蓝，此时可将试样调至碱性，滴加适量的过氧化氢（30%），避免其干扰。季铵盐类等阴离子化合物和蛋白质能与表面活性剂作用，生成稳定的配合物造成负干扰。这些阴离子类物质在适当条件下可采用阴离子交换树脂去除。在样品中存在的并可被三氯甲烷萃取的有色物质，也会产生一定程度的干扰。

（三）方法适用范围

本法适于测定饮用水、地面水、生活污水及工业废水中溶解态的低浓度亚甲蓝活性物质，亦即阴离子表面活性物质。

当采用 10mm 比色皿，试样为 100ml 时，本方法的最低检出浓度为 0.050mg/L 直链烷基苯磺酸钠，检测上限为 2.0mg/L 直链烷基苯磺酸钠。

第十节 底质样品中污染物的测定

底质中需测定的污染物质视水体污染源而定。一般测定总汞、有机汞、铜、铅、锌、镉、镍、铬、砷化物、硫化物、有机氯农药、有机质等。

总汞常用冷原子吸收法或冷原子荧光法测定。铜、铅、锌、镉、铬常用原子吸收分光光度法测定。砷化物一般用二乙氨基二硫代甲酸银（AgDDC）或新银盐分光光度法测定。硫化物多用对氨基二甲基苯胺分光光度法测定，当含量大于 1mg/L 时，用碘量法测定。

底质中有机氯农药（六六六、DDT）一般用气相色谱法（电子捕获检测器）测定。

本节重点介绍底质样品中含水量的测定和有机质含量的测定。

一、含水量的测定

底质样品脱水后,都需测定其含水量,以便获得计算底质中各种成分时按烘干样为基准的校正值。底值样品含水量的测定如下。

从风干后的底质样品称出 5.00g 样品(2~3 份),置于已恒重的称量瓶或铝盒中,放入 (105 ± 2)℃烘箱中烘 4h 后取出,放到干燥器中冷却 0.5h 后称重。重复烘干 0.5h,干燥至恒重。按下式计算含水量(%)。

$$含水量 = \frac{风干样质量 - 烘干样质量}{风干样质量} \times 100\% \tag{2-29}$$

二、有机质的测定

底质中有机质含量用重铬酸钾容量法测定。其测定原理为在加热的条件下,以过量 $K_2Cr_2O_7\text{-}H_2SO_4$ 溶液氧化底质中的有机碳,过量的 $K_2Cr_2O_7$ 用 $FeSO_4$ 标准溶液滴定。

$$2K_2Cr_2O_7 + 3C + 8H_2SO_4 \longrightarrow 2K_2SO_4 + 2Cr_2(SO_4)_3 + 3CO_2 + 8H_2O$$

$$K_2Cr_2O_7 + 6FeSO_4 + 7H_2SO_4 \longrightarrow K_2SO_4 + Cr_2(SO_4)_3 + 3Fe_2(SO_4)_3 + 7H_2O$$

根据 $K_2Cr_2O_7$ 消耗量计算有机碳含量,再乘上一个经验系数,即为有机质含量(%)。如果有机碳的氧化效率达不到 100%,还要乘上一个校正系数。计算式如下:

$$有机质含量 = \frac{(V_0 - V)c \times 0.003 \times 1.724 \times 1.08}{W} \times 100 \tag{2-30}$$

式中 V_0——用灼烧过的土壤代替底质样品进行空白试验消耗的 $FeSO_4$ 标准溶液体积,ml;

V——滴定底质样品溶液所消耗的 $FeSO_4$ 标准溶液体积,ml;

c——$FeSO_4$ 标准溶液浓度,mol/L;

0.003——碳在反应中的摩尔质量 $\left(\frac{1}{4}C\right)$,g/mmol;

1.724——将有机碳换算为有机质的经验系数;

1.08——有机碳氧化率(90%)校正系数;

W——风干底质样品质量,g。

第十一节 水体污染生物监测

水环境中存在着大量的水生生物群落,各类水生生物之间及水生生物与其赖以生存的水环境之间存在着互相依存又相互制约的密切关系。当水体受到污染而使水环境条件改变时,各种不同的水生生物由于对环境的要求和适应能力不同而产生不同的反应,不同污染状态的水质,有着不同种类和不同数目的生物,据此可以根据水中生存的生物种类和数目来判断水体的污染类型和程度。这种根据调查不同水域中生存的生物种类和数量,来评价水质污染状况的方法即为生物学水质监测方法的工作原理。

生物监测方法简便,而且在反映水体污染状况和污染物毒性方面又具有其独到之处。它可以弥补理化监测的不足,配合理化监测,使成为综合环境监测手段,对给定水域做出综合性的较全面的科学评价。

利用水生生物来监测研究水体污染状况的方法较多,如生物群落法、生产力测定法、生物残毒测定法、急性毒性实验法、细菌学检验法等,目前常用的方法主要有以下几种。

一、生物群落法

生物群落法是根据浮游生物在不同污染带中出现的物种频率或相对数量或通过数学计算

所得出的简单指数值来作为水污染程度的指标的监测方法。该方法又分为污水生物体系法、生物指数法（BI）等。

（一）污水生物体系法

该方法将受有机物污染的河流按其污染程度和自净过程划分为几个互相连续的污染带，每一带生存着各自独特的生物（指示生物），据此评价水质状况。根据河流的污染程度，通常将其划分为4个污染带，即多污染带，α-中污染带，β-中污染带和寡污染带。各污染带水体内存在特有的生物种群，其生物学、化学特征列于表2-13。

表2-13 污水系统生物学、化学特征

项 目	多污带	α-中污带	β-中污带	寡污带
化学过程	因还原和分解显著而产生腐败现象	水和底泥里出现氧化过程	氧化过程更强烈	因氧化使无机化达到矿化阶段
溶解氧	没有或极微量	少量	较多	很多
BOD	很高	高	较低	低
硫化氢的生成	具有强烈的硫化氢臭味	没有强烈硫化氢臭味	无	无
水中有机物	蛋白质、多肽等高分子物质大量存在	高分子化合物分解产生氨基酸、氨等	大部分有机物已完成无机化过程	有机物全分解
底泥	常有黑色硫化铁存在，呈黑色	硫化铁氧化成氢氧化铁，底泥不呈黑色	有Fe_2O_3存在	大部分氧化
水中细菌	大量存在，每毫升可达100万个以上	细菌较多，每毫升在10万个以上	数量减少，每毫升在10万个以下	数量少，每毫升在100个以下
栖息生物的生态学特征	动物都是细菌摄食者且耐受pH强烈变化，有耐嫌气性生物，对硫化氢、氨等有强烈的抗性	摄食细菌动物占优势，肉食性动物增加，对溶氧和pH变化表现出高度适应性，对氨大体上有抗性，对硫化氢耐性较弱	对溶氧和pH变化耐性较差，并且不能长时间耐腐败性毒物	对pH和溶氧变化耐性很弱，特别是对腐败性毒物如硫化氢等耐性很差
植物	硅藻、绿藻、接合藻及高等植物没有出现	出现蓝藻、绿藻、接合藻、硅藻等	出现多种类的硅藻、绿藻、接合藻，是鼓藻的主要分布区	水中藻类少，但着生藻类较多
动物	以微型动物为主，原生动物居优势	仍以微型动物占大多数	多种多样	多种多样
原生动物	有变形虫、纤毛虫，但无太阳虫、双鞭毛虫、吸管虫等出现	仍然没有双鞭毛虫，但逐渐出现太阳虫、吸管虫等	太阳虫、吸管虫中耐污性差的种类出现，双鞭毛虫也出现	鞭毛虫、纤毛虫中有少量出现
后生动物	有轮虫、蠕形动物、昆虫幼虫出现；水螅、淡水海绵、苔藓动物，小型甲壳、鱼类没有出现	没有淡水海绵、苔藓动物，有贝类、甲壳类、昆虫出现	淡水海绵、苔藓、水螅、贝类、小型甲壳类、两栖类、鱼类均有出现	昆虫幼虫很多，其他各种动物逐渐出现

污水生物系统法注重用某些生物种群评价水体污染状况，需要熟练的生物学分类知识，工作量大，耗时多，并且有指示生物出现异常情况的现象，故给准确判断带来一定困难。环境生物学者根据生物种群结构变化与水体污染关系的研究成果，提出了生物指数法。

（二）生物指数法

污水生物体系法只是根据指示生物对水质加以定性描述，而后许多学者逐渐引进了定量的概念。他们以群落中优势种为重点，对群落结构进行研究，并根据水生生物的种类和数量设计出许多种公式，即所谓以生物指数来评价水质状况。

1. 培克法

培克（Beck）于 1955 年首先提出以生物指数（BI）来评价水体污染的程度。他按底栖大型无脊椎动物对有机物污染的敏感和耐性分成两类，并规定在环境条件相近似的河段，采集一定面积（如 $0.1m^2$）的底栖动物，进行种类鉴定。计算公式是：

$$生物指数 = 2n_1 + n_2 \tag{2-31}$$

式中　n_1——不耐污种类数；

　　　n_2——中度耐污种类数。

该生物指数数值越大，水体越清洁，水质越好。反之，生物指数越值小，则水体污染越严重。指数在 0～40，指数值与水质关系如下。

生物指数	水质状况	生物指数	水质状况
>10	清洁河段	0	严重污染
1～6	中等污染		

2. 津田松苗法

津田松苗从 20 世纪 60 年代起多次对培克生物指数作了修改，他提出不限定采集面积，由 4～5 人在一个点上采取 30min，尽量把河段各种大型底栖动物采集完全，然后对所得生物样进行鉴定、分类，并采用与上述相同方法计算，此法在日本应用已达十几年。指数与水质关系如下。

生物指数	水质状况	生物指数	水质状况
>30	清洁河段	14～6	较不清洁河段
29～15	较清洁河段	5～0	极不清洁河段

进行采集动物样品时应注意：①应避开淤泥河床，选择砾石底河段，在水深约 0.5m 处采样；②水表面流速在 100～150cm/s 为宜；③每次采样面积应一定；④采样前应预先进行河系调查。

3. 多样性指数

沙农-威尔姆根据对底栖大型无脊椎动物调查结果，提出用种类多样性指数评价水质。该指数的特点是能定量反映生物群落结构的种类、数量及群落中种类组成比例变化的信息。在清洁的环境中，通常生物种类极其多样，但由于竞争，各种生物又仅以有限的数量存在，且相互制约而维持着生态平衡。当水体受到污染后，不能适应的生物或者死亡淘汰，或者逃离，能够适应的生物生存下来。由于竞争生物的减少，使生存下来的少数生物种类的个体数大大增加。这种清洁水域中生物种类多，每一种的个体数少，而污染水域中生物种类少，每一种的个体数大大增加的规律是建立种类多样性指数式的基础。沙农提出的种类多样性指数如下。

$$\bar{d} = -\sum_{i=1}^{s} \frac{n_i}{N} \log_2 \frac{n_i}{N} \tag{2-32}$$

式中　$\bar{d}$——种类多样性指数；

　　　N——单位面积样品中收集到的各类动物的总个数；

　　　n_i——单位面积样品中第 i 种动物的个数；

　　　s——收集到的动物种类数。

上式表明动物种类越多，$\bar{d}$ 值越大，水质较好；反之，种类越少，$\bar{d}$ 值越小，水体污染越严重。威尔姆对美国十几条河流进行了调查，总结出 $\bar{d}$ 值与水样污染程度的关系如下。

$\bar{d}$ 值	污染状况	$\bar{d}$ 值	污染状况
<1.0	严重污染	>3.0	清洁
1.0～3.0	中等污染		

二、细菌学检验法

细菌能在各种不同的自然环境中生长。地表水、地下水，甚至雨水和雪水都含有多种细菌。当水体受到人畜粪便、生活污水或某些工业废水污染时，细菌大量增加。因此，水的细菌学检验，特别是肠道细菌的检验，在卫生学上具有重要的意义。但是，直接检验水中各种病源菌，方法较复杂，有的难度大，且结果也不能保证绝对安全。所以，在实际工作中，经常以检验细菌总数，特别是检验作为粪便污染的指示细菌，来间接判断水的卫生学质量。

（一）水样的采集

采集细菌学检验用水样，必须严格按照无菌操作要求进行，防止在运输过程中被污染，并应迅速进行检验。一般从采样到检验不宜超过 2h，在 10℃ 以下冷藏保存不得超过 6h。采样方法如下。

（1）采集自来水样　首先用酒精灯灼烧水龙头灭菌或用 70% 的酒精消毒，然后放水 3min，再采集为采样瓶容积 80% 左右的水量。

（2）采集江、河、湖、库等水样　可将采样瓶沉入水面上 10～15cm 处，瓶口朝水流上游方向，使水样灌入瓶内。需要采集一定深度的水样时，用采水器采集。

（二）细菌总数的测定

细菌总数是用以作为判断水样受污染程度的标志，它是指 1ml 水样在营养琼脂培养基中，于 37℃ 经 24h 培养后，所生长的细菌菌落的总数。它是判断饮用水、水源水、地表水等污染程度的标志。其主要测定过程如下。

① 用作细菌检验的器皿、培养基等均需按方法要求进行灭菌，以保证所检出的细菌皆属被测水样所有。

② 营养琼脂培养基的制备。称取 10g 蛋白胨、3g 牛肉膏、5g 氯化钠及 10～20g 琼脂溶于 1000ml 蒸馏水中，加热至琼脂溶解，调节 pH 为 7.4～7.6，过滤，分装于玻璃容器中，经高压蒸汽灭菌 20min，贮于冷暗处备用。

③ 以无菌操作方法用 1ml 灭菌吸管吸取混合均匀的水样（或稀释水样）注入灭菌平皿中，倾注约 15ml 已融化并冷却到 45℃ 左右的营养琼脂培养基，并旋摇平皿使其混合均匀。每个水样应做 2 份，还应另用一个平皿只倾注营养琼脂培养基作空白对照。待琼脂培养基冷却凝固后，翻转平皿，置于 37℃ 恒温箱内培养 24h，然后进行菌落计数。

④ 用肉眼或借助放大镜观察，对平皿中的菌落进行计数，求出 1ml 水样中的平均菌落数。报告菌落计数时，若在 100 个以内，按实有数字报告；若大于 100 个时，采用两位有效数字，用 10 的指数来表示。例如，菌落总数为 3270 个/ml，应记为 3.3×10^3 个/ml。

（三）总大肠菌群的测定

粪便中存在有大量的肠菌群细菌，其在水体中存活时间和对氯的抵抗力等与肠道致病菌，如沙门菌、志贺菌等相似，因此将总大肠菌群作为粪便污染的指示菌是合适的。但在某些水质条件下，大肠菌群细菌在水中能自行繁殖。

总大肠菌群是指那些能在 35℃、48h 之内使乳糖发酵产酸、产气、需氧及兼性厌氧的革兰阴性无芽孢杆菌，以每升水样中所含有的大肠菌群的数目表示。总大肠菌群的检验方法有多管发酵法、滤膜法和延迟培养法。发酵法可用各种水样（包括底质），但操作繁琐、费时间。延迟培养法用于在常规的验检步骤不能实现的情况，滤膜法操作简便、快速，适用于杂质较少的水样。因为这种杂质常会把滤膜堵塞，异物也可能干扰菌种生长。滤膜法操作程序如下。

将水样注入已灭菌、放有微孔滤膜（孔径 $0.45\mu m$）的滤器中，经抽滤，细菌被截留在膜上，将该滤膜贴于品红亚硫酸钠培养基上，37℃恒温培养 24h，对符合特征的菌落进行涂片、革兰染色和镜检。凡属革兰阴性无芽孢杆菌者，再接种于乳糖蛋白胨培养液或乳糖蛋白胨半固体培养基中，在 37℃恒温条件下，前者经 24h 培养产酸产气者，或后者经 6~8h 培养产气者，则判定为总大肠菌群阳性。

由滤膜上生长的大肠菌群菌落总数和所取过滤水样量（ml），按下式计算，1L 水中总大肠菌群数（个/L）：

$$总大肠菌群数 = \frac{所计数的大肠杆菌菌落数 \times 1000}{过滤水样量} \quad (2\text{-}33)$$

（四）其他细菌监测

在 44.5℃条件下仍能生长并发酵乳糖产酸产气者，称为粪大肠菌群。粪大肠菌群也用多管发酵法或滤膜法等测定。粪链球菌数的测定也采用多管发酵法或滤膜法。沙门菌测定时需先用滤膜法浓缩水样，然后进行培养和平板分离，最后再进行生物化学和血清学鉴定，根据出现的阳性管和阴性管数，查 MPN 表，然后计算每升水样中的沙门菌数。以上 3 种细菌为水质的生物监测选测项目。

第十二节　水污染连续自动监测

水环境中的污染物其浓度和分布是随时间、空间、气象条件及污染源的排放情况等因素的变化而不断改变的。定点、定时人工采样，即使测定结果准确无误，了解的也只能是某一点水质的瞬时状况，不能确切地反映污染物质的动态变化，不能及时提供污染现状和预测发展趋势。为了及时获得污染物在环境中的动态变化信息，正确评价污染状况，必须采用和发展连续自动监测技术，建立水质连续自动监测系统。

一、水污染连续自动监测系统

水污染连续自动监测系统由一个监测中心站、若干个固定监测站（子站）和信息、数据传递系统组成。如图 2-19 所示。

中心站需有功能齐全的计算机系统和无线电台，其主要任务是向各子站发送各种工作指令；管理子站的工作；定时收集各子站的监测数据并进行处理；打印各种报表，绘制各种图形。同时，为满足检索和调用数据的需要，还能将各种数据储存在磁盘上，建立数据库。当发现污染物浓度超标时，立即发出指令，如指令排放污染物的单位减少排放，通知居民引起警惕，或者采取必要的措施等。

各子站装备有采水设备、水质污染监测仪器及附属设备，水文、气象参数测量仪器，微型计算机及无线电台。其任务是对设定水质参数进行连续或间断自动监测，并将测得数据作必要处理；接受中心站的指令；将监测数据作短期储存，并按中心站的调令，通过无线电传递系统传递给中心站。

二、监测项目

水污染连续自动监测系统不仅用于环境水域如河流、湖泊等，也应用于大型企业的给排

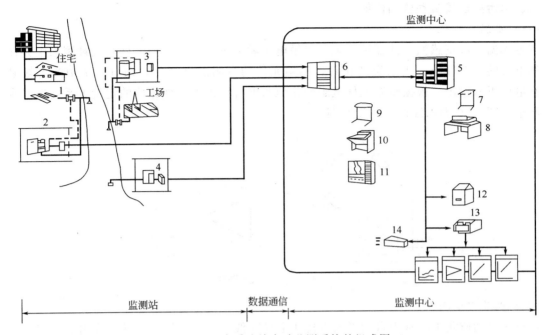

图 2-19 水质连续自动监测系统的组成图

1—污水处理场;2—污水处理场监测站;3—污染源监测站;4—河川监测站;
5—数据处理装置、磁盘磁带装置;6—通信装置;7—输入输出打字机;8—CRI;
9—通信打字机;10—操作台;11—显示盘;12—行式打字机;13—绘图机;14—数据传送装置

水水质监测。但在水污染物中,许多污染物的浓度目前还缺乏完全自动化的检测仪器,主要原因是因为水质污染物的组成、价态、形态复杂,干扰多,很多方法的应用受到限制。因此,在水污染连续自动监测系统中,尚不易分门别类地测定各种污染物(如铬、镉、酚和氰等)的浓度,而是测定一些综合性的污染指标,如 pH、电导率、溶解氧、COD 和氨氮等。因为这些项目不仅有自动化的检测仪器,而且能综合反映水体被污染的程度。除上述监测项目外,水污染连续监测系统还包括必要的水文、气象监测项目。表 2-14 列出了可连续自动监测的项目及方法。

表 2-14 水污染可连续自动监测的项目及方法

项 目		监 测 方 法
一般指标	水温 pH 电导率 浊度 溶解氧	铂电阻法或热敏电阻法 电位法(pH 玻璃电极法) 电导法 光散射法 隔膜电极法(电位法或极谱法)
综合指标	高锰酸盐指数 总需氧量(TOD) 总有机碳(TOC) 生化需氧量(BOD)	电位滴定法 电位法 非色散红外吸收法或紫外吸收法 微生物膜电极法(用于污水)
单项污染指标	氟离子 氯离子 氰离子 氨氮 六价铬 挥发酚	离子选择电极法 离子选择电极法 离子选择电极法 离子选择电极法 比色法 比色法或紫外吸收法

三、水污染连续自动监测仪器

（一）水温监测仪

测量水温一般用感温元件如铂电阻、热敏电阻做传感器。将感温元件浸入被测水中并接入平衡电桥的一个臂上；当水温变化时，感温元件的电阻随之变化，则电桥平衡状态被破坏，有电压讯号输出，根据感温元件电阻变化值与电桥输出电压变化值的定量关系实现对水温的测量。图 2-20 为水温自动测量原理图。

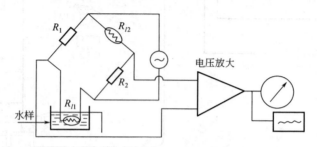

图 2-20　水温自动测量原理图

（二）电导率监测仪

在连续自动监测中，常用自动平衡电桥法电导率仪和电流测量法电导率仪测定。它采用了运算放大电路，可使读数和电导率呈线性关系，近年来应用日趋广泛，其工作原理如图 2-21 所示。

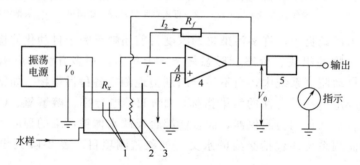

图 2-21　电流测量法电导率仪工作原理图
1—电导电极；2—温度补偿电阻；3—发送池；4—运算放大器；5—整流器

（三）浊度监测仪

图 2-22 为表面散射式浊度监测仪工作原理图。

被测水经阀 1 进入消泡槽，去除水样中的气泡后，由槽底经阀 2 进入测量槽，再由槽顶溢流流出。测量槽顶经特别设计，使溢流水保持稳定，从而形成稳定的水面。从光源射入溢流水面的光束被水样中的颗粒物散射，其散射光被安装在测量槽上部的光电池接收，转化为光电流。同时，通过光导纤维装置导入一部分光源光作为参比光束输入到另一光电池，两光电池产生的光电流送入运算放大器运算，并转换成与水样浊度呈线性关系的电讯号，用电表指示或记录仪记录。

（四）pH 监测仪

图 2-23 为水体 pH 连续自动测定原理图。

它由复合 pH 玻璃电极、温度自动补偿电极、电极夹、电线连接箱、专用电缆、放大指示系统及小型计算机等组成。

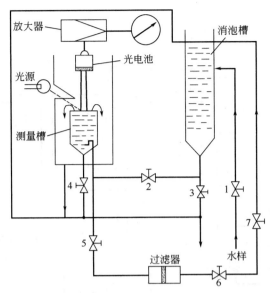

图 2-22　表面散射式浊度监测仪工作原理图

（五）溶解氧监测仪

在水污染连续自动监测中，广泛采用隔膜电极法测定水中溶解氧。有两种隔膜电极，一种是原电池式隔膜电极，另一种是极谱式隔膜电极，由于后者使用中性内充溶液，维护较简便，适用于自动监测系统中，图 2-24 为其测定原理图。

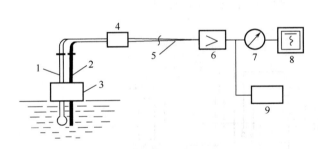

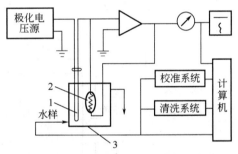

图 2-23　pH 连续自动测定原理图

1—复合式 pH 电极；2—温度自动补偿电极；
3—电极夹；4—电线连接箱；5—电缆；6—阻抗转换及放大器；
7—指示表；8—记录仪；9—小型计算机

图 2-24　溶解氧连续自动测定原理图

1—隔膜式电极；2—热敏电阻；3—发送池

（六）COD 监测仪和高锰酸盐指数监测仪

这类仪器是将化学测定方法程序化、仪器化和自动化。如图 2-25 所示是根据电位滴定法原理设计的间歇式高锰酸盐指数自动监测仪工作原理。数据处理系统经过运算将水样消耗的标准高锰酸钾溶液量转换成电信号，并直接显示或记录高锰酸钾指数。

（七）BOD 监测仪

恒电流库仑滴定式 BOD 测定仪和减压式 BOD 测定仪都是半自动测定仪器，其所需测定时间并没有比化学方法缩短。近年来研究成的微生物膜式 BOD 快速测定仪，可在 30min 内完成 1 次测定，其工作原理如图 2-26 所示。该仪器由液体输送系统、传感器系统、信号测量系统及程序控制、数据处理系统等组成。

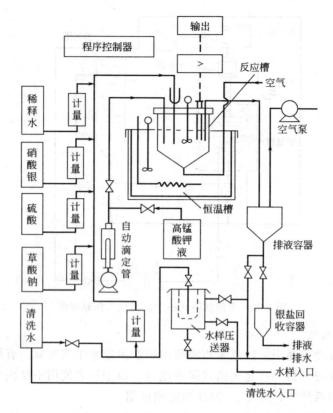

图 2-25 电位滴定式高锰酸钾盐指数自动监测仪工作原理图

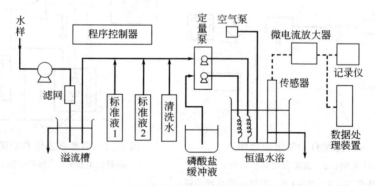

图 2-26 微生物膜式 BOD 监测仪工作原理

除上述连续自动监测仪,还有 TOC 监测仪、TOD 监测仪以及氨氮、氟化物、氰化物、金属离子等无机化合物监测仪。

本 章 小 结

本章是环境监测的主要内容。
1. 水体污染
(1) 水体中污染物:物理性、化学性和生物性三大类。
(2) 水质标准:主要介绍了地面水水质标准和污水综合排放标准。
2. 水质监测

(1) 监测方案的制定：地面水、地下水、水污染源等监测断面、采样点的设置、采样时间和采样频率的确定。

(2) 水样的采集：采集方法、采样器的使用、流量的测定方法。

(3) 水样的保存：物理方法、化学方法。

(4) 水样的预处理：包括消解、挥发分离、溶剂萃取、离子交换分离、共沉淀和吸附分离。

(5) 水样的测定：物理性质、金属化合物、非金属化合物、有机化合物等的测定。

(6) 生物监测：生物样品的采集、制备、预处理及测定方法。

(7) 连续自动监测：连续自动监测系统的组成、监测项目、方法及主要仪器。

思 考 题

1. 什么叫水体？什么是水体污染？水体污染物有哪些类型？
2. 什么是水质指标？有哪几类？
3. 什么是第一类污染物？什么是第二类污染物？并举例说明。
4. 地面水水域根据使用目的和保护目标不同分为哪几类？向各类水域排放污水执行哪级排放标准？
5. 水质监测的对象是什么？有何目的？
6. 流经污染源的河流应设置几种类型的断面？在什么位置？有何意义？
7. 为什么要制定监测方案？监测方案包括哪些内容？
8. 简述工业污染源调查的内容。
9. 采样断面及采样点确定后，为何要确定岸边标志？
10. 沉积物采样断面和采样点的设置原则有哪些？
11. 水样采集有哪几种方法？分别有何特点？
12. 什么叫瞬时水样？什么叫混合水样？什么叫综合水样？
13. 水样有哪些保存方法？分别起何作用？
14. 导致水样水质变化的原因有哪些？
15. 水样在分析之前为什么要进行预处理？常用的预处理有哪些主要方法？
16. 怎样采集测定溶解氧的水样？
17. 何谓水的表色和真色？怎样测定水的颜色？
18. 什么叫总残渣、总可滤残渣和总不可滤残渣？怎样测定？
19. 沉积物的监测有何意义？
20. 测定六价铬通常采用什么方法？怎样实现总铬的测定？
21. 说明 COD 和高锰酸盐指数测定的原理，分别在什么情况下使用？
22. BOD 测定时，怎样配制稀释水？怎样确定稀释比？什么样的稀释比对测定结果是合适的？
23. 什么叫挥发酚？为什么分光光度法测定的结果仅代表水样中酚的最低浓度？
24. 水中矿物油的测定有哪些方法？分别有何特点？
25. 底质测定有何意义？

26. 对水体进行细菌学检验有何意义?
27. 简述滤膜法测定总大肠菌群数的程序。
28. 简述阴离子洗涤剂的测定意义和原理。
29. 气提萃取方法是怎样用于阴离子洗涤剂测定中消除干扰的?
30. 某厂废水排放明渠断面为矩形,宽度 $B=1.5$m,现用矩形堰板测流,堰口宽度为 $b=0.5$m,水头$=0.4$m,求该厂废水排放流量。

第三章 空气监测

学习指南 通过本章的学习,使学生掌握空气监测的基本知识和基本技能,如空气中污染物扩散的基本规律;空气中污染物对环境造成的危害;空气中污染物监测优化布点的原则;空气中主要污染物的采样方法和测定方法及空气污染源的监测技术。使学生具有独立完成空气监测工作的能力,并培养学生有较好的职业道德,热爱环保工作,并有为环保事业做出贡献的精神。

空气监测是环境监测的重要组成部分之一,通过空气监测,了解空气质量,了解空气中各种污染物的来源及排放量,为环境规划、环境管理和环境科研服务,保护人类生存、生活的良好环境。

第一节 大气和空气污染

一、大气和空气污染的基本概念

(一) 大气

大气是指包围在地球外面的厚厚的空气层,是环境介质的组成部分之一,是人类和动植物摄取氧气的源泉,是植物所需二氧化碳的贮存库,也是环境中能量传递的重要环节。

空气层又称大气层,一般指由地表至1000km左右的高空所围绕的一层空气。它是由干燥清洁空气、水蒸气和各种固体杂质三部分组成的混合物。干燥清洁空气的组成是基本不变的,见表3-1。

表3-1 海平面上干燥清洁空气的组成

成 分	相对分子质量	体积分数/%	成 分	相对分子质量	体积分数/%
氮(N_2)	28.01	78.09	氪(Kr)	83.80	1×10^{-4}
氧(O_2)	32.00	20.94	氢(H_2)	2.02	0.5×10^{-4}
氩(Ar)	39.94	0.934	一氧化二氮(N_2O)	44.02	0.25×10^{-4}
二氧化碳(CO_2)	44.01	0.032	一氧化碳(CO)	28.01	0.1×10^{-4}
氖(Ne)	20.18	18×10^{-4}	氙(Xe)	131.30	0.08×10^{-4}
氦(He)	4.003	5.2×10^{-4}	臭氧(O_3)	48.00	0.02×10^{-4}
甲烷(CH_4)	16.04	1.5×10^{-4}	氨(NH_3)	17.03	0.01×10^{-4}

水蒸气的含量是因时因地而变化的,在干旱地区可低至0.02%,而在温暖湿润气候下可达6%。各种杂质(如粉尘、烟、有害气体等),则因自然过程或人类活动的影响,无论种类还是含量,变动都很大,甚至导致空气污染。空气污染特指发生在离地面1km内的大气圈里,即边界层里。

(二) 空气污染

随着工农业及交通运输业的不断发展,产生了大量的有害有毒物质逸散到空气中,使空气增加了多种新的成分。当其达到一定浓度并持续一定时间时，则破坏了空气正常组成的物理化学和生态的平衡体系，而影响工农业生产，对人体、生物体以及物品、材料等产生不利影响和危害，即造成空气污染。

根据国际标准化组织（ISO）作出的定义：空气污染通常系指由于人类活动和自然过程引起某种物质进入空气中，呈现出足够的浓度，达到足够的时间，并因此而危害了人体健康、舒适感和环境。

空气污染监测是环境保护工作的耳目。它可以侦察有害物质的来源、分布、数量、动向、转化及消长规律等，为消除危害、改善环境、保护人民健康提供资料。

环境监测，全球环境监测系统将其定义为：为了特定的目的，按照预先设计的时间和空间，用可以比较的环境感知和资料收集的方法，对一种或多种环境要素或指标进行反复观测的一种过程称为环境监测。这样，对于空气监测，就是用科学的布点、采样和分析测量方法等对空气污染物或环境行为进行长时间定期或连续测定，以获取反映环境质量代表值的过程。

目前，空气监测的主要对象是有害有毒的化学物质及有关的气象因素。

（三）空气监测的目的和任务

空气监测的作用是通过数据表现出来的，数据就是空气监测的产品，要求它能够代表环境质量的真实情况。因此，空气监测的目的如下。

1. 贯彻执行环境保护法

检查工业污染物排放浓度或排放量是否符合国家排放标准，同时为新的净化装置设计提供数据。

2. 加强企业环保管理

评价"废气"净化装置性能，加强日常维护使用和科学管理。

3. 开展环境监测科学研究

为污染源和环境质量评价提供必要数据，对探索污染物质的迁移、转化和积累规律，防治环境污染途径和措施，环境管理法规，标准的制定以及城市或企业的合理规划布局等都有重要的现实意义。

根据以上目的，空气监测的主要工作任务常分为以下几方面。

1. 污染源监测

如对烟囱、汽车尾气的检测。目的是了解这些污染源所排出的有害物质是否符合现行国家规定的排放标准，分析它们对空气污染的影响，以便对其加以限制。同时，还对现有净化装置的性能进行评价，确定在排放时失散的材料或产品所造成的经济损失。通过长时间定期或连续监测积累数据，为进一步修订和充实排放标准及制定环境保护法规提供科学依据。

2. 空气污染监测

监测对象不是污染源而是整个空气中的污染物质。目的是了解和掌握环境污染的状况，进行空气污染质量评价，并提出警戒限值。通过长期监测，为制订和修订空气环境质量标准及其他环境保护法规积累资料，为预测预报创造条件。另外，研究有害物质在空气中的变化，如二次污染物的形成（光化学反应等）以及某些空气污染的理论，制定城市规划、防护距离等，均需要以监测资料为依据。

在进行空气污染各项监测时，一个重要的问题是：如何取得能反映实际情况并有代表性的测定结果。因此，需要对采样点的布设、采样时间和频度、气象观测、地理特点、工业布局、采样方法、测试方法和仪器等进行综合考虑。可见，空气环境污染监测工作是一项科学性很强的工作，必须事先进行周密的调查，综合各因素方能制定出比较完善、科学、切合实际的监测方案，以满足各监测目的的要求。然而，本章限于篇幅和学时，对气象观测、地理特点、工业布局等内容不作讨论。

空气监测固然可以得到大量的监测数据，然而，重要的是如何运用这些监测数据去描述和表征空气环境质量的状况、趋势动态，并预测环境质量的变化趋势。

空气污染是由污染源、大气圈和受害对象三个要素所组成。那么，空气监测就要对全过程的环境因素和指标进行监测，这是一项综合性很强的工作，不能理解为单纯的化验检测工作。人们通过监测主要用来达到如下三点目的：①查明污染物来源；②查明污染物在空气中的行为；③查明污染物落地的浓度水平和分布状况。

因为影响空气环境质量的因素很多，除污染源排出的污染物种类不同、强度有异外，能否造成空气污染，就决定于不同地区的各种气象条件，这是空气监测工作的主要特点。这样，空气监测工作就要有一个大范围内长时间地收集资料数据，才能真实地反映当地空气环境质量。因此，不仅在采样方法、分析测量方法等技术方面需要保证数据的准确可靠，还要保证在时间、空间分布方面的数据具有代表性。

能够影响空气环境质量的因素很多，而化学物质是空气污染的重要因素。所以，重点讨论各种主要空气污染物质的性质、浓度分布和浓度水平。

随着科学技术的发展，连续自动监测技术已应用于空气监测，更有效地反映空气环境质量的动态变化。我国现阶段的实际情况，尚不能普遍实现连续自动监测。因此，本章仍着重讨论定时定点的连续采样以及实验室分析测定的原理、方法和技术。

二、空气污染物的种类和存在状态

（一）空气污染物的种类和存在状态

污染物在空气中的存在状态，直接关系到监测项目、采样手段以及分析方法的选择等。由于各种污染物的物理和化学性质不同，生产工艺过程不同，它们进入空气中存在的状态也不同。一般地，存在于空气中的污染物大致可分为气态和气溶胶两大类。

1. 气态和蒸气态

气态，是指某些污染物质，在常温常压下以气体形式分散于大气中。常见的气态污染物有二氧化硫、一氧化碳、氮氧化物、氯气、氯化氢、臭氧等。

蒸气态，是指某些污染物质，在常温常压下是液体或固体（如苯、丙烯醛、汞是液体，酚是固体），只是由于它们的沸点或熔点较低，较易挥发，因而以蒸气态挥发到空气中。

显然，气态和蒸气态没有本质的区别。气态或蒸气态分子，它们的运动速度都较大，扩散性强，且能在空气中均匀分布。扩散情况与其相对密度有关，相对密度小的向上飘浮，相对密度大的（如汞蒸气）向下沉降。它们受温度和气流的影响，随气流以相等的速度扩散，故空气中许多气体污染物都能扩散到很远的地方。

2. 气溶胶

根据国际标准化组织（ISO）定义，气溶胶系指沉降速度可以忽略的固体粒子、液体粒子或固体和液体粒子在气体介质中的悬浮体。粉尘、烟、煤烟、尘粒、轻雾、浓雾、烟气等都是用来描述气溶胶状态的一些常用名词。常见的气溶胶有如下几种。

降尘：一般系指粒径大于 $10\mu m$ 的较大尘粒，在空气中，由于重力作用，在较短时间内沉降到地面的粒子。在静止的空气中 $10\mu m$ 以下的尘粒也能沉降。

可吸入颗粒物（PM_{10}）：系指能长期飘浮在空气中的气溶胶粒子，其粒径小于$10\mu m$。

总悬浮颗粒物（TSP）：一般指粒径小于$100\mu m$的颗粒物。

从气溶胶对环境污染及人体健康的危害来看，尘粒的粒径在$10\mu m$以上的降尘，由于它因重力引起的沉降作用很快从空气中降落下来，故对人体健康的危害较小。粒径在$10\mu m$以下的可吸入颗粒物，可长期飘浮在空气中，特别是$2\mu m$以下的尘粒，更易沉降在呼吸道和深部肺泡内，危害尤大。这就是在空气监测时选择可吸入颗粒物作为主要监测项目之一的原因。最近，一些国家和地区都在制定可吸入尘的标准，如美国环保局提出$15\mu m$以下为"可吸入尘"，就是从对人体健康危害的角度考虑的。

实际上，污染物在大气中的存在形态是很复杂而又多变化的。严格来说，在一般情况下，污染物质是以多种形态存在于大气中。如砷及多环芳烃，一般认为是颗粒物质，但实际上，在大气中也有砷蒸气与砷颗粒，苯并芘蒸气与苯并芘颗粒物混存。又如金属铅，主要以气溶胶状态存在于大气中，但同时也有蒸气态的铅。故在采样时，要考虑到这种共存情况，否则，会损失一部分，而使测定结果偏低。

根据污染物在空气中的存在状态不同，所选择的采样方法亦不同。

（二）空气污染物浓度表示方法及空气体积换算

单位体积空气样品中所含有污染物的量，就称为该污染物在空气中的浓度。大气污染的浓度表示方法主要有质量浓度。

以单位体积空气中所含污染物的质量数来表示。常用的有mg/m^3和$\mu g/m^3$。

由于现场采样时的温度、大气压力都变化着的，为了使计算出的空气污染物浓度有可比性，必须将采样体积换算成标准状况或参比状况下的体积。

根据理想气体状态方程，在标准状况（0℃、101325Pa）下：

$$V_o = V_t \times \frac{273}{273+t} \times \frac{p}{101325} \tag{3-1}$$

在参比状况（25℃、101325Pa）下：

$$V_r = V_t \times \frac{273+25}{273+t} \times \frac{p}{101325} \tag{3-2}$$

式中　V_o——标准状况下采样体积，m^3或L；

　　　V_r——参比状况下采样体积，m^3或L；

　　　V_t——在温度为t(℃)，大气压力为p(Pa)时的采样体积，m^3或L；

　　　t——采样现场的温度，℃；

　　　p——采样现场的大气压力，Pa。

三、主要空气污染源及污染物

（一）空气污染物的来源

空气污染源就是造成空气污染的污染物发生源。

根据污染物产生的原因，空气污染物一般可分为天然空气污染源和人为空气污染源。

1. 天然空气污染源

造成空气污染的自然发生源，如火山爆发排出的火山灰、二氧化硫、硫化氢等，森林火灾、海啸、植物腐烂、天然气、土壤和岩石的风化以及大气圈中空气运动等自然现象所引起的空气污染。一般说来，天然污染源能造成的大气污染只占空气污染的很小一部分。因此，我们主要研究人为因素所引起的空气污染问题。

2. 人为空气污染源

造成空气污染的人为发生源，如资源和能源的开发（包括核工业）、燃料的燃烧以及向大气释放出污染物的各种生产设施等。有工业污染源，农业污染源，交通运输污染源及生活污染源。

（二）空气中主要污染物

空气中主要污染物是指对人类生存环境威胁较大的污染物：总悬浮颗粒物（TSP<$100\mu m$）、可吸入颗粒物（PM_{10}<$10\mu m$）、二氧化硫（SO_2）、氮氧化物（NO_x）、一氧化碳（CO）和光化学氧化剂（O_3）共6种。此外，对于局部地区，也有由特定污染源排放的其他危害较重的污染物，如碳氢化合物、氟化物以及危险的空气污染物石棉尘、铍、汞、多环芳烃（PAH），尤其是具有强致癌作用的3,4-苯并芘（BaP）等。

四、空气质量标准

（一）环境空气质量标准

为改善环境空气质量，防止生态破坏，创造清洁适宜的环境，保护人体健康，制订大气环境质量标准。本标准适用于全国范围的环境空气质量评价。

本标准根据环境空气质量功能不同将其分为三类，即

一类区为自然保护区、风景名胜区和其他需要特殊保护的地区；

二类区为城镇规划中确定的居住区、商业交通居民混合区、文化区、一般工业区和农村地区；

三类区为特定工业区。

本标准将环境空气质量标准分为三级，即

一类区执行一级标准；

二类区执行二级标准；

三类区执行三极标准。

本标准规定的各项污染物不允许超过的浓度限值，见表3-2。

表3-2 各项污染物的浓度限值

污染物名称	取值时间	浓 度 限 值			浓度单位
		一级标准	二级标准	三级标准	
二氧化硫 SO_2	年平均	0.02	0.06	0.10	g/m^3（标准状态）
	日平均	0.05	0.15	0.25	
	1h平均	0.15	0.50	0.70	
总悬浮颗粒物 TSP	年平均	0.08	0.20	0.30	
	日平均	0.12	0.30	0.50	
可吸入颗粒物 PM_{10}	年平均	0.04	0.10	0.15	
	日平均	0.05	0.15	0.25	
二氧化氮 NO_2	年平均	0.04	0.08	0.08	
	日平均	0.08	0.12	0.12	
	1h平均	0.12	0.24	0.24	
一氧化碳 CO	日平均	4.00	4.00	6.00	
	1h平均	10.00	10.00	20.00	
臭氧 O_3	1h平均	0.16	0.20	0.20	
铅 Pb	季平均	1.50			$\mu g/m^3$（标准状态）
	年平均	1.00			
苯并[a]芘 B[a]P	日平均	0.01			
氟化物 F	日平均	7[1]			
	1h平均	20[1]			
	月平均	1.8[2]		3.0[3]	$\mu g/(dm^2 \cdot d)$
	植物生长季平均	1.2[2]		2.0[3]	

[1] 适用于城市地区。

[2] 适用于牧业区和以牧业为主的半农半牧区，蚕桑区。

[3] 适用于农业和林业区。

(二) 大气污染物综合排放标准

本标准适用于现有污染源大气污染物排放管理，以及建设项目的环境影响评价、设计、环境保护设施竣工验收及其投产后的大气污染物排放管理。

1. 指标体系

本标准设置下列三项指标：

① 通过排气筒排放的污染物最高允许排放浓度。

② 通过排气筒排放的污染物，按排气筒高度规定的最高允许排放速率。

任何一个排气筒必须同时遵守上述两项指标，超过其中任何一项均为超标排放。

③ 以无组织方式排放的污染物，规定无组织排放的监控点及相应的监控浓度限值。

2. 排放速率标准分级

本标准规定的最高允许排放速率，现有污染源分为一、二、三级，新污染源分为二、三级。按污染源所在的环境空气质量功能区类别，执行相应级别的排放速率标准，即：

位于一类区的污染源执行一级标准（一类区禁止新、扩建污染源，一类区现有污染源改建时执行现有污染源的一级标准）；

位于二类区的污染源执行二级标准；

位于三类区的污染源执行三级标准。

3. 标准值

1997 年 1 月 1 日前设立的污染源（以下简称为现有污染源）执行表 3-3 所列标准值。

1997 年 1 月 1 日起设立（包括新建、扩建、改建）的污染源（以下简称为新污染源）执行表 3-4 所列标准值。

表 3-3 现有污染源大气污染物排放限值

序号	污染物	最高允许排放浓度/(mg/m³)	排气筒/m	最高允许排放速率/(kg/h) 一级	二级	三级	无组织排放监控浓度限值 监控点	浓度/(mg/m³)
1	二氧化硫	1200(硫、二氧化硫、硫酸和其他含硫化合物生产)	15	1.6	3.0	4.1	无组织排放源上风向设参照点，下风向设监控点①	0.50(监控点与参照点浓度差值)
			20	2.6	5.1	7.7		
			30	8.8	17	26		
			40	15	30	45		
			50	23	45	69		
		700(硫、二氧化硫、硫酸和其他含硫化合物使用)	60	33	64	98		
			70	47	91	140		
			80	63	120	190		
			90	82	160	240		
			100	100	200	310		
2	氮氧化物	1700(硝酸、氮肥和火药、炸药生产)	15	0.47	0.91	1.4	无组织排放源上风向设参照点，下风向设监控点	0.15(监控点与参照点浓度差值)
			20	0.77	1.5	2.3		
			30	2.6	5.1	7.7		
			40	4.6	8.9	14		
			50	7.0	14	21		
			60	9.9	19	29		
			70	14	27	41		
		420(硝酸使用和其他)	80	19	37	56		
			90	24	47	72		
			100	31	61	92		

续表

序号	污染物	最高允许排放浓度/(mg/m³)	最高允许排放速率/(kg/h) 排气筒/m	一级	二级	三级	无组织排放监控浓度限值 监控点	浓度/(mg/m³)
3	颗粒物	22(炭黑尘、染料尘)	15	禁排	0.60	0.87	周界外浓度最高点②	肉眼不可见
			20		1.0	1.5		
			30		4.0	5.9		
			40		6.8	10		
		80②(玻璃棉尘、石英粉尘、矿渣棉尘)	15	禁排	2.2	3.1	无组织排放源上风向设参照点，下风向设监控点	2.0(监控点与参照点浓度差值)
			20		3.7	5.3		
			30		14	21		
			40		25	37		
		150(其他)	15	2.1	4.1	5.9	无组织排放源上风向设参照点，下风向设监控点	5.0(监控点与参照点浓度差值)
			20	3.5	6.9	10		
			30	14	27	40		
			40	24	46	69		
			50	36	70	110		
			60	51	100	150		
4	氟化氢	150	15	禁排	0.30	0.46	周界外浓度最高点	0.25
			20		0.51	0.77		
			30		1.7	2.6		
			40		3.0	4.5		
			50		4.5	6.9		
			60		6.4	9.8		
			70		9.1	14		
			80		12	19		
5	铬酸雾	0.080	15	禁排	0.009	0.014	周界外浓度最高点	0.0075
			20		0.015	0.023		
			30		0.051	0.078		
			40		0.089	0.13		
			50		0.14	0.21		
			60		0.19	0.29		
6	硫酸雾	1000(火药、炸药厂)	15	禁排	1.8	2.8	周界外浓度最高点	1.5
			20		3.1	4.6		
			30		10	16		
			40		18	27		
		70(其他)	50		27	41		
			60		39	59		
			70		55	83		
			80		74	110		
7	氟化物	100(普钙工业)	15	禁排	0.12	0.18	无组织排放源上风向设参照点，下风向设监控点	20μg/m³(监控点与参照点浓度差值)
			20		0.20	0.31		
			30		0.69	1.0		
			40		1.2	1.8		
		11(其他)	50		1.8	2.7		
			60		2.6	3.9		
			70		3.6	5.5		
			80		4.9	7.5		
8	氯气③	85	25	禁排	0.60	0.90	周界外浓度最高点	0.50
			30		1.0	1.5		
			40		3.4	5.2		
			50		5.9	9.0		
			60		9.1	14		
			70		13	20		
			80		18	28		

续表

序号	污染物	最高允许排放浓度/(mg/m³)	最高允许排放速率/(kg/h) 排气筒/m	一级	二级	三级	无组织排放监控浓度限值 监控点	浓度/(mg/m³)
9	铅及其化合物	0.90	15 20 30 40 50 60 70 80 90 100	禁排	0.005 0.007 0.031 0.055 0.085 0.12 0.17 0.23 0.31 0.39	0.007 0.011 0.048 0.083 0.13 0.18 0.26 0.35 0.47 0.60	周界外浓度最高点	0.0075
10	汞及其化合物	0.015	15 20 30 40 50 60	禁排	1.8×10^{-3} 3.1×10^{-3} 10×10^{-3} 18×10^{-3} 27×10^{-3} 39×10^{-3}	2.8×10^{-3} 4.6×10^{-3} 16×10^{-3} 27×10^{-3} 41×10^{-3} 59×10^{-3}	周界外浓度最高点	0.0015
11	镉及其化合物	1.0	15 20 30 40 50 60 70 80	禁排	0.060 0.10 0.34 0.59 0.91 1.3 1.8 2.5	0.090 0.15 0.52 0.90 1.4 2.0 2.8 3.7	周界外浓度最高点	0.050
12	铍及其化合物	0.015	15 20 30 40 50 60 70 80	禁排	1.3×10^{-3} 2.2×10^{-3} 7.3×10^{-3} 13×10^{-3} 19×10^{-3} 27×10^{-3} 39×10^{-3} 52×10^{-3}	2.0×10^{-3} 3.3×10^{-3} 11×10^{-3} 19×10^{-3} 29×10^{-3} 41×10^{-3} 58×10^{-3} 79×10^{-3}	周界外浓度最高点	0.0010
13	镍及其化合物	5.0	15 20 30 40 50 60 70 80	禁排	0.18 0.31 1.0 1.8 2.7 3.9 5.5 7.4	0.28 0.46 1.6 2.7 4.1 5.9 8.2 11	周界外浓度最高点	0.050
14	锡及其化合物	10	15 20 30 40 50 60 70 80	禁排	0.36 0.61 2.1 3.5 5.4 7.7 11 15	0.55 0.93 3.1 5.4 8.2 12 17 22	周界外浓度最高点	0.30
15	苯	17	15 20 30 40	禁排	0.60 1.0 3.3 6.0	0.90 1.5 5.2 9.0	周界外浓度最高点	0.50
16	甲苯	60	15 20 30 40	禁排	3.6 6.1 21 36	5.5 9.3 31 54	周界外浓度最高点	0.30
17	二甲苯	90	15 20 30 40	禁排	1.2 2.0 6.9 12	1.8 3.1 10 18	周界外浓度最高点	1.5

续表

序号	污染物	最高允许排放浓度/(mg/m³)	排气筒/m	最高允许排放速率/(kg/h)			无组织排放监控浓度限值	
				一级	二级	三级	监控点	浓度/(mg/m³)
18	酚苯	115	15 20 30 40 50 60	禁排	0.12 0.20 0.68 1.2 1.8 2.6	0.18 0.31 1.0 1.8 2.7 3.9	周界外浓度最高点	0.10
19	甲醛	30	15 20 30 40 50 60	禁排	0.30 0.51 1.7 3.0 4.5 6.4	0.46 0.77 2.6 4.5 6.9 9.8	周界外浓度最高点	0.25
20	乙醛	150	15 20 30 40 50 60	禁排	0.060 0.10 0.34 0.59 0.91 1.3	0.090 0.15 0.52 0.90 1.4 2.0	周界外浓度最高点	0.050
21	丙烯腈	26	15 20 30 40 50 60	禁排	0.91 1.5 5.1 8.9 14 19	1.4 2.3 7.8 13 21 29	周界外浓度最高点	0.75
22	丙烯醛	20	15 20 30 40 50 60	禁排	0.61 1.0 3.4 5.9 9.1 13	0.92 1.5 5.2 9.0 14 20	周界外浓度最高点	0.50
23	氰化氢[④]	2.3	25 30 40 50 60 70 80	禁排	0.18 0.31 1.0 1.8 2.7 3.9 5.5	0.28 0.46 1.6 2.7 4.1 5.9 8.3	周界外浓度最高点	0.030
24	甲醇	220	15 20 30 40 50 60	禁排	6.1 10 34 59 91 130	9.2 15 52 90 140 200	周界外浓度最高点	15
25	苯胺类	25	15 20 30 40 50 60	禁排	0.61 1.0 3.4 5.9 9.1 13	0.92 1.5 5.2 9.0 14 20	周界外浓度最高点	0.50
26	氯苯类	85	15 20 30 40 50 60 70 80 90 100	禁排	0.67 1.0 2.9 5.0 7.7 11 15 21 27 34	0.92 1.5 4.4 7.6 12 17 23 32 41 52	周界外浓度最高点	0.50
27	硝基苯类	20	15 20 30 40 50 60	禁排	0.060 0.10 0.34 0.59 0.91 1.3	0.090 0.15 0.52 0.90 1.4 2.0	周界外浓度最高点	0.050

续表

序号	污染物	最高允许排放浓度/(mg/m³)	最高允许排放速率/(kg/h) 排气筒/m	一级	二级	三级	无组织排放监控浓度限值 监控点	浓度/(mg/m³)
28	氯乙烯	65	15 20 30 40 50 60	禁排	0.91 1.5 5.0 8.9 14 19	1.4 2.3 7.8 13 21 29	周界外浓度最高点	0.75
29	苯并[a]芘	0.50×10⁻³ (沥青、碳素制品生产和加工)	15 20 30 40 50 60	禁排	0.06×10⁻³ 0.10×10⁻³ 0.34×10⁻³ 0.59×10⁻³ 0.90×10⁻³ 1.3×10⁻³	0.09×10⁻³ 0.15×10⁻³ 0.51×10⁻³ 0.89×10⁻³ 1.4×10⁻³ 2.0×10⁻³	周界外浓度最高点	0.01 (μg/m³)
30	光气⑤	5.0	25 30 40 50	禁排	0.12 0.20 0.69 1.2	0.18 0.31 1.0 1.8	周界外浓度最高点	0.10
31	沥青烟	280(吹制沥青) 80(熔炼、浸涂) 150(建筑搅拌)	15 20 30 40 50 60 70 80	0.11 0.19 0.82 1.4 2.2 3.0 4.5 6.2	0.22 0.36 1.6 2.7 4.3 5.9 8.7 12	0.34 0.55 2.4 4.2 6.6 9.0 13 18	生产设备不得有明显的无组织排放存在	
32	石棉尘	2根纤维/cm³ 或 20mg/m³	15 20 30 40 50	禁排	0.65 1.1 4.2 7.2 11	0.98 1.7 6.4 11 17	生产设备不得有明显的无组织排放存在	
33	非甲烷总烃	150(使用溶剂汽油或其他混合烃类物质)	15 20 30 40	6.3 10 35 61	12 20 63 120	18 30 100 170	周界外浓度最高点	5.0

① 周界外浓度最高点一般应设置于无组织排放源下风向的单位周界外10m范围内,若预计无组织排放的最大落地浓度点越出10m范围,可将监控点移至该预计浓度最高点。
② 均指含游离二氧化硅超过10%以上的各种尘。
③ 排放氯气的排气筒不得低于25m。
④ 排放氰化氢的排气筒不得低于25m。
⑤ 排放光气的排气筒不得低于25m。

表3-4 新污染源大气污染物排放限值

序号	污染物	最高允许排放浓度/(mg/m³)	最高允许排放速率/(kg/h) 排气筒/m	二级	三级	无组织排放监控浓度限值 监控点	浓度/(mg/m³)
1	二氧化硫	960(硫、二氧化硫、硫酸和其他含硫化合物生产) 550(硫、二氧化硫、硫酸和其他含硫化合物使用)	15 20 30 40 50 60 70 80 90 100	2.6 4.3 15 25 39 55 77 110 130 170	3.5 6.6 22 38 58 83 120 160 200 270	周界外浓度最高点①	0.40
2	氮氧化物	1400(硝酸、氮肥和火炸药生产) 240(硝酸使用和其他)	15 20 30 40 50 60 70 80 90 100	0.77 1.3 4.4 7.5 12 16 23 31 40 52	1.2 2.0 6.6 11 18 25 35 47 61 78	周界外浓度最高点	0.12

续表

序号	污染物	最高允许排放浓度/(mg/m³)	最高允许排放速率/(kg/h)			无组织排放监控浓度限值	
			排气筒/m	二级	三级	监控点	浓度/(mg/m³)
3	颗粒物	18（炭黑尘、染料尘）	15 20 30 40	0.15 0.85 3.4 5.8	0.74 1.3 5.0 8.5	周界外浓度最高点	肉眼不可见
		60[2]（玻璃棉尘、石英粉尘、矿渣棉尘）	15 20 30 40	1.9 3.1 12 21	2.6 4.5 18 31	周界外浓度最高点	1.0
		120（其他）	15 20 30 40 50 60	3.5 5.9 23 39 60 85	5.0 8.5 34 59 94 130	周界外浓度最高点	1.0
4	氟化氢	100	15 20 30 40 50 60 70 80	0.26 0.43 1.4 2.6 3.8 5.4 7.7 10	0.39 0.65 2.2 3.8 5.9 8.3 12 16	周界外浓度最高点	0.20
5	铬酸雾	0.070	15 20 30 40 50 60	0.008 0.013 0.043 0.076 0.12 0.16	0.012 0.020 0.066 0.12 0.18 0.25	周界外浓度最高点	0.0060
6	硫酸雾	430（火药、炸药厂） 45（其他）	15 20 30 40 50 60 70 80	1.5 2.6 8.8 15 23 33 46 63	2.4 3.9 13 23 35 50 70 95	周界外浓度最高点	1.2
7	氟化物	90（普钙工业） 9.0（其他）	15 20 30 40 50 60 70 80	0.10 0.17 0.59 1.0 1.5 2.2 3.1 4.2	0.15 0.26 0.88 1.5 2.3 3.3 4.7 6.3	周界外浓度最高点	20（μg/m³）
8	氯气[3]	65	25 30 40 50 60 70 80	0.52 0.87 2.9 5.0 7.7 11 15	0.78 1.3 4.4 7.6 12 17 23	周界外浓度最高点	0.40
9	铅及其化合物	0.70	15 20 30 40 50 60 70 80 90 100	0.004 0.006 0.027 0.047 0.072 0.10 0.15 0.20 0.26 0.33	0.006 0.009 0.041 0.071 0.11 0.15 0.22 0.30 0.40 0.51	周界外浓度最高点	0.0060

续表

序号	污染物	最高允许排放浓度/(mg/m³)	最高允许排放速率/(kg/h)			无组织排放监控浓度限值	
			排气筒/m	二级	三级	监控点	浓度/(mg/m³)
10	汞及其化合物	0.012	15 20 30 40 50 60	1.5×10^{-3} 2.6×10^{-3} 7.8×10^{-3} 15×10^{-3} 23×10^{-3} 33×10^{-3}	2.4×10^{-3} 3.9×10^{-3} 13×10^{-3} 23×10^{-3} 35×10^{-3} 50×10^{-3}	周界外浓度最高点	0.0012
11	镉及其化合物	0.85	15 20 30 40 50 60 70 80	0.050 0.090 0.29 0.50 0.77 1.1 1.5 2.1	0.080 0.13 0.44 0.77 1.2 1.7 2.3 3.2	周界外浓度最高点	0.040
12	铍及其化合物	0.012	15 20 30 40 50 60 70 80	1.1×10^{-3} 1.8×10^{-3} 6.2×10^{-3} 11×10^{-3} 16×10^{-3} 23×10^{-3} 33×10^{-3} 44×10^{-3}	1.7×10^{-3} 2.8×10^{-3} 9.4×10^{-3} 16×10^{-3} 25×10^{-3} 35×10^{-3} 50×10^{-3} 67×10^{-3}	周界外浓度最高点	0.0008
13	镍及其化合物	4.3	15 20 30 40 50 60 70 80	0.15 0.26 0.88 1.5 2.3 3.3 4.6 6.3	0.24 0.34 1.3 2.3 3.5 5.0 7.0 10	周界外浓度最高点	0.040
14	锡及其化合物	8.5	15 20 30 40 50 60 70 80	0.31 0.52 1.8 3.0 4.6 6.6 9.3 13	0.47 0.79 2.7 4.6 7.0 10 14 19	周界外浓度最高点	0.24
15	苯	12	15 20 30 40	0.50 0.90 2.9 5.6	0.80 1.3 4.4 7.6	周界外浓度最高点	0.40
16	甲苯	40	15 20 30 40	3.1 5.2 18 30	4.7 7.9 27 46	周界外浓度最高点	2.4
17	二甲苯	70	15 20 30 40	1.0 1.7 5.9 10	1.5 2.6 8.8 15	周界外浓度最高点	1.2
18	酚类	100	15 20 30 40 50 60	0.10 0.17 0.58 1.0 1.5 2.2	0.15 0.26 0.88 1.5 2.3 3.3	周界外浓度最高点	0.080
19	甲醛	25	15 20 30 40 50 60	0.26 0.43 1.4 2.6 3.8 5.4	0.39 0.65 2.2 3.8 5.9 8.3	周界外浓度最高点	0.20

续表

序号	污染物	最高允许排放浓度/(mg/m³)	最高允许排放速率/(kg/h)			无组织排放监控浓度限值	
			排气筒/m	二级	三级	监控点	浓度/(mg/m³)
20	乙醛	125	15 20 30 40 50 60	0.050 0.090 0.29 0.50 0.77 1.1	0.080 0.13 0.44 0.77 1.2 1.6	周界外浓度最高点	0.040
21	丙烯醛	22	15 20 30 40 50 60	0.77 1.3 4.4 7.5 12 16	1.2 2.0 6.6 11 18 25	周界外浓度最高点	0.60
22	丙烯醛	16	15 20 30 40 50 60	0.52 0.87 2.9 5.0 7.7 11	0.78 1.3 4.4 7.6 12 17	周界外浓度最高点	0.40
23	氰化氢④	1.9	25 30 40 50 60 70 80	0.15 0.26 0.88 1.5 2.3 3.3 4.6	0.24 0.39 1.3 2.3 3.5 5.0 7.0	周界外浓度最高点	0.024
24	甲醇	190	15 20 30 40 50 60	5.1 8.6 29 50 77 100	7.8 13 44 70 120 170	周界外浓度最高点	12
25	苯胺类	20	15 20 30 40 50 60	0.52 0.87 2.9 5.0 7.7 11	0.78 1.3 4.4 7.6 12 17	周界外浓度最高点	0.40
26	氯苯类	60	15 20 30 40 50 60 70 80 90 100	0.52 0.87 2.5 4.3 6.6 9.3 13 18 23 29	0.78 1.3 3.8 6.5 9.9 14 20 27 35 44	周界外浓度最高点	0.40
27	硝基苯类	16	15 20 30 40 50 60	0.050 0.090 0.29 0.50 0.77 1.1	0.080 0.13 0.44 0.77 1.2 1.7	周界外浓度最高点	0.040
28	氯乙烯	36	15 20 30 40 50 60	0.77 1.3 4.4 7.5 12 16	1.2 2.0 6.6 11 18 25	周界外浓度最高点	0.60

续表

序号	污染物	最高允许排放浓度/(mg/m³)	排气筒/m	最高允许排放速率/(kg/h) 二级	最高允许排放速率/(kg/h) 三级	无组织排放监控浓度限值 监控点	无组织排放监控浓度限值 浓度/(mg/m³)
29	苯并[a]芘	0.30×10^{-3}（沥青及碳素制品生产和加工）	15 20 30 40 50 60	0.050×10^{-3} 0.085×10^{-3} 0.29×10^{-3} 0.50×10^{-3} 0.77×10^{-3} 1.1×10^{-3}	0.080×10^{-3} 0.13×10^{-3} 0.43×10^{-3} 0.76×10^{-3} 1.2×10^{-3} 1.7×10^{-3}	周界外浓度最高点	0.008 $\mu g/m^3$
30	光气⑤	3.0	25 30 40 50	0.10 0.17 0.59 1.0	0.15 0.26 0.88 1.5	周界外浓度最高点	0.080
31	沥青烟	140（吹制沥青） 40（熔炼、浸涂） 75（建筑搅拌）	15 20 30 40 50 60 70 80	0.18 0.30 1.3 2.3 3.6 5.6 7.4 10	0.27 0.45 2.0 3.5 5.4 7.5 11 15	生产设备不得有明显的无组织排放存在	
32	石棉尘	1根纤维/cm³ 或 10mg/m³	15 20 30 40 50	0.55 0.93 3.6 6.2 9.4	0.83 1.4 5.4 9.3 14	生产设备不得有明显的无组织排放存在	
33	非甲烷总烃	120（使用溶剂汽油或其他混合烃类物质）	15 20 30 40	10 17 53 100	16 27 83 150	周界外浓度最高点	4.0

① 周界外浓度最高点一般应设置于无组织排放源下风向的单位周界外10m范围内，若预计无组织排放的最大落地浓度点越出10m范围，可将监控点移至该预计浓度最高点。

② 均指含游离二氧化硅超过10%以上的各种尘。

③ 排放氯气的排气筒不得低于25m。

④ 排放氰化氢的排气筒不得低于25m。

⑤ 排放光气的排气筒不得低于25m。

第二节　空气污染监测方案的制定

在开展空气监测工作时，要考虑各种因素和条件，如源强、气象条件、地理环境、工业区域特点等。要实行合理布设采样点和确定采样的时间、频率，选择合适的监测方法，以获得有代表性的样品。因此，需制定空气污染监测的方案。

一、空气监测规划与网络设计

（一）空气监测规划

空气监测规划的任务是确定监测目的、监测对象和设计监测程序及选择监测技术。

1. 监测目的

监测目的按监测覆盖的地理区域位置及其功能不同可以分为2类。

(1) 城市和工业区域空气质量监测　城市和工业区的特点是人口和工业比较集中、交通繁忙。在这类地区监测目的一般有以下几个方面。

① 空气污染长期趋势监测和背景监测。

a. 工业区是在发展的城市的居住区、商业和文教区，是在扩大的。这类监测目的是了解污染的现状和趋势，主要是获取一段时间区间内的空气污染物的平均值。

　　b. 背景监测作为污染监测的对照，常选择远离城区和工业区的主导风向上风向地区。

　　② 判断空气质量是否符合标准，评价本市污染控制方案的有效性，可称为超标监测。主要是获取空气质量是否超标的信息，即一段时间内可能出现的高浓度污染物数据。

　　以上2类属于常规监测的范围。

　　③ 污染事故的预报监测。为了进行空气质量预报监测，必须研究出空气污染物浓度与气象参数之间关系的数学模型，根据模型进行预报，防止污染事故的发生。

　　④ 污染事故的调查与仲裁。对居民受到空气污染损害提出的申诉进行调查，和对不同调查结论进行仲裁，重点是监测局部污染散发出的污染物。

　　⑤ 进行初步评价的调查。在过去未进行监测的地区，或出现新污染源的区域，进行探索性监测，以了解污染的类型、变化趋向，为建立正式监测网、点做准备。

　　⑥ 验证和建立污染物迁移、转化模型的监测，这类监测除了为地区性扩散、转化模型提供数据外，还为大范围、跨地区的扩散及转化模型提供数据。

　　⑦ 研究空气污染物剂量与效应的关系。剂量和效应是指人群、生物和各种材料暴露在一定浓度的空气污染环境中，在一段时间内产生的影响。它包括以下几点。

　　a. 对人群健康的长期与短期影响。

　　b. 在一段时间内植物受到的影响。

　　c. 各种材料，如金属零部件、金属涂层、建筑物的腐蚀和保护情况。

　　以上③～⑦属于研究性和特种目的的监测。

　　(2) 乡村和边远地区的空气质量监测　乡村和边远地区空气受污染影响小，它可包含城市地区的各项监测项目，还有以下一些目的。

　　① 研究污染物跨越城市、省界和国界的长距离迁移、输运规律。

　　② 掌握城市和区域空气质量背景值，用乡村空气质量数据补充城市空气监测结果。其目的是：验证各种污染模型时，将监测取得的城市空气中污染物浓度与背景浓度作比较，确定城市污染源对当地空气质量的影响；把城市空气质量和乡村进行比较，使市民对本市空气状况有了解。

　　2. 监测对象

　　空气环境监测的对象包括监测的空间和时间范围内空气中的主要污染物和有关的气象参数。

　　(1) 空气监测的主要污染物和气象参数　空气的主要污染物有可吸入颗粒物、降尘、二氧化硫、一氧化碳、氮氧化物和氧化剂等。随着一个区域内工业生产的类型和污染源情况的变化，会增加很多新的污染物。与污染物扩散和转化有关的气象参数有风速、风向、气温、气压、湿度和稳定度等。

　　我国目前统一要求的空气监测项目有二氧化硫、氮氧化物、总悬浮颗粒物（粒径在 $100\mu m$ 以下的液体或固体微粒）及可吸入颗粒物（粒径在 $10\mu m$ 以下的颗粒）共4个项目。另外，各地根据具体情况，增加各种必测项目，例如一氧化碳、总氧化剂、硫化氢、氟化物、总烃、苯并[a]芘及重金属等项目。

　　(2) 选择待测污染物的种类　选择本地区应该监测的污染物种类，常有2种方式。

　　① 第一种方式是从已认识到的，几乎在整个区域中均以不同数量存在的，最常见的空

气污染物着手。一般先监测 TSP 和二氧化硫；如果当地交通繁忙，汽车尾气污染显著，也可再增加一氧化碳和氮氧化物 2 个指标。

② 第二种方式是依据污染源排放调查的结果，首先选择对人群健康和环境危害大的污染物。

在选择污染物时，可采用上述两种方式中的一种。但是，在大多数情况下，都是把这 2 种方式综合起来进行选择。

(3) 监测范围的选择和确定 由于空气污染物能扩散到很远距离，尤其是在高空排放时，污染物的影响能达到距排出口很远的地方。空气污染物在空间的输运转化，引起浓度变化，按监测目的、对象不同，可以选择不同尺度的监测范围。

小尺度	0~1000m	大尺度	100~1000km
区尺度	1~10km	大陆、半球和全球尺度	>1000km
城市（中）尺度	10~100km		

一般污染源和建设项目环境影响监测范围取小尺度和区尺度，对城市来说，在大多数情况下，监测范围覆盖整个城市。

为了全面地研究空气污染状况，也需要和城市区域的邻近地区在监测工作中进行合作。在确定监测区域时，地形等方面的某些特征是重要的。例如，山脉和巨大的水体可以成为监测区域的边缘。在对某单个污染源设立监测点，以提供该污染源周围空气中的污染物质的浓度时，监测区域的选择主要取决于排放烟囱的高度、地形和气象条件。

3. 监测活动的程序和技术

空气监测的程序是第一步确定技术方案，即是采用人工采样、自动监测还是遥感遥测系统，或者是三者综合的系统。与此同时进行监测网设计。第二步是确定用什么采样技术、采样仪器和设备以及实验室分析技术。第三步是决定数据整理、分析方案，是人工还是计算机。第四步是研究监测数据的处理，监测成果的解释和表达方法。第五步是全面设计和布置全部监测活动的质量保证系统和质量控制技术。第六步是研究信息的反馈。

(二) 空气监测网的设计

空气监测网的设计包括监测站（点）数目的确定；站（点）位的布置以及监测频率和时间的选择。

1. 确定监测站（点）的数目

采样站（点）的数目决定于以下几个因素：①监测网设计的目的以及需监测的项目；②监测网所包括区域的大小、人口多少、经济水平和污染源分布；③污染程度及污染物浓度变化的范围；④所需提供的数据（这与监测目的有关）；⑤所具备的财力、人力、物力条件。

确定采样站（点）的数目，应使其监测结果尽可能反映该城市（或区域）的实际污染情况。确定监测网中站（点）数目有以下方法。

(1) 经验法 城市空气监测站（点）数目是与覆盖的人口数关联的。我国主要监测二氧化硫、氮氧化物、飘尘等项目的站（点）数目的参考规定，见表 3-5。

表 3-5 城市空气监测站（点）数目表

人口数/万人	监测站(点)数/个	人口数/万人	监测站(点)数/个
<10	>3	100~500	12~20
10~50	4~8	500~1000	20~25
50~100	8~11		

除上表所提出的监测站（点）数以外，同时还应在该区域主导风向的上风侧设立清洁对照站1~2个。

对于降尘的监测站（点）的数目，根据实际情况应多于二氧化硫、氮氧化物、飘尘等项目规定的监测站（点）的数目。同时，根据城市工业化程度、燃料和交通运输等具体情况，应当增加或减少某些项目的监测站（点）数量。在用于其他监测目的时，特别是与流行病学调查要求有关时，采样站（点）的数目一般应增加。

世界卫生组织（WHO）1976年建议的城市地区空气质量趋势监测站数目的确定可参考表3-6。

表3-6 大城市地区空气质量趋势监测站（点）数的建议值

城市人口/百万人	每种污染物的监测站平均站数					
	总悬浮颗粒物	SO_2	NO_x	氧化剂	CO	风速及风向
<1.0	2	2	1	1	1	1
1.0~4.0	5	5	2	2	2	2
4.0~8.0	8	8	4	3	4	2
>8.0	10	10	5	4	5	3

注：表列数值在不同条件下需作适当修正。

① 在高度工业化的城市，悬浮颗粒物和SO_2的监测站数目应增加。
② 在大量使用重燃料油的地区，SO_2监测站数应增加。
③ 在重燃料油使用不很多的地区，SO_2监测站数可以减少。
④ 在地形不规则的地区，可能有必要增加监测站的数量。
⑤ 在交通格外繁忙的城市中，NO_x、氧化剂和CO监测站的数目可能要加倍。
⑥ 在拥有400万人口以上但交通流量相对较小的城市里，NO_x、氧化剂和CO的监测站可以减少。

（2）采样点布设的一般方法

① 扇形布点法。在孤立源（高架点源）的情况下宜使用此法。布点时，以点源所在位置为顶点，以烟云流动方向（决定于主导风向）为轴线，在烟云下风方向的地平面上，划出一个扇形地区作为布点范围。扇形的角度一般为45°，也可取得大一些，如60°，但不超过90°。平原开阔地带扇形角度可大些，山区、丘陵地区扇形角可小些；大气如不稳定时，扇形角可大些，大气为稳定时，扇形角小些。采样点就设在扇形平面内距点源不同距离的若干条弧线上（图3-1），每条弧线上设三四个采样点，相邻两采样点之间的夹角一般取10°~20°。

采用这种方法布点时，最好先用高架点源模型对浓度分布做一定预测，还要注意高架源的特殊性。因为不计"背景"值时，烟囱脚下污染物浓度为零，随距离增加很快出现浓度最大值。以后则按指数规律下降。因此

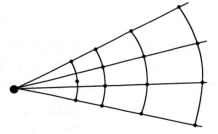

图3-1 扇形布点法

上述弧线不宜等距离划分，而是靠近最大浓度值的地方密一些，以免漏测最大浓度位置，远处则疏一些，可减少不必要的工作量。最大浓度出现的位置，前面已介绍了计算方法。

② 放射式（同心圆）布点法。这种布点方法，主要用于多个污染源（污染群）且重大污染源较集中的情况下。

布点时，先找出污染群的中心，以此为圆心在地面上划若干个同心圆，再从圆心向周围引出若干条放射线。原则上，放射线与圆的交点就是采样点的位置（图3-2）。例如，同心圆的半径分别为4km、10km、20km及40km。从里向外，各个圆上可分别设置6个、6个、8个、4个采样点。当然同心圆与放射线的划分要根据实际情况与要求决定，在同一个圆上的采样点可以平均分布，也可以下风方向比上风方向多一些，需根据实际情况和要求作决定。

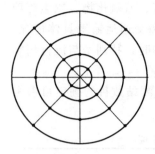

图3-2 同心圆布点法

③ 网络布点法。对于多个污染源，且在污染源分布较均匀的情况下，通常采用此法布点。具体方法如下。将监测范围内的地面划分成网状方格，采样点就设在两条线的交点或方格的中心。网格的距离和采样点的数目，要根据人力、物力决定。但要注意，若主导风向明显时，下风方向的采样点应多一些，通常约占采样点数目的60%。

④ 按功能区划分的布点方法。这种方法多用于区域性常规监测。布点时，先将监测地区按工业区、居民住宅区、商业区、交通枢纽、公园等划分成若干个"功能区"，再按具体污染情况和人力、物力条件，在各功能区设置一定数量的监测点。各功能区点的数量不要求平均，一般是污染源较集中的工业区和人口较多的居住区应设较多的监测点，其他功能区则可少些。这种布点方法的特点是：便于了解工业污染对其他功能区的影响。

2. 建站（点）位置的具体选择

正确地选择每个采样站（点）的位置是建立监测网的一项重要工作。如果位置选择得不好，所得出的数据价值就不大，对以后的工作就可能造成影响。

空气采样站（点）的具体位置应满足以下要求。

① 其位置应在已确定的小区域范围以内具有代表性。有代表性的采样站（点）所获得的数据能反映监测区域范围内空气污染物的浓度水平及其波动范围。一般来说实现这一指导原则是困难的。但是，一个采样站（点）的位置是否满意，可以用该小区域内一个或几个临时采样站（点）同时进行监测来核实。

采样站（点）还应位于邻近几乎没有什么干扰的地方。即以下几点。

② 要离开污染源，其合适的距离取决于污染源的高度和排放浓度。采样站（点）距离家庭烟囱应大于25m，特别是当烟囱低于采样点时，更要注意距离大些。对较大的污染源其距离应当加大。

③ 要远离表面有吸附能力的物体。如树叶和具有吸附能力的建筑材料。所允许的间隔距离取决于物体对有关污染物的吸附情况，通常至少应有1m的距离。

④ 要避开在不远的将来会有较大程度重建或改变土地使用方式的地方，特别是要作污染趋势长期观测时，更要注意这个问题。

以上4条要求适用于测定一般污染水平的采样站（点）。

3. 采样站（点）应当具备的物质条件等

采样站（点）所在的地点应满足下列一项或几项要求（依所用仪器类型而定）：①可长期使用；②最好在全年内每天24h都可使用；③有足够的电力供应；④能防止被破坏；⑤有围护结构防护，不受严寒酷暑温度骤升骤降的影响。

一般公共建筑物常能满足上述要求，可用来作为建立采样站（点）的地方。

每一个采样站（点）位置的最后确定是权衡这些不同的要求，使之能得到最大程度满足的某种折衷的方案。

4. 采样的频率和时间

发达国家的空气污染监测基本上采用连续、自动记录的仪器，因此，监测网设计的任务是合理布设监测站位。我国空气污染的自动、连续监测站仅大城市有，各城市拥有的自动监测站数也不多，因此，主要依靠人工采样和实验室分析。对于人工采样站，确定监测频率和取样时间很重要，合理的监测频率和取样时间可以较少的监测次数掌握时间代表性数据。

（1）监测时间　根据1986年国家环保总局颁布的空气环境监测技术规范，对监测频率和时间的规定是在我国目前条件下，一般要求每年冬季（1月）、春季（4月）、夏季（7月）、秋季（10月）的中旬，对二氧化硫、氮氧化物、总悬浮微粒（粒径在100μm以下）及飘尘（粒径在10μm以下）各连续采样测定5d，每天间隔采样不得少于4次。具体的时间选择，应根据本地区污染物浓度的日变化规律来确定。有条件的地方，可以增加采样次数。北方也可以在采暖期每半月采样1次，以较好地反映出污染水平。采样期间，如遇特殊天气情况（大雨、雪、大风等），采样时间应当顺延。

对于降尘，每月监测1次，每次连续1个月。如有困难，也可暂定每季度1次，每次1个月。北方采暖期可适当增加采样次数。根据国家环保总局和国家环境监测总站的最新规定：空气监测时，一定要执行在线监测，否则监测数据无效。

我国为解决空气例行监测采样时段短，监测结果代表性差的问题，从1988年起开始新的监测规范，监测时间和频率见表3-7。

表 3-7　大气污染例行监测项目的监测时间和频率

监测项目	监测时间和频率
SO_2	隔日采样，每次采样连续(24±0.5)h，每月14～16d，每年12个月
NO_x	隔日采样，每次采样连续(24±0.5)h，每月14～16d，每年12个月
TSP	隔双日采样，每次(24±0.5)h 连续监测，每月监测5～6d，每年12个月
灰尘自然沉降量	每月(30±2)d 监测，每年12个月监测
硫酸盐化速率	每月(30±2)d 监测，每年12个月监测

从监测时间来看，大气污染可分为以下形式。

① 定时监测。定时监测是指大气污染连续采样实验室分析法的例行监测，它的任务是对一定区域内的大气环境质量进行长期的、系统的监测。这种连续监测的时间长，测出的结果为日平均浓度，能正确反映任何一段时间（如1天、1个月或1年）的代表值，而不能反映污染物浓度随时间变化的规律。

② 自动瞬时监测。自动瞬时监测是指利用大气环境地面自动监测系统对大气环境进行连续的监测，以获得连续的瞬时大气污染信息，为掌握大气环境污染特征及变化趋势，分析气象因素与大气污染的关系，评价环境大气质量提供基础数据。同时还可以掌握大气污染事故发生时大气污染状况及气象条件，为分析污染事故提供第一手资料。自动瞬时监测解决了定时连续采样实验室分析法缺少瞬时值的问题，但由于条件的限制，只能在个别有条件的城市建立大气地面自动监测系统。

③ 非定时监测。非定时监测是指在时间不能预先确定的情况下进行的监测。如出现大气污染事故，必须立即采样分析，以便及时寻找造成事故的原因，确定污染物危险的程度等。再如厂矿大气质量的评价也属于非定时监测。这种监测的时间是事先无法估计的。

（2）采样频率　在确定空气监测采样频率时，应重点考虑以下两种因素。

① 污染物质内在的变异性，如昼夜变化、周期变化和季节性变化。

② 空气质量数据所需的精确程度，这与监测的目的有关。

例如，二氧化硫和飘尘的浓度有昼夜的变化波动，这与波动的污染源排出量和每日气象变化有很大关系。又如，一氧化碳的浓度昼夜变化主要受交通运输量和交通密度变化的影响。空气污染物浓度的季节性变化与污染源排出量和气象变化都有关系。

在生产日和在节假日采样，对评价工业污染的影响和汽车交通运输对空气污染浓度的影响，能够提供很有用的资料。

为了确定污染物浓度的波动规律，采样次数比预计的变化频率要多。如果要确定昼夜的变化规律，在1d内进行连续测定或者在1d中均匀分布采样时间，一般每隔1h采样1次，这样，才能得到代表性的结果。如果要了解一周间的变化规律，除了逐日进行采样外，应同时在工作日和周末假日采样。

如果要计算年平均值，则全年的各种时候（如季节）都要有等量的数据。这样做是很有必要的，如果每季度所作的监测量不少于全年监测量的20%，则认为监测工作计划是平衡的。

在不同采样频率条件下，监测数据平均值的正确性随着采样频率的减少而减少。

二、空气采样方法和技术

在空气污染监测中，正确有效地采集空气样品是第一步工作，它直接关系到监测结果的可靠性。空气采样方法和仪器的选择，取决于被测污染物在空气中存在的状态、浓度水平、化学性质和所用分析方法的灵敏度。

（一）空气污染物质样品的采集

采集气体样品的方法，基本分为直接采样法和浓缩采样法两大类。

1. 直接采样法

当空气中被测污染物的浓度较高，或者所用分析方法的灵敏度较高时，直接采集少量空气样品就可以满足分析的需要。如用氢火焰离子化检测器测定空气中一氧化碳时，直接注入数毫升空气样品，就可以测出空气中一氧化碳的浓度。

用直接采样法所测得的结果是瞬时或短时间的平均浓度，且较快地得出监测数据。常用的直接采样法方法有如下几种。

（1）塑料袋法　用一种与采集的污染物既不起化学反应，也不吸附、不渗漏的塑料袋，在现场用二联橡皮球打进空气，冲洗2~3次后，再充进现场空气，夹封袋口，带回实验室分析。

采用塑料袋采样时，应事先对塑料袋进行样品稳定性试验，挑选出对被测污染物有足够的稳定时间的塑料袋，以免引起较大的误差。塑料袋常用的材料有聚乙烯、聚氯乙烯和聚四氟乙烯等。有的还用金属薄膜衬里（如衬银、衬铝）以增加样品的稳定性。如聚氯乙烯袋，对一氧化碳和非甲烷碳氢化合物样品，只能放置10~15h，而铝膜衬里的聚酯塑料袋则可以保留100h而无损失。

（2）注射器采样法　在现场直接用医用100ml注射器抽取空气样品，封严进样口，带回实验室分析。为避免注射器壁的吸附，在采样时，先用现场空气抽洗2~3次，当管壁吸附达到饱和后，再最后抽样，密封进样口，且将注射器进样口朝下，垂直放置，使注射器内压略大于空气压。另外，用注射器取样，不宜放置过久，一般当天分析完毕。

2. 浓缩采样法

一般来说，空气中污染物的浓度是很低的（$10^{-6} \sim 10^{-9}$ mg/m³），目前的测定分析方法灵敏度又不高。因此，采用直接采样法是远不能满足分析要求的。还有，直接采样分析所得的结果是瞬时的浓度值，可比性差。浓缩采样法的采样时间一般都较长，所得的测定结果是在浓缩采样时间内的平均浓度，无疑更能反映人体接触的真实情况。所以，在空气污染监测工作中，一般采用浓缩采样法。

所谓浓缩采样法，就是以大量的空气通过液体吸收剂或固体吸附剂，将有害气体吸收或阻留，使原来空气中含量很低的有害气体得到浓缩（或称富集）的方法。对气体和蒸气态的污染物，常用溶液吸收法采样；对颗粒状的污染物，常用固体吸附法采样。

当空气通过吸收液时，在气泡和液体的界面上，被测污染物分子由于溶解作用或化学反应，很快地进入吸收液中。下面介绍几种常用的吸收管，见图3-3。

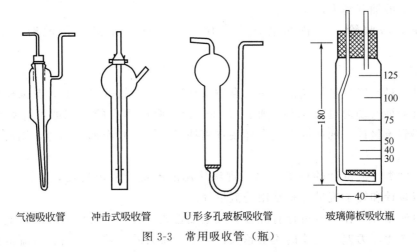

气泡吸收管　冲击式吸收管　U形多孔玻板吸收管　玻璃筛板吸收瓶

图 3-3　常用吸收管（瓶）

简单的携带式采样系统见图3-4。用一个气体吸收管，内装适量吸收溶液，后面接有抽气装置，以一定的抽气流量，当空气通过吸收管时，被测空气中污染物就被吸收在溶液中。采样完毕后，取出供分析用，并记下采样时现场的温度和空气压力。根据采集空气样品的体积和测出其含量，就可以计算出空气中污染物浓度。

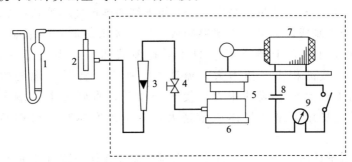

图 3-4　携带式采样器工作原理图

1—吸收管；2—滤水阱；3—流量计；4—流量调节阀；5—抽气泵；
6—稳流器；7—电动机；8—电源；9—定时器

（二）采样仪器

用于空气污染监测的采样仪器，主要由收集器、流量计和抽气动力3部分所组成（图3-4）。

1. 收集器

根据污染物在空气中的存在状态，选择合适的收集器。常用的收集器有液体吸收管（图 3-3）。

（1）气泡式吸收管　吸收管内可装入 5~10ml 吸收液，空气流量为 0.1~2L/min。此采样管容易洗涤，但在使用时，要注意磨砂口严密不漏气。

（2）U 形多孔玻板吸收管　吸收管内可装入 5~10ml 吸收液，空气流量为 0.1~1L/min。对吸收管孔径滤板的阻力要求是：当装入 5ml 水，以 0.5L/min 抽气时，阻力为 30~40mm 汞柱。

管内可装入 20~100ml 吸收液，空气流量为 10~100L/min。

以上 2 种类型多孔玻板的吸收管（瓶），不仅可满足吸收气体和蒸气态物质的要求，还可采集雾态气溶胶。因此，有较高的采样效率。但是，这类吸收管阻力大，为了克服孔板阻力，需要用较大的抽气动力。

（3）冲击式吸收管　管内可装入 5~10ml 吸收液，采集气溶胶时，空气流量为 2.8L/min。

2. 流量计

流量计是计量空气流量的仪器。在用真空采样瓶、采气管等采样时，其采样体积就是容器的容积；有的抽气动力是用水抽气瓶或手抽气筒，则由本身的容积即可计算出采样的体积，不需要用到流量计。现在的空气采样装置用抽气机（泵）作抽气动力，用流量计来计量所采空气的体积。

流量计的种类。流量计的种类较多，现场使用的流量计要求轻便，使用方便，易于携带，如孔口流量计和转子流量计是常用的流量计。

（1）孔口流量计　孔口流量计有隔板式及毛细管式 2 种，当气体通过隔板或毛细管小孔时，因阻力而产生压力差，气体的流量越大，产生的压力差也越大；由孔口流量计下部的 U 形管两侧的液柱差，可直接读出气体的流量。

孔口流量计中的液体，可用水、酒精、硫酸、汞等。由于各种液体相对密度不同，在同一流量时，孔口流量计上所示液柱差也不一样，相对密度小的液体液柱差最大。通常所用的液体是水，为了读数方便，可向液体中加几滴红墨水。

（2）转子流量计　转子流量计是由一个上粗下细的锥形玻璃管和一个转子所组成。转子可以用铜、铝等金属制成，也可以用塑料制成。当气体由玻璃管的下端进入时，由于转子上端的环形孔隙截面积大于转子下端的环形孔隙截面积，当流量一定时，截面积大，流速小，压力小；截面积小，压力大，流速大，所以，转子下端气体的流速大于上端的流速，下端的压力大于上端的压力，使转子浮升，直到上下两端压力差与转子的质量相等时，转子就稳定下来。气体流量越大，转子浮升越高。根据转子的位置，所指示的刻度读数。

在使用转子流量计时，当空气中湿度太大时，需要在转子流量计进气口前连接一支干燥管。否则，转子吸收水分后质量增加和管壁湿润都会影响流量的准确测定。

3. 抽气动力

抽气动力是一个真空抽气系统，通常有电动真空泵、刮板泵、薄膜泵、电磁泵等。这里不作详细讨论。

4. 采样仪器

(1) 空气采样仪器　目前大都将薄膜泵或刮板泵，转子流量计和流量调节阀等组装在一起，构成便携式的空气采样器。

国家环保总局为加强环境监测仪器的标准化、规范化，保证所获数据的准确性和可靠性，规定了"24h 自动连续气体采样器技术指标"。

(2) 颗粒物采样器（滤膜采样装置，见图 3-5）　颗粒物采样器用来采集一定粒度范围内的颗粒物。这种采样器按抽气量的大小分为大流量采样器（一般抽气量为 0.967～1.14m^3/min），中流量采样器（抽气量在 10～50L/min 以下）。采集的颗粒物可小到 40～60μm。采样时受风速风向的影响较大。目前，这两种采样器在我国环境监测部门均有使用（见图 3-6、图 3-7）。

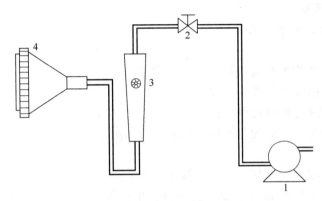

图 3-5　滤膜采样装置
1—泵；2—流量调节阀；3—流量计；4—采样夹

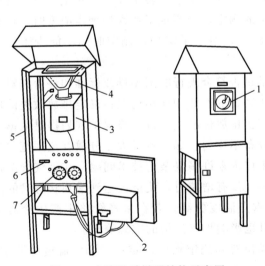

图 3-6　大流量采样器结构示意图
1—流量记录器；2—流量控制器；3—抽气风机；4—滤膜夹；
5—铝壳；6—工作计时器；7—计时器的程序控制器

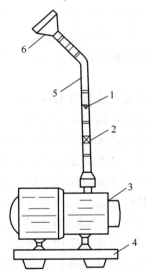

图 3-7　中流量 TSP 采样器
1—流量计；2—调节阀；3—采样泵；
4—消声器；5—采样管；6—采样头

(3) 大气降水采样器　用于采集大气降水样品的采样器，为聚乙烯塑料小桶或玻璃缸，上口直径为 20cm，高 20cm，亦可用自动采样器。

总之，随着科学技术的发展，空气污染物的采样仪器种类、型号日新月异，越来越趋向于体积小、质量轻、便于携带、准确度高、重现性好、容易操作且价格便宜等特点。在实际监测工作中,根据各监测站的自身条件,选择适合自己的空气采样仪器。

第三节 空气污染源监测

空气污染源是空气中污染物的主要来源,也是空气污染的罪魁祸首。要使空气免受污染,必须对污染源进行监测,严格控制其污染物的排放量及排放浓度。

空气污染源主要有流动污染源,如汽车尾气;固定污染源,如工厂的烟囱。下面分别讨论烟道气和汽车尾气的监测方法。

一、烟道气测试技术

(一)监测的目的、要求和内容

1. 目的

① 检查污染源排放的尘粒是否符合排放标准的规定。
② 评价除尘装置的性能和使用情况。
③ 为大气质量管理与评价提供依据。
④ 在条件许可情况下,应配备专用车输送仪器和测试人员。

2. 测定内容

① 尘粒的排放浓度,标准状态下干尘粒单位为 mg/m^3。
② 尘粒排放量,单位为 kg/h;烟气排放量,单位(标准状态下干物质)为 m^3/h。
③ 除尘设备的性能及净化设备的效率(%)。

3. 测定时对污染源的要求

为了取得有代表性的样品,测定时,生产设备应处于正常运转条件下。对生产过程变化的污染源,应根据其变化的特点和规律进行系统的测定,当测定工业锅炉烟尘浓度时,锅炉应在稳定的负荷下运行,不能低于额定负荷的85%,对于手烧炉,测定时间不能少于2个加煤周期。

一般通过上述指标的监测来说明烟气排放量是否符合现行的国家排放标准和评价其对空气污染的影响,以确定防治重点;评价烟气净化装置的性能和使用情况;确定排放散失的原材料或产品所造成的经济损失和为进一步修订充实排放标准,制订环境保护规划提供依据。

由于烟气具有高温、高湿、高浓度且尘粒分布不均匀、烟尘粒径大、分散度范围宽、流速快且波动大及腐蚀性强等特点,给烟气监测工作带来许多复杂的技术问题。在烟气含湿量高时,一般露点温度(当空气的压力恒定,水蒸气没有增减时,使空气达到饱和状态时的温度)超过40℃,经湿式除尘器处理后的烟气,露点温度更高。若在采样管路中产生冷凝水时,不仅影响尘粒物质和二氧化硫的浓度,而且也影响烟气流量的准确测定。

按照烟尘重量法测定浓度的程序是:①采样位置和测定点的确定;②烟气温度的测定;③烟气含湿量的测定;④烟气流量的测定;⑤烟尘浓度的测定。

在对烟气实测之前,应对测定对象作细微的调查,如锅炉型号、蒸发量(t/h)、加煤方式、燃料消耗量(t/h)、煤质、除尘器类型、烟尘回收量(t/d)、引风机型号及风量(m^3/h)、烟囱高度(m)、烟囱截面积(m^2)等。通过上述调查,掌握生产设备和净化设备的性能、排放有害物质的种类、数量。一般在正式采样前应对拟定的测定点的烟气状态作初步判定,检查所用仪器、滤筒恒重编号等准备工作。

为了做好污染源监测工作,在测定时,要求生产设备应处于正常运转条件下;对生产过程变化的污染源,应根据其变化特点和规律进行系统的测定,以得到可靠的数据。

(二)采样位置和采样点的确定

1. 采样位置

在测定烟气流量和采集烟尘样品时,为了取得有代表性的样品,尽可能将采样位置放在烟道气流平稳的管段中,否则会因尘粒在烟道中受重力作用较大的颗粒偏离流线向下运动,使烟道中的粉尘分布不均。即使现场条件不能满足这些要求的话,也必须设在距弯头、接头、阀门和其他变径管段下游方向大于 6 倍直径处,或在其上游方向大于 3 倍直径处,最少也应在不小于 1.5 倍直径处。

测定点的烟气流速要大于 5m/s。否则,因为用皮托管测定烟气流速小于 5m/s 时,动压值才升高 1mmHg(1mmHg=133.322Pa),这样的读数会造成较大的误差。

对排放源有害气体样品的采集,由于气态物质在烟道内分布一般是均匀的,且无惯性影响,故对采样位置要求不严。

2. 采样孔和采样点

当采样位置选定后,就开凿采样孔,其孔径一般为 50~70mm,以放入采样管为宜,平时不用时,将孔封堵起来。

(1)圆形烟道 将烟道断面分成若干个等面积的同心圆环,每个环上采 2 个点(见图3-8)。每个点的位置由采样孔处的直径乘以某一系数求得。

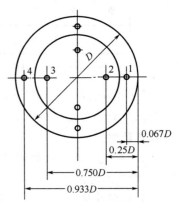

图 3-8 圆形烟道采样点设置

不同直径圆形烟道等面积环数和各点距烟道内壁的距离见表 3-8。

表 3-8 圆形烟道的分环和各点距烟道内壁的距离

烟道直径/m	分环数/个	各测点距烟道内壁的距离(以烟道直径为单位)									
		1	2	3	4	5	6	7	8	9	10
<0.5	1	0.146	0.853								
0.5~1	2	0.067	0.250	0.750	0.933						
1~2	3	0.044	0.146	0.294	0.706	0.853	0.956				
2~3	4	0.033	0.105	0.195	0.321	0.679	0.805	0.895	0.967		
3~5	5	0.022	0.082	0.145	0.227	0.344	0.656	0.773	0.855	0.918	0.978

每个测点 r_n 距烟道测孔的位置按下步骤进行:①确定测孔处烟道的直径;②根据直径大小确定分环数目;③按每个环上确定 2 个测点的原则,计算整个烟道断面的测点数;④计算每个测点距烟道测孔内壁的距离。

【例 3-1】 有一烟道测孔处的直径为 1m,试问共需几个测点?每个测点距烟道测孔内壁的距离为多少?

解 根据表 3-8,烟道直径为 1m,应分 3 个环,共需 6 个测点。每测点距烟道内壁的距离分别如下:

$$r_1 = 1 \times 0.044 = 0.044 \text{ (m)}$$
$$r_2 = 1 \times 0.146 = 0.146 \text{ (m)}$$
$$r_3 = 1 \times 0.294 = 0.294 \text{ (m)}$$

$r_4 = 1 \times 0.706 = 0.706$ (m)

$r_5 = 1 \times 0.853 = 0.853$ (m)

$r_6 = 1 \times 0.956 = 0.956$ (m)

(2) 矩形烟道　将烟道断面分成等面积的矩形小块，各块中心即为采样点（图 3-9）。

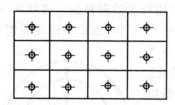
图 3-9　矩形烟道采样点设置

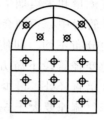
图 3-10　拱形烟道采样点设置

(3) 拱形烟道　分别按圆形和矩形烟道采样点布点原则确定（图 3-10）。

当采集有害或高温气体，且采样点处烟道处于正压状态时，为保护操作人员安全，采样孔应设置防喷装置。

（三）烟气状态参数的测定

1. 烟气温度的测定

(1) 玻璃水银温度计　适于在直径较小的低温烟道中使用。测定时应将温度计球部放在靠近烟道中心位置。

(2) 热电偶温度计　原理如下。将两根不同的金属导线连成一闭路，当两接点处于不同温度环境中时，便可产生热电位，温差越大，热电位越大。如果热电偶一个接点的温度保持恒定（称为自由端），则产生的热电位便完全决定于另一个接点的温度（称为工作端）。用毫伏计测出热电偶的热电位，就可以得到工作端所处的环境温度。

仪器：热电偶，镍铬-康铜，用于 800℃ 以下烟气；镍铬-镍铝，用于 1300℃ 以下的烟气。

2. 压力的测定

为了进行等速采样流量的计算和烟气中有害物质的浓度及烟气排放量的计算，必须分别测定烟、采样系统和空气环境中的空气压力变化，以便对气体体积进行校正换算。

(1) 烟道管压力的测定

① 压力的几个概念。烟气静压（p_s）。在单位体积内，由烟气本身的质量而产生的压力。烟道内烟气的压力和周围大气压力（p_a）之差，在气体体积校正时要用到它。当测定点处于正压管段时，烟气静压为正值；反之，在负压管段则为负值。有时绝对值很大，超出倾斜管微压计的测量范围，应改用 U 形水银压力计来测定，以尽量减小测量误差。

烟气动压（H_d）。烟气流动时所具有的压头，故又称为速度压。用它求其烟气流速，它必是正压值。

烟气全压（H）。烟气静压与动压之和。用它衡量排烟系统的阻力，是锅炉行业的一项经济指标。

② 皮托管。标准皮托管，结构见图 3-11，按标准尺寸加工的皮托管，其校正系数近似等于 1。标准皮托管测孔很小，当烟道内尘粒浓度较大时，容易被堵塞。因此，只适用于较清洁的管道中使用。

S 形皮托管。S 形皮托管（图 3-12）在使用前必须用标准皮托管进行校正，求出它的校正系数。当流速在 5～30m/s 的范围内时，其速度校正系数平均值为 0.84。S 形皮托管不像标准皮托管那样呈 90°弯角，因此可以在厚壁烟道中使用，且开口较大，不易被尘粒堵塞。

③ 压力计。倾斜式微压计。结构见图 3-13，一端为截面积较大的容器，另一端为倾斜玻璃管，管上刻度表示压力计读数。测压时，将微压计的容器开口与测量系统中压力较高的一端相连，将斜管一端与系统中压力较低的一端相连，作用于两个液面上的压力差，使液柱沿斜管上升。压力 p 按下式计算：

$$p = L\left(\sin\alpha + \frac{F_1}{F_2}\right)r \quad (3-3)$$

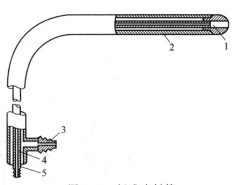

图 3-11　标准皮托管

1—全压测孔；2—静压测孔；3—静压管接口；4—全压管；5—全压管接口

式中　L——斜管内液柱长度，mm；

　　　α——斜管与水平面夹角，(°)；

　　　F_1——斜管截面积，mm^2；

　　　F_2——容器截面积，mm^2；

　　　r——测压液体相对密度，用相对密度为 0.81 的乙醇；

　　　p——测得压力，Pa。

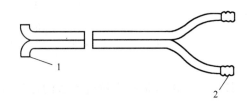

图 3-12　S 形皮托管

1—测口；2—连接嘴

工厂生产的倾斜微压计，修正系数 K 即代表 $\left(\sin\alpha + \frac{F_1}{F_2}\right)r$ 一项，则上式变为

$$p = LK \quad (3-4)$$

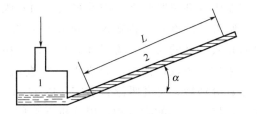

图 3-13　倾斜式微压计

1—容器；2—玻璃管

④ 测量方法。测量烟气压力应在采样位置的管段，烟气压力在 150mmH₂O（1mmH₂O=9.80665Pa）以上时，用 U 形压力计测量。烟气压力在 150mmH₂O 以下时，用倾斜微压计测量。测压时，皮托管管嘴要对准气流，每次测定要反复 3 次以上，取其平均值。图 3-14 是测定烟气全压、静压和动压时，标准皮托管、S 形皮托管与倾斜微压计的连接方法。

(2) 大气压力的测定　用空盒气压表测定大气压力（p_a）或向当地气象台（站）询问。

(3) 采样系统中压力测定　采样系统中的烟气压力，即流量计前的压力（p_r）。由于抽气动力压头大，常用水银作为测压液体，其读数为负值。

3. 烟气含湿量的测定

排出烟气中的水分含量是不饱和的，而流量计测定的却是该温度下的饱和状态。因此，在计算干烟气中的粉尘浓度和等速采样流量时，必须计算出含湿量。烟气含湿量常以 1kg 干空气中存在的水蒸气质量（G_{SW}）或用湿空气中水蒸气占的体积分数 X_{SW} 表示。一般以体积分数表示，便于计算。

我们仅介绍用吸湿管法（重量法）来测量含湿量。

原理：从烟道中抽出一定体积的烟气，使之通过装有吸湿剂的吸湿管，烟气中水汽被吸湿剂吸收，吸湿管增加的质量即为已知体积的烟气中含有的水汽量。

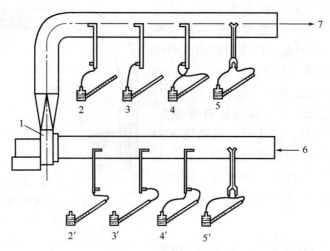

图 3-14 测压连接方法

1—风机；2，2'—全压；3，3'—静压；4，4'—动压；
5，5'—动压；6—进口（负压）；7—出口（正压）

仪器。①进口带有尘粒过滤管的加热或保温采样管；②U 形吸湿管；③流量测量装置；④抽气泵。

吸湿剂。常用的吸湿剂有无水氯化钙、硅胶、氧化铝、五氧化二磷等。选用吸湿剂时，应注意吸湿剂只吸收烟气中的水汽，而不吸收水汽以外的其他气体。

吸湿管的准备。将颗粒状吸湿剂装入 U 形吸湿管内，吸湿剂上面填充少量的玻璃棉，以防止吸湿剂的飞散，关闭吸湿管活塞，擦去表面的附着物，用分析天平称重。

采样。将仪器按图 3-15 连接，检查系统是否漏气，然后，将采样管插入烟道中心位置，加热数分钟后，打开吸湿管活塞，以 1L/min 流量抽气。采样后，关闭吸湿管活塞，取下吸湿管，擦去表面的附着物，用分析天平称重。

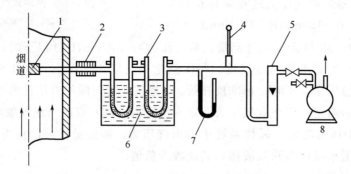

图 3-15 重量法测定烟气含湿量装置

1—过滤器；2—保温或加热器；3—吸湿管；4—温度计；
5—流量计；6—冷却器；7—压力计；8—抽气泵

计算。烟气含湿量（G_{SW}）按下式计算：

$$G_{SW} = \frac{G_W}{r_0 \left(V_d \dfrac{273}{273+t_r} \times \dfrac{p_a+p_r}{760} \right)} \times 10^3 \tag{3-5}$$

式中　G_{SW}——烟气含湿量，g/(kg 干空气)；

G_W——吸湿管吸收的水量，g；

r_0——标准状况下干烟气的相对密度，若干烟气组分近似于干空气时，可取 1.293g/(L 干空气)；

V_d——抽取的干烟气体积（测量状态下），L；

t_r——流量计前烟气的温度，℃；

p_a——大气压力，mmHg（1mmHg=133.322Pa）；

p_r——流量计前的指示压力，mmHg。

若以百分含量计算，则按下式换算。

$$X_{SW} = \frac{1.24 G_W}{V_d \dfrac{273}{273+t_r} \times \dfrac{p_a+p_r}{101.3} + 1.24 G_W} \times 100\% \tag{3-6}$$

式中 X_{SW}——烟气中水蒸气含量的体积分数；

1.24——标准状况下 1g 水蒸气占有的体积，L。

4. 烟气流速量和流量计算

(1) 流速测量 原理：根据烟气动压和烟气状态计算烟气的流速。

当干烟气组分同空气近似，露点温度在 35～55℃，烟气绝对压力在 750～770mmHg 时，可用下列简式公式计算烟气的流速：

$$V_s = 0.24 K_p \sqrt{273+t_s} \cdot \sqrt{H_d} \tag{3-7}$$

式中 t_s——烟气温度，℃；

K_p——皮托管系数，0.84～0.85；

H_d——烟气动压，mmHg。

烟道内横断面上各采样点的平均流速按下式计算：

$$\overline{V}_s = \frac{V_1+V_2+\cdots+V_n}{n} \tag{3-8}$$

式中 $\overline{V}_s$——烟气的平均流速，m/s；

$V_1, V_2 \cdots V_n$——横断面上各点流速，m/s。

或者，烟气的平均流速为

$$\overline{V}_s = 0.24 K_p \sqrt{T_s} \cdot \sqrt{H_d} \tag{3-9}$$

式中 T_s——烟气温度，K。

由式可知，在实际测量中，只要测出烟气的温度和各测点的动压后，即可计算出烟气的平均流速。

(2) 流量计算 烟气流量等于测点烟道断面的截面积乘上烟气的平均流速。

即

$$Q_s = 3600 \overline{V}_s F \tag{3-10}$$

式中 Q_s——烟气流量，m³/h；

F——烟道断面的面积，m²。

那么，在标准状况下干烟气的流量为

$$Q_{snd} = Q_s (1-X_{SW}) \frac{p_a+p_s}{101.3} \cdot \frac{273}{273+t_s} \tag{3-11}$$

式中 Q_{snd}——在标准状况下的烟气流量（标准状态下干物质），m³/h。

(四) 尘粒采样方法及浓度和排放量的计算

1. 等速采样及计算

由于烟尘粒子的质量比气体大，由于其惯性的影响，使测定结果出现误差。所以，固定的测定点上的采样嘴，吸引气体的流速必须等于该测点上的烟道内烟气的流速，即等速情况下采集烟尘样品。为此，在实测前，必须先测定各测点上的烟气流速，然后才进行等速捕集烟尘。

尘粒采样必须等速进行，即气体进入采样嘴的速度与烟道内采样点的烟气流速相等，其相对误差应在 $-5\% \sim 10\%$ 之内。采用等速采样的方法，当用普通型采样管采样时，是在确定的各采样点上预先测出流速，然后根据各点的流速、烟气状态和选用的采样嘴直径等，计算出在等速情况下各采样点所需的采气流量。

当干烟气的组分和干空气近似时，则按下式计算：

$$Q'_r = 0.0292 d^2 V_s \left(\frac{p_a + p_s}{T_s} \right) \left[\frac{T_r}{p_a + p_r} \right]^{1/2} (1 - X_{sw}) \tag{3-12}$$

式中 Q'_r——等速采样所需的转子流量计的流量读数，L/min；

d——选用的采样嘴直径，mm；

V_s——采样点的烟气流速，m/s；

T_r——$t_r + 273$；

其他符号同前。

当采用平衡型等速采样管采样时，不需预先求出等速采样的流量，可直接将采样管置于采样点上，调节采样流量，使采样嘴内的静压或动压等于测点烟气的静压或动压，即可达到等速采样的目的。具体原理、操作、计算不在此讨论，可参考各厂家生产的平衡型烟尘浓度测定仪的说明书。

2. 采样系统和装置

尘粒采样系统由采样管、滤筒、流量测量装置和抽气泵等组成。

(1) 采样管

① 普通型采样管。有玻璃纤维滤筒采样管和刚玉滤筒采样管两种（图 3-16、图 3-17）。

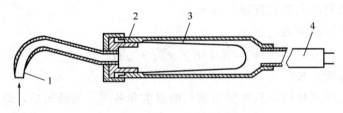

图 3-16 玻璃纤维滤筒采样管
1—采样嘴；2—滤筒夹；3—玻璃纤维滤筒；4—连接管

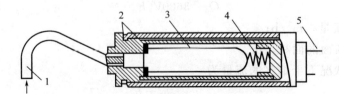

图 3-17 刚玉滤筒采样管
1—采样嘴；2—密封垫；3—刚玉滤筒；4—耐温弹簧；5—连接管

② 平衡型等速采样管。有静压平衡型等速采样管和动压平衡型等速采样管 2 种。

采样管通常由采样嘴、滤筒夹和连接管构成。采样嘴入口内径应大于 4mm，为了不扰动吸气口内外气流，嘴的前端应做成小于 30°的锐角，锐边的厚度不能大于 0.3mm。从采样嘴到尘粒捕集器之间的管道内表面应平滑不能有断面的突变。为了防止腐蚀，采样管宜用不锈钢制作。

(2) 滤筒

① 玻璃纤维滤筒。适用于 400℃以下烟气的尘粒采样。

② 刚玉滤筒。适用于 850℃以下烟气的尘粒采样。

(3) 流量测量装置　由冷凝器、干燥器、温度计、压力计和流量计构成，用以测量烟气的含湿量和采样气体的温度、压力和流量。

(4) 抽气泵　以抽气量不低于 60L/min 的旋片泵为宜。

3. 采样步骤

① 采样前，先测出各采样点的烟气流速、温度、含湿量和烟气静压。

② 根据各采样点的流速、烟气的状态参数和选用的采样嘴直径，计算出各采样点等速采样的流量。当用平衡型等速采样管时，不需上述步骤。

③ 将已称重的滤筒放入采样管滤筒夹内，按仪器说明书将系统连接，并检查系统是否漏气。

④ 将采样管放入烟道第一个采样点处，使采样嘴对准气流，打开抽气泵，调整采样流量至第一点等速采样流量。

⑤ 采样期间，由于尘粒在滤筒上逐渐聚集，阻力会逐渐有些增加，随时需要调节流量，同时要记下采样时流量计前的温度和压力。

⑥ 第一点采样后，应立即将采样管移到第二点，同时迅速调节流量至第二点所需等速采样的流量。各点采样的时间应相等。依此类推，对各点进行采样。

⑦ 采样结束后，切断电源，同时关闭管路，防止由于烟道内负压将尘粒倒抽出去，并小心取出滤筒。取下滤筒放入备好的盒内，带回天平室称重。

4. 采样体积计算

使用转子流量计，其前面装有使气体干燥的干燥器时，当干烟气的组分与空气近似时，采气体积按下式计算。

$$V_{nd} = 0.577 Q'_r n \sqrt{\frac{p_a + p_r}{t_r}} \tag{3-13}$$

式中　V_{nd}——采样体积（标准状况下干物质），L；

Q'_r——采样时流量计的读数，L/min；

n——采样时间，min；

其他符号同前。

5. 排放浓度、排放量的计算

(1) 排放浓度

① 移动采样尘粒排放浓度按下式计算：

$$c = \frac{g}{V_{nd}} \times 10^6 \tag{3-14}$$

式中　c——尘粒排放浓度（标准状况下干物质），mg/m³；

g——采样所得的尘粒质量，g;

V_{nd}——采样体积（标准状况下干物质），L。

② 定点采样尘粒平均浓度按下式计算：

$$c = \frac{c_1 V_1 F_1 + c_2 V_2 F_2 + \cdots + c_n V_n F_n}{V_1 F_1 + V_2 F_2 + \cdots + V_n F_n} \quad (3\text{-}15)$$

式中　$c_1, c_2 \cdots c_n$——各采样点的尘粒浓度（标准状况下干物质），mg/m³;

$V_1, V_2 \cdots V_n$——各采样点的流速，m/s;

$F_1, F_2 \cdots F_n$——各采样点代表的面积，m²。

(2) 尘粒排放量　尘粒排放量按下式计算：

$$G = cQ_{snd} \times 10^{-6} \quad (3\text{-}16)$$

式中　G——尘粒排放量，kg/h;

Q_{snd}——烟气流量（以标准状态下干物质计），m³/h。

6. 除尘效率的计算

(1) 原理　根据除尘器进、出口管道内烟尘的浓度和烟气的流量，求出除尘效率（%）。

(2) 计算式：

$$\eta = \left(1 - \frac{c_o}{c_i}\right) \times 100\% \quad (3\text{-}17)$$

式中　η——除尘效率；

c_o——除尘器出口管道内烟尘浓度（标准状况下干物质），mg/m³;

c_i——除尘器进口管道内烟尘浓度（标准状况下干物质），mg/m³。

一般要求除尘设备的效率达90%以上。

(五) 气体采样方法及SO_2浓度和排放量的计算

1. 采样点

由于气体在烟道内分布一般比较均匀，且无惯性影响，不必要等速采样，可在近烟道中心点采样。若有害气体中含有雾滴或尘粒状物质，则应按照尘粒采样方法进行采样。

2. 采样系统和装置

气体采样系统。气体采样系统通常由采样管、捕集装置、流量测试装置和抽气泵等组成。根据采气量的大小，有抽气泵采样和注射器采样（图3-18）两种形式。前者适用于采集1L以上体积的气体，后者适用于采集少量气体。

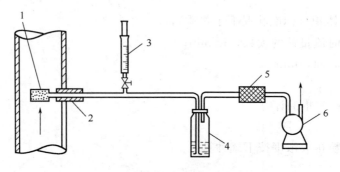

图 3-18　注射器采烟气装置

1—滤料；2—加热（或保温）采样导管；3—采样注射器；4—吸收瓶；5—干燥管；6—抽气泵

3. 采样步骤

(1) 清洗采样管　采样管有时因长期使用，内部污染，用前要清洁干净，干燥后再用。

(2) 更换滤料　每次采样前要更换滤料。

(3) 检查系统　采样系统连接好之后，应检查系统是否漏气。

(4) 预热采样管　待采样管加热到所需温度后，再插入烟道。

(5) 调节采样流量至需要的读数值　记下流量计的流量和流量计前烟气的温度和压力。

用注射器时应注意：①检查注射器筒和活塞是否严密；②按前述吸收瓶采样步骤(1)~(4)进行；③用吸收液充分润湿注射器筒内壁后，将注射器按图3-18连接在采样系统上；④以1L/min流量，抽气3~5min，充分置换采样管路内的空气；⑤打开注射器的阀门，以慢速按需要体积抽气1次，然后关闭注射器阀门；⑥从系统中取下注射器，冷却至室温后，读出注射器刻度上的采气量，并记下室温。

4. 采气体积的计算

当用注射器采样时，采样体积按下式计算：

$$V_{nd} = V_f \frac{273}{273+t_f} \times \frac{p_a - p_{bv}}{101.3} \tag{3-18}$$

式中　V_{nd}——采样体积（标准状态下干物质），L；

　　　V_f——室温下，注射器刻度所示的采样体积，L；

　　　t_f——室温，℃；

　　　p_{bv}——在t_1时饱和水蒸气压力，Pa。

当用抽气泵采样系统时，采气体积按下式计算：

$$V_{nd} = V_t \frac{273}{273+t_r} \times \frac{p_a + p_r}{101.3} \tag{3-19}$$

式中　V_t——现场采气体积为每分钟抽气流量乘以采气时间（min），L；

　　　t_r——流量计前温度计上读数，℃；

　　　p_r——流量计前压力计的读数，Pa；

其他符号同前。

5. 分析步骤

烟气中主要是二氧化硫，其分析方法：碘量法、中和法、偶氮胂Ⅲ法和氯酸钡比色法等，但一般采用碘量法。

碘量法的原理是：烟气中的二氧化硫被氨基磺酸铵和硫酸铵混合液吸收，用碘量法滴定；按滴定量计算出二氧化硫浓度。

一般串联2只吸收瓶采样，故采样完后，第2只吸收瓶的吸收液倒入第1只吸收瓶中，并用吸收溶液洗1次第2只瓶，并入第1只瓶内，定容为V_1(ml)。由此吸收液中取出10~25ml作分析测定，以淀粉液作指示剂，以0.01mol/L碘液滴定，直至呈青色为止，记下碘溶液的消耗量。另外，同法做一个空白滴定，记下空白滴定所消耗的碘溶液量，依此可计算出二氧化硫的浓度。

6. 计算

(1) SO_2浓度的计算

$$c_{SO_2} = \frac{0.112(a-b) \times f \times \frac{250}{25}}{V_{nd}} \times 10^3 \tag{3-20}$$

$$c'_{SO_2} = c_{SO_2} \times 2.86$$

式中 0.112——在标准状况下相当于 1ml 0.01mol/L 碘溶液的 SO_2 的毫克数;

a——测定样品时所耗的 0.01mol/L 碘标准溶液体积数,ml;

b——空白试验所耗的 0.01mol/L 碘标准溶液的体积数,ml;

f——0.01mol/L 碘标准溶液标定后的系数;

V_{nd}——换算成标准状态下的采气量(标准状态下干物质),L;

2.86——将 mg/kg 换算成(标准状态下干物质)mg/m^3 的系数。

(2) SO_2 排放量(kg/h)的计算

$$G_{SO_2} = c'_{SO_2} \times Q_{snd} \times 10^{-6} \tag{3-21}$$

式中 Q_{snd}——烟道气排放量(标准状况下干物质),m^3/h;

c'_{SO_2}——SO_2 浓度(标准状况下干物质),mg/m^3。

二、现场快速监测技术

现场快速监测的仪器轻便,操作简单,测定速度快,并具有一定精度。特别适合于污染源监督监测和污染事故监测的现场应急监测。现介绍烟尘浓度的现场监测技术。

燃料燃烧时,从烟道中排出的烟尘和有害气体是空气污染的主要来源。现将烟尘浓度的测定方法分述如下。

1. 过滤称重法

它是最常用的方法,基本原理是一定体积的含尘烟气,通过已知质量的滤筒后,烟气中的尘粒被阻留,根据采样前后滤筒的质量差和采样体积,算出含尘浓度。

因烟道中的气体具有一定的流速和压力,还具有较高的温度和湿度,且常有一些腐蚀性气体,所以必须采用等速采样的方法。

等速采样流量及采样体积按普通型采样管法公式计算。烟尘浓度(标准状态下干物质,mg/m^3)可按下式计算:

$$尘粒浓度 = \frac{W_2 - W_1}{V_{nd}} \times 10^6 \tag{3-22}$$

式中 W_1,W_2——采样前后滤筒质量,g;

V_{nd}——采样体积(标准状况下干物质),L。

该方法准确度高、精密度好,国外许多国家将此方法定为标准方法。我国也将此方法作为鉴定其他分析方法的标准。但该法是手动测定,不可能知道烟尘浓度的动态变化。为了提高燃料的利用率和提高除尘器效率,必须应用烟尘连续测定的仪器。

2. 光电透射法

光电透射法测定烟尘浓度的理论是依据朗伯-比尔定律,通过测定悬浮在烟气中的尘粒对入射的测定光减弱的程度,求烟尘相对浓度的方法。其方法是,向烟道气投射测定光,烟尘即引起测定光减弱,通过光电传感元件,使之产生与含尘浓度成正比的电信号,此信号由电位差计予以连续地显示记录。由下式可知,通过含尘烟气后的光通量 F 为

$$F/F_0 = \exp(-KLN\pi r^2) \tag{3-23}$$

式中 F_0——零点情况(即清洁气体中)下的原始光通量;

L——光束在含尘气体中通过的长度;

N——单位容积中尘粒数目;

r——尘粒半径;

K——尘粒的消光系数。

若以光电流 I 代替光通量 F,以零点情况下基准光电流 I_0 代替 F_0,同时考虑尘粒径分布无明显变化时,含尘浓度 $c \propto N\pi r^2$。对于固定测点,L 一定,对于固定种类烟尘,K 值也一定,则 KL 乘积仍为一常数,以 σ 表示,则上式可改写为

$$I/I_0 = \exp(-\sigma c) \tag{3-24}$$

再代入变换得
$$(I - I_0)R = \Delta I \cdot R = V$$

可得

$$c = \lg \frac{I_0 R}{I_0 R - V} \times \frac{1}{\sigma'} \qquad \sigma' = 0.4348\sigma \tag{3-25}$$

式中　I_0——零点情况下光电流,常数;

　　　R——负载电阻,常数;

　　　V——记录仪指示的毫伏数,mV。

由式可见,含尘浓度 c 值与指示仪表显示的电位差 V 值相互对应。

国产光电透射式测尘仪由检测器、稳压电源控制和显示仪表组成,其结构简单、使用方便、维护量小、响应快、并能在被测含尘气体物理化学性质不变的条件下进行连续测定。但该仪器对安装要求较高,标定工作也较麻烦。

3. β射线吸收法

此法的基本原理如下。先用放射线核素所放射出的 β 射线(电子流)照射空白滤纸,测出空白滤纸对 β 射线的吸收程度,然后通过采样管将烟尘捕集在滤纸上,再用 β 射线照射集尘后的滤纸,测出集尘滤纸对 β 射线的吸收程度。根据空白滤纸和集尘滤纸对 β 射线的吸收程度确定烟尘浓度。β 射线的吸收与物质粒径、成分、颜色及分散状态无关,与物质的质量成正比。

在滤纸质底和捕集在滤纸上的尘粒分布均匀的前提下,设 β 射线透过空白滤纸的强度为 I_0,通过集尘滤纸的强度为 I,每平方厘米滤纸上捕集的烟尘质量为 $G(\mathrm{g})$,则

$$I = I_0 e^{-\mu G} \tag{3-26}$$

式中　μ——尘粒质量吸收系数,cm^2/g。

G 可由下式求出。

$$G = \frac{Qtc}{A} \tag{3-27}$$

式中　Q——采集抽气量,$\mathrm{m}^3/\mathrm{min}$;

　　　t——抽气时间,min;

　　　c——烟尘浓度,g/m^3;

　　　A——滤纸集尘面积,cm^3。

将以上二式合并得:

$$c = \frac{A}{\mu Qt}(\ln I_0 - \ln I) \tag{3-28}$$

由此可见,当 AQt 选定后,烟尘浓度 c 与 $(\ln I_0 - \ln I)$ 成正比。所以通过测定集尘前后所透过的 β 射线的强度就可决定烟尘浓度。

β 射线测尘仪器是一个能够用于现场且实现间歇和自动测定烟尘浓度的仪器。

4. 林格曼黑度测定法

这是一种监测烟气排放的视觉方法，即以人的感觉器官对烟气气味、颜色等的反应强度的强弱作为监测的指标。

具体方法是把林格曼烟气浓度图放在适当的位置上，将图上的黑度与烟气的黑度（或不透光度）进行比较，凭借人视觉的主观反应来确定烟气中有害物排放的情况。

林格曼烟气浓度图有多种规格，我国绘印的是标准形式（14cm×21cm）。该图由黑度不同的 6 个小块组成。除全白与全黑 2 块外，其他 4 块是在白色背景底上画上不同宽度的黑色条格。根据黑色条格在整个小块中所占面积的百分数分成 0~5 的林格曼级数。0 级是全白，5 级是全黑，1 级是黑色条格面积占整块面积的 20%，2 级占 40%，3 级占 60%，4 级占 80%。

根据此原理，国外还有制成易于携带和操作的小型林格曼图和测烟望远镜。

测定应在白天进行。观察时应将刚离开烟囱的黑度与图上的黑度进行比较，记下该烟气的林格曼级数及持续的时间。如果烟气黑度介于两个林格曼级数之间，还可估计一个 0.5 或 0.25 林格曼级数。

采用林格曼图监测烟气的黑度，取决于观察者的判断力。但观察到的烟气黑度的读数，不仅取决于烟气本身的黑度，还与天空的均匀性、亮度、风速、烟囱的大小结构（直径和形状）及观察时照射光线的角度有关。另外，烟气黑度与烟气中尘粒含量之间很难找到一个确定的定量关系，因此，该方法不能取代烟气中有害物质的排放浓度和排放量的测定。但由于这一方法简便易行、成本低廉，特别适宜于黑色烟气的监测，因此许多国家仍将其列为常用的现场烟气排放监测方法之一。

三、汽车尾气的监测

空气环境的污染，除来自煤烟型的污染外，还有化学型的污染。例如，内燃机和燃油设备的废气排放，尤其是汽车尾气的排放是城市污染的主要污染源之一，已对人体健康和环境造成了有害影响。众所周知的洛杉矶光化学烟雾事件就是汽车尾气排入大气后，在特定的气象条件下酿成的公害事件。

对空气环境污染来讲，汽车是在人体呼吸带区域排放污染物，且具有排放污染物的总量大、扩散距离长、存留时间长等特点。此外，汽车尾气中排出的 NO_x 又是酸雨沉降的主要成因之一。

目前，我国所拥有的汽车数量与世界先进国家相比还不算多，但增长迅猛，且车况质量差，排放有害废气的浓度很高，已成为城市污染的主要问题。

（一）汽车尾气排放的主要污染物

1. 汽车废气中主要污染物

汽车排放的污染物较为复杂，主要有碳氢化合物（HC）、一氧化碳（CO）、氮氧化物（NO_x）、铅（Pb）、3,4-苯并芘和烟尘等。其中，燃汽油机动车辆主要是排放一氧化碳、碳氢化合物和氮氧化物；柴油车主要是炭烟。

2. 汽车排放废气的主要部分

汽车废气污染物主要由排气管（尾气）、曲轴箱和燃油箱化油器三个部分排放。

发动机尾气所含污染物质的数量和种类均居首位。因此，在评价发动机的质量和控制环境污染方面，主要是汽车尾气。

为了控制和治理汽车尾气，准确评价发动机的性能质量和研究防治汽车排气污染有关的技术对策，必须对汽车排放的尾气进行监测，以获取所需的基础资料。

3. 汽车排放污染物的生成机理

燃油在汽缸里燃烧的化学反应机理可概括表达如下。

$$\underline{H_mC_n}_{\text{燃油}} + \underline{N_2 + O_2}_{\text{空气}} \xrightarrow[8\sim16\text{kg/cm}^2]{800\text{℃}} H_KC_L\uparrow + CO\uparrow + CO_2\uparrow + NO_x\uparrow + H_2O$$

此反应式必须具备2个条件：①物质可以燃烧；②必须有助燃的空气。

显然，燃油与空气之间比例大小，直接影响到各种有害污染物的排放量和节约燃油。

空气和燃料的混合比例，在汽车行业称之为"空燃比"。为了既节能又降低空气污染，人们期望找到最佳的混合比。采用12.5∶1的混合比，燃料能充分燃烧，发动机能获得最大功率。在这个时候，可以做到节约能源，降低污染。

4. 主要污染物的产生

(1) CO 的产生　低空燃比时，由于空气量不足，引起不完全燃烧，CO 的排放量增加，同时油耗增加。在低温时，由于发动机处于冷态，化油器雾化不良，再加上吸入的混合气体与冷的进气管及汽缸壁接触时，一部分汽油发生凝结成为液态状，不易燃烧。在冷态起动时，供给较浓的混合气，则由于空气量的不足，不能达到完全燃烧而生成了 CO。减速运转时，由于急速关闭节气门，在进气管内会产生瞬时的强真空，吸入过量的燃料，其结果是：一方面节气门的关小，进气量减少；另一方面燃料的相对增多，形成过浓的混合气。与此同时，汽缸内压缩压力降低引起燃烧温度的降低，吸入汽缸内的混合气不能完全燃烧，CO 的生成量增加，HC 的生成量亦同时增加。而当发动机高负荷运转时，由于燃烧速度快，压缩压力燃气温度同时上升，混合雾化较好，热燃效率高，这样，CO 的生成量就减少。

(2) HC 的产生　HC 的产生与空燃比的直接关系较少。主要原因是在燃烧室壁温度较低的冷却面附近，形成一个淬冷区而不能达到燃烧的温度，火焰消失，电火花微弱，不能点燃汽缸内的混合气，而只有部分液态的燃油加热成气态的 HC 排出，导致缺火现象或者在进排气门重叠期间的漏气现象。当混合比在17∶1以内时，排放量就多；而当超过17∶1时，由于燃料成分过少，不能正常燃烧，也使未燃 HC 大量排出。所以，在多缸的发动机中，各汽缸工作时的不稳定，会导致 HC 大量排出。

(3) NO_x 的产生　NO_x 是可燃混合气内空气中的 N_2 和 O_2 在燃烧室内通过高温高压的火焰时化合而成的，因此，在混合比为15.5∶1附近，燃烧效率最高时，NO_x 的生成量最大，而混合比高于或低于此值时均会减少。所以，发动机燃烧室内的混合气越接近完全燃烧时，NO_x 的生成量就越多；不接近完全燃烧时，CO 生成量增多而 NO_x 会减少。

综上所述，燃油汽车工况不同，排放污染物的量也不同。CO、HC 可以通过合理的空燃比调校，而得到较好的又节油又降污的效果；而 NO_x 可以考虑通过吸附的化学办法来减少排放量。

(二) 汽车尾气的监测

汽车尾气排放的有害气体，对大气特别是城市空气造成严重污染。所以我们必须对汽车尾气进行监测。汽车尾气监测仪要具有监测响应速度快、移动灵活、预热时间短、操作及保养简单、耐用等特点。目前，主要有 CO 监测仪、HC 监测仪和组合式监测仪。

1. 汽车尾气的采集

(1) 直接取样法　直接向汽车排气管中取出部分尾气，导入监测仪器，连续地直接测定与汽车行驶状态同步的尾气各组分的浓度。该法测定对象浓度高，分析装置简单。采样流路要采取如下对策。

① 由于试样中的 HC 在采样中易于产生吸附而出现滞后脱离现象,所以流路要分为高浓度流路和低浓度流路。在高浓度气体测定时,低浓度流路不流入 HC。另外,要经常进行流路清洗。

② 试样中的水分在流路中凝聚时,高沸点的 HC 可溶解于其中,使浓度发生变化。因此,包括 HC 监测仪的整个流路要加热至 200℃ 左右,才能进行测定。

(2) 袋式采样法　这是欧洲各国规程中所采用的方法,在尾气测试的各个时间内,将全部气体量都采入大容量试样袋中,然后进行测定。分析装置和直接采样法的装置相同。

(3) 稀释采样法　因为空气污染与排气中有害物质的量,即与排气总量和浓度乘积有关,所以合理的标准不是浓度标准,而是质量浓度标准。相应这一标准的测定法就是稀释采样法(CVS)。日本、美国都应用此法。该法是用空气稀释全部尾气,近似于汽车尾气扩散于大气中后的实际状况下的取样方法。与袋式采样法和直接采样法比较,此法优点是没有由于低温捕集引起高温物质凝缩或溶解于水中而产生的测定误差。另外,由于试样是经过稀释再取样于试样袋中,因此减少了化学性质活泼的物质相互反应引起组分变化的问题。

2. 汽车尾气监测仪器

(1) CO 监测仪　用 CO 监测仪测定汽车尾气的方法是将仪器测管插入汽车排气尾管中,由安装于仪器主体上的 CO 浓度计读取 CO 浓度。

由于从排气管排出的尾气湿度、温度大,而且含有烟尘,所以仪器响应速度达不到规定的指标。为此要将试样冷却、除湿和除尘后再导入分析部分。当红外线通过气体层时,某一波长的红外线辐射能量被吸收掉。气体浓度与气体层厚度之间的关系遵循比尔定律。

$$\Delta E = E_0 - E = E_0(1 - e^{KcL}) \tag{3-29}$$

式中　E_0——入射光能量;
$\quad\quad E$——气体吸收后剩余光能量;
$\quad\quad K$——气体吸收系数;
$\quad\quad c$——气体浓度;
$\quad\quad L$——气体样品长度。

光学部件的主要功能是把待测主体的浓度转换成与之相应的电讯号,然后经放大电路使表头指示该浓度。

(2) HC 监测仪　HC 监测仪的使用方法与结构基本上与 CO 监测仪相同,其测定原理是利用碳氢化合物对波长约为 $3.3\mu m$ 的红外线选择吸收特性而进行测定,并换算成正己烷浓度显示出来。由于采用 NDIR 法测定,对于不同种类的碳氢化合物,即使同一浓度,仪器的灵敏度也不同。同型号的不同仪器,也有不同的测定方式,灵敏度也不一样。因此,仪器的研制标准规定:碳氢化合物中的正己烷和丙烷灵敏度比为 1.925,分析值偏差为 10% 以内。

另外,碳氢化合物一般极易吸附于仪器的配管、测管、软管的内壁上,与 CO 监测仪相比,响应速度慢。为此,要提高抽气泵的功率以增加流量,适当选择配管材质,尽可能减少吸附作用。

(3) 组合式监测仪　将上述 CO 监测仪与 HC 监测仪组合成一台仪器,并将一个测管插入排气管即能同时测定 CO 和 HC 的浓度,结构上除两仪器重复功能的部分共用外,分析部分和指示部分因两仪器有所不同而分别设置各自系统。

除以上监测仪器外,还有激光自动监测技术等方法。

（三）《车用汽油有毒物质控制标准》

国家环保总局发布了《车用汽油有毒物质控制标准》，车用汽油中对生态环境和人体健康有直接毒害的，或对汽车发动机和排放控制装置有害，造成汽车排放状况恶化的 9 类物质含量按照相关指标进行控制。

根据该《标准》，车用汽油中苯含量不得高于 2.5%，烯烃含量不得高于 35%，芳烃含量不得高于 40%，锰含量不得高于 0.018g/L，所含的铁和铜不得检出（分别不超过 0.005g/L 和 0.001g/L 的检出限值），铅含量不得超过 0.013g/L，磷含量不得超过 0.0013g/L，硫含量不得高于 0.08%。

第四节 室内空气监测

人们生活向现代化迈进，室内装修已涉及千家万户，在使用品类繁多的各种新型建材时，把污染也引进了家。人们大量消费各种名目的日用化学品（化妆品、洗涤剂、杀虫剂），这些化学品向室内散发着有害的污染物。由于各种来源致使室内空气污染高于室外，造成室内环境染染。室内空气污染是指由于室内引入能释放有害物质的污染源或室内环境通风不佳而导致室内空气中有害物质无论是从数量上还是种类上不断增加，并引起人的一系列不适症状。

一、室内污染物的分类与来源

室内空气污染物的种类、数目繁多，室内环境污染按照污染物的性质分为三大类。

第一大类——化学污染物：主要来自装修、家具、玩具、煤气热水器、杀虫喷雾剂、化妆品、吸烟、厨房的油烟等；

第二大类——物理污染物：主要来自室外及室内的电器设备产生的噪声、光和建筑装饰材料产生的放射性污染等；

第三大类——生物污染物：主要来自寄生于室内装饰装修材料、生活用品和空调中产生的螨虫及其他细菌等。

根据染染物的形成原因和进入室内的不同渠道，室内污染物主要来源于两方面：一是来源于室内本身污染造成的，二是受室外污染影响（即位于临近工厂或交通道口的居民受到外界工厂、交通污染等的影响）。室内空气污染的主要来源见表 3-9。

二、室内监测方案的制定

1. 采样点的设置

采样点位的数量根据室内面积大小和现场情况而确定，要能正确反映室内空气污染物的污染程度。原则上小于 50m² 的房间应设 1~3 个点；50~100m² 设 3~5 个点；100m² 以上至少设 5 个点。

多点采样时应按对角线或梅花式均匀布点，应避开通风口，离墙壁距离应大于 0.5m，离门窗距离应大于 1m。

原则上与人的呼吸带高度一致，一般相对高度 0.5~1.5m。也可根据房间的使用功能，人群的高低以及在房间立、坐或卧时间的长短，来选择采样高度。有特殊要求的可根据具体情况而定。

2. 采样时间及频次

经装修的室内环境，采样应在装修完成 7d 以后进行。一般建议在使用前采样监测。

表 3-9 室内空气污染来源

	污染源	产生的污染物	危害
室内	建筑材料,砖瓦,混凝土,板材,石材,保温材料,涂料,黏结剂	氨,甲醛,氡,放射性核素,石棉纤维,有机物	头昏、病变、尘肺、诱发冠心病、肺水肿及致癌
	清洁剂,除臭剂,杀虫剂,化妆品	苯及同系物,醇,氯仿,脂肪烃类,多种挥发有机物	致癌
	燃料燃烧	CO, NO_2, SO_2	呼吸道强烈刺激,鼻、咽等疾病
	吸烟	CO, CO_2, NO_x,烷烃、烯烃、尼古丁、焦油、芳香烃等	呼吸系统疾病,癌症
	呼吸,皮肤,汗腺代谢活动	CO_2, NH_3, CO,甲醇、乙醇、醚	头昏、头痛、神经系统疾病
	室内微生物(来源人体病源微生物及宠物)	结核杆菌,白喉,霉菌,螨虫,溶血性链球菌,金黄色葡萄球菌	各种传染疾病
	复印机、空调、家电	O_3,有机物	刺激眼睛,头痛,致癌
室外	工业污染物	SO_2, NO_x, TSP, HF	呼吸道,心肺病,氟骨病
	交通污染物	CO, HC	脑血管病
	光化学反应	O_3	破坏深部呼吸道
	植物	花粉,孢子,萜类化合物	哮喘,皮疹,皮炎,过敏反应
	环境中微生物真菌,酵母菌		各类皮肤传染病
	房基地	Rn	呼吸系统病,肺癌
	人为带入室内(工作服)	苯,Pb,石棉等	各污染物相关疾病

年平均浓度至少连续或间隔采样 3 个月,日平均浓度至少连续或间隔采样 18h;8h 平均浓度至少连续或间隔采样 6h;1h 平均浓度至少连续或间隔采样 45min。

3. 采样要求

检测应在对外门窗关闭 12h 后进行。对于采用集中空调的室内环境,空调应正常运转。有特殊要求的可根据现场情况及要求而定。

4. 采样方法

具体采样方法应按各污染物检验方法中规定的方法和操作步骤进行。要求年平均、日平均、8h 平均值的参数,可以先做筛选采样检验。若检验结果符合标准值要求,为达标;若筛选采样检验结果不符合标准值要求,必须按年平均、日平均、8h 平均值的要求,用累积采样检验结果评价。

(1) 筛选法采样 在满足上述采样要求的条件下,采样时关闭门窗,一般至少采样 45min;采用瞬时采样法时,一般采样间隔时间为 10~15min,每个点位应至少采集 3 次样品,每次的采样量大致相同,其监测结果的平均值作为该点位的小时均值。

(2) 累积法采样 按筛选法采样达不到标准要求时,必须采用累积法(按年平均值、日平均值、8h 平均值)的要求采样。

三、监测项目

所选监测项目应有国家或行业标准分析方法、行业推荐的分析方法。

室内环境监测项目见表 3-10。

表 3-10 室内环境空气质量监测项目

应测项目	其他项目
温度、大气压、空气流速、相对湿度、新风量、二氧化硫、二氧化氮、一氧化碳、二氧化碳、氨、臭氧、甲醛、苯、甲苯、二甲苯、总挥发性有机物(TVOC)、苯并[a]芘、可吸入颗粒物、氡(^{222}Rn)、菌落总数等	甲苯二异氰酸酯(TDI)、苯乙烯、丁基羟基甲苯、4-苯基环己烯、2-乙基己醇等

新装饰、装修过的室内环境应测定甲醛、苯、甲苯、二甲苯、总挥发性有机物（TVOC）等。

人群比较密集的室内环境应测菌落总数、新风量及二氧化碳。

使用臭氧消毒、净化设备及复印机等可能产生臭氧的室内环境应测臭氧。

住宅一层、地下室、其他地下设施以及采用花岗岩、彩釉地砖等天然放射性含量较高材料新装修的室内环境都应监测氡（^{222}Rn）。

北方冬季施工的建筑物应测定氨。

第五节 空气污染物的测定

一、气态污染物的测定

（一）一氧化碳

测定空气中一氧化碳，常采用非分散红外吸收法和定电位电解法，方法简便，能连续自动监测，也能测定塑料袋中的气样。而置换汞法具有灵敏度高、响应时间快及操作简便等优点，适用于空气中低浓度一氧化碳的测定和本底调查。气相色谱法灵敏度高、选择性好，并能同时测定甲烷及二氧化碳，但仪器较贵，携带不便。

非分散红外吸收法（国标）

1. 测定原理和方法

一氧化碳对以 $4.5/\mu m$ 为中心波段的红外辐射具有选择性吸收，在一定浓度范围内，吸收值与一氧化碳浓度呈线性关系，根据吸收值确定样品中一氧化碳浓度。

水蒸气、悬浮颗粒物干扰一氧化碳测定，测定时，样品需经变色硅胶、无水氯化钙过滤管去除水蒸气，经玻璃纤维滤膜去除颗粒物。

方法检出限为 $1.25mg/m^3$，测定范围为 $0\sim62.5mg/m^3$。

用双联球采完样后，将样品带回实验室，用非分散红外一氧化碳分析仪进行测定。

2. 注意事项

① 要熟练地掌握非分散红外一氧化碳分析仪的使用方法。

② 仪器可连续测定。可进行 24h 或长期监测空气中一氧化碳变化情况。

③ 采样前将现场空气抽入空气袋中，清流 3~4 次。采气 500ml。

（二）光化学氧化剂和臭氧

采用硼酸碘化钾分光光度法方法灵敏、简易可行。用硼酸碘化钾分光光度法测定的总氧化剂浓度中，扣除氮氧化物参加反应的部分，得光化学氧化剂浓度；在测定的总氧化剂浓度中，减去零空气样品浓度（零空气样品为采集通过二氧化锰过滤管后除去臭氧的气样），得臭氧浓度。

硼酸碘化钾分光光度法测定光化学氧化剂（试行）

1. 原理

臭氧及其他氧化剂将硼酸碘化钾吸收液中的碘离子氧化，析出碘分子，反应式如下：

$$O_3 + 2KI + H_2O = I_2 + O_2 + 2KOH$$

二氧化硫有干扰，使测定结果偏低，在吸收管前加一个三氧化铬-石英砂氧化管，可以除去相当于 100 倍氧化剂的二氧化硫，而不会引起氧化剂的损失。硫化氢亦被氧化除去。

其他氧化剂如过氧乙酰硝酸酯（PAN）、卤素、过氧化氢、有机亚硝酸酯等，都能氧化碘离子为碘（I_2）。

三氧化铬-石英砂氧化管能将一氧化氮氧化为二氧化氮，二氧化氮亦能氧化碘化钾，析出碘分子。试验表明，有26.9%的二氧化氮与碘化钾反应。因此，在测定氧化剂时，应同时测定空气中的氮氧化物，从总氧化剂中扣除氮氧化物参加反应的部分，可得光化学氧化剂浓度O_3，mg/m^3。

本法检出限为O_3 0.19μg/10ml（按与吸光度0.01相对应的臭氧浓度计），当采样体积为30L时，最低检出浓度为0.006mg/m³。

2. 采样方法

用大气采样仪，放置在已确定的采样点上，串联两支气泡式吸收管，各装10ml吸收液，在进气口连接一支三氧化铬-石英砂氧化管，并略微向下倾斜，以防三氧化铬沾污后面的吸收液。以0.5L/min流量采气30L。当空气中臭氧浓度超过0.4mg/m³时，应适当缩短采样时间。

采样、运输及贮存过程中应严格避光。吸收管与氧化管间应采用聚四氟乙烯管以内接外套法连接〔将聚四氟乙烯管插入管口，用聚四氟乙烯生料带（或生胶带）缠好，外面再套一小段乳胶管，不可直接用乳胶管连接〕。

3. 测定步骤

① 绘制标准曲线。

② 用最小二乘法计算标准曲线的回归方程。

③ 求相关系数r（要求$r \geq 0.999$）及直线的斜率和截距。当截距$|a|<0.003$时，以斜率b的倒数为样品测定的校正因子B_S。本法标准曲线的斜率$b=0.053 \pm 0.002$。

4. 计算

$$光化学氧化剂 = \frac{(A_1 - A_0)B_S}{V_n \cdot CE} - 0.269c$$

$$CE = \frac{c_1 - c_2}{c_1}$$

式中　A_1——分别为第一吸收管样品溶液的吸光度；

A_0——试剂空白液的吸光度；

B_S——校正因子；

CE——吸收效率；

V_n——采样时标准体积，L；

c——同步监测时空气中NO_2的浓度；

c_1——第一吸收管中臭氧浓度；

c_2——第二吸收管中臭氧浓度；

0.269——NO_2校正系数。

（三）氟化物

滤膜法可测定环境空气及车间空气中氟化物的小时浓度和日平均浓度。石灰滤纸法不需采样动力，简单易行。由于放样时间长（7d～1个月），测定结果能较好地反映空气中氟化物的污染状况，测定结果以每日每100cm²石灰滤纸上吸收的氟化物（以氟计）的含量（μg）表示。

滤膜法（推荐）

用磷酸氢二钾浸渍滤膜采样，滤膜本底值低，适合于环境空气中微量氟的测定；用碳酸氢钠-甘油浸渍滤膜采样，滤膜本底值稍高，吸附容量大。

1. 原理

用磷酸氢二钾溶液浸渍的玻璃纤维滤膜采样，空气中的无机气态氟化物（氟化氢、四氟化硅等）可与磷酸氢二钾（碱性盐）反应而被固定，尘态氟化物同时被阻留在采样膜上。

样品滤膜用水或酸浸溶后，用氟离子选择电极法测定。

如需要分别测定气态、尘态氟时，第一层采样膜可采用 $0.8\mu m$ 经柠檬酸溶液浸渍过的微孔滤膜先阻留尘态氟，第二、三层用经磷酸氢二钾溶液浸渍过的玻璃纤维滤膜采集无机气态氟。样品膜用盐酸溶液浸溶后，测定酸溶性氟化物；用水浸溶后，测定的是水溶性氟化物。

空气中的总氟含量应包括水溶性氟、酸溶性氟和不溶于 $0.25mol/L$ 盐酸溶液的氟化物，若需要测定总氟，可用水蒸气热解法处理样品。

微量三价铝离子干扰氟化物的测定，可经蒸馏分离后再测定。

本方法检出限为 $0.8\mu g/40ml$，当采样体积为 $10m^3$ 时，最低检出浓度为 8×10^{-5} mg/m^3。

2. 采样方法

（1）采集气态、尘态氟混合样品　在滤膜夹中装入两张磷酸氢二钾浸渍滤膜，滤膜毛面向外，中间隔 $2\sim 3mm$，以 $100L/min$ 流量（气流线速约为 $33cm/s$），采气 $60\sim 100min$。采样后，用镊子将样品膜取下，对折放入塑料盒或塑料袋中，密封好，携回实验室。

（2）分别采集气态、尘态氟样品　在滤膜夹暴露于空气的一面装一张柠檬酸浸渍滤膜，下面再装两张磷酸氢二钾浸渍滤膜，各张之间应相隔 $2\sim 3mm$。以 $100L/min$ 流量，采气 $60\sim 100min$。采样后，将两种不同浸渍滤膜分别装入塑料盒（袋），密封好，携回实验室。

3. 测定步骤

① 配制标准系列。

② 用半对数坐标纸，对数坐标为氟含量（μg），等距坐标为毫伏值，绘制标准曲线。

③ 测定样品的毫伏值，从标准曲线上查出氟的含量。

④ 测定空白滤膜的毫伏值，从标准曲线上查得氟含量。

⑤ 按下式计算氟化物含量（F，mg/m^3）。

$$氟化物 = \frac{W_1 + W_2 - 2W_0}{V_n} \qquad (3-30)$$

式中　W_1——上层滤膜样品中的氟含量，μg；

W_2——下层滤膜样品中的氟含量，μg；

W_0——空白滤膜平均氟含量，μg/张；

V_n——标准采样体积，L。

（四）二氧化硫

甲醛缓冲溶液吸收-盐酸副玫瑰苯胺分光光度法

二氧化硫的理化性质：SO_2 的相对分子质量是 64.06，无色，有强烈刺激性气味，对空气的相对密度是 2.26，$1L\ SO_2$ 气体在标准状况下质量为 2.93g，在 0℃和 20℃ 1L 水中，能分别溶解 79.8L 和 39.4L SO_2，熔点为 $-75.5℃$，沸点为 $10.02℃$，空气中的 SO_2 主要来自燃烧产生的废气。SO_2 和 H_2O 作用生成亚硫酸（H_2SO_3）故称为亚硫酸酐，它有还原剂的作用，也有氧化剂的作用，但氧化性不如还原性突出。

1. 原理

二氧化硫被甲醛缓冲溶液吸收后，生成稳定的羟基甲磺酸加成化合物。在样品溶液中加氢氧化钠使加成化合物分解，释放出的二氧化硫与盐酸副玫瑰苯胺作用，生成紫红色化合物。根据颜色深浅，用分光光度法测定。

本法检出限为 $0.02\mu g/10ml$（按与吸光度 0.01 相对应的浓度计）。当用 10ml 吸收液采气体 10L 时，最低检出浓度为 $0.020mg/m^3$。当用 50ml 吸收液 24h 采气体 300L，取出 10ml 样品溶液测定时，最低检出浓度为 $0.003mg/m^3$。

2. 测定步骤

① 绘制标准曲线，测定各标准溶液的吸光度。

② 计算回归方程的直线斜率、截距、相关系数。要求：$b=0.032\pm0.003$，$|a|\leqslant 0.005$，$r\geqslant 0.999$。

3. 采样及测定方法

用气泡吸收管内装 10ml 吸收液，用大气采样仪以 0.5L/min 的流量抽气 30min。把样品带回实验室，用 722 分光光度计测定其吸光度。然后按下式计算二氧化硫含量（SO_2，mg/m^3）。

$$二氧化硫 = \frac{(A-A_0)B_S}{V_n} \times \frac{V_1}{V_a} \tag{3-31}$$

式中　A——样品溶液的吸光度；

　　　A_0——试剂空白溶液的吸光度；

　　　B_S——校正因子（$1/b$）；

　　　V_n——标准状态下的采样体积，L；

　　　V_1——样品溶液的总体积，ml；

　　　V_a——测定时所需样品的体积，ml。

4. 注意事项

① 显色温度、显色时间的选择及操作时间的掌握是本实验成败的关键。应根据实验室条件、不同季节的室温选择适宜的显色温度及时间。

② 测定吸光度时，操作应准确、敏捷。不要超过颜色稳定时间，以免测定结果偏低。

③ 具塞比色管、试管用（1+1）盐酸液洗涤，比色皿用（1+4）盐酸液加 1/3 体积乙醇的混合液洗涤。用过的比色皿、比色管应及时用酸洗涤，否则红色难于洗净。

④ 当用 $y=A-A_0$ 计算时，零点（0，0）应参加回归计算。

（五）二氧化氮

Saltzman 法

1. 原理

空气中的二氧化氮，在采样吸收过程中生成的亚硝酸，与对氨基苯磺酰胺进行重氮化反应，再与 N-（1-萘基）乙二胺盐酸盐作用，生成紫红色的偶氮染料。根据其颜色的深浅，比色定量。

2. 采样

用多孔玻板吸收管，内装 10ml 吸收液，以 0.4L/min 流量，采气 5～25L。

采样期间吸收管应避免阳光照射。样品溶液呈粉红色，表明已吸收了 NO_2。采样期间，可根据吸收液颜色程度，确定是否终止采样。

3. 测定步骤

（1）标准曲线的绘制　取 6 个 25ml 容量瓶，按表 3-11 制备标准系列。

表 3-11　制备标准系列

瓶　　　号	1	2	3	4	5	6
标准工作液/ml	0	0.7	1.0	3.0	5.0	7.0
NO_2^- 含量/(μg/ml)	0	0.07	0.1	0.3	0.5	0.7

各瓶中，加入 12.5ml 显色液，再加水到刻度，混匀，放置 15min。用 10mm 比色皿，在波长 540～550nm 处，以水作参比，测定各瓶溶液的吸光度，以 NO_2^- 含量（μg/ml）为横坐标，吸光度为纵坐标，绘制标准曲线，并计算回归方程。斜率的倒数作为样品测定时的计算因子 B_s [μg/(ml·吸光度)]。

（2）样品分析　采样后，用水补充到采样前的吸收液体积，放置 15min，按上述操作，测定样品的吸光度 A，并用未采过样的吸收液测定试剂空白的吸光度 A_0。若样品溶液吸光度超过测定范围，应用吸收液稀释后再测定。计算时，要考虑到样品溶液的稀释倍数。

4. 计算

① 将采样体积计算成标准状态下的采样体积。

② 空气中的二氧化氮浓度计算：

$$c = \frac{(A - A_0) \times B_S \times V_1 \times D}{V_0 \times K} \quad (3\text{-}32)$$

式中　c——空气中二氧化氮浓度，mg/m^3；

K——$NO_2 \rightarrow NO_2^-$ 的经验转换系数，0.89；

B_S——计算因子，μg/(mL·吸光度)；

A——样品溶液的吸光度；

A_0——试剂空白吸光度；

V_1——采样用的吸收液的体积；

D——分析时样品溶液的稀释倍数。

5. 注意事项

① 吸收液应避光，不能长时间暴露在空气中，以防止光照使吸收液显色或吸收空气中的氮氧化物而使试剂空白值增高。

② 亚硝酸钠（固体）应妥善保存。部分氧化成硝酸钠或呈粉末状的试剂都不能用直接法配制标准溶液。

③ 若实验时，斜率达不到要求，应检查亚硝酸钠试剂的质量、标准溶液的配制，重新配制标准溶液；如果截距达不到要求，应检查蒸馏水及试剂质量，重新配制吸收液。

④ 当 $y = A - A_0$ 计算时，零点（0，0）应参加回归计算。

（六）硫酸盐化速率

碱片-重量法

碱片法测定硫酸盐化速率，不需采样动力，简单易行。由于采样时间长，测定结果能较好地反映空气中含硫污染物（主要是二氧化硫）的污染状况和污染趋势。

1. 实验原理

碳酸钾溶液浸渍过的玻璃纤维滤膜暴露于空气中,与空气中的二氧化硫、硫酸雾、硫化氢等发生反应,生成硫酸盐。测定生成的硫酸盐含量,计算硫酸盐化速率。其结果以每日在 $100cm^2$ 碱片面积上所含三氧化硫毫克数表示。反应方程式如下。

$$2K_2CO_3 + 2SO_2 + O_2 \longrightarrow 2K_2SO_4 + 2CO_2$$

本方法的检出限为 SO_3 0.05mg/($100cm^2$ 碱片·d)。

2. 测定步骤

(1) 采样

① 碱片的制备。将超细玻璃纤维滤膜剪成直径为 7cm 的圆片,毛面向上,平放在 150ml 烧杯上,用移液管均匀滴加 1ml 30%碳酸钾溶液于每片滤膜上,使溶液在滤膜上扩散直径为 5cm,于 60℃烘干,贮于干燥器内备用。

② 将碱片毛面向外放入塑料皿中(如果光面向外会使测定结果偏低),用塑料垫圈压好边缘,装在塑料袋中携至采样现场,使滤膜向下固定在塑料皿支架上。放样和收样时,记录和核对放样地点、时间及碱片号。

(2) 测定 按国家环境保护总局编写的《空气和废气的监测分析方法》中的硫酸盐化速率测定方法。然后按下式计算硫酸盐化速率(以 SO_3 计)[mg/($100cm^2$ 碱片·d)]:

$$硫酸盐化速率 = \frac{(W_s - W_b) \times \frac{M(SO_3)}{M(BaSO_4)} \times 100}{Sn} = (W_s - W_b) \times \frac{34.3}{Sn} \quad (3-33)$$

式中 W_s——样品碱片中测得的硫酸钡质量,mg;

W_b——空白碱片中测得的硫酸钡质量,mg;

S——碱片面积 $3.14 \times 2.5^2 cm^2$,cm^2;

n——碱片在大气中放置天数(准确至 0.1d),d。

3. 注意事项

① 制备碱片时,滴加碳酸钾溶液应保证滤膜浸渍均匀,不得出现空白。

② 坩埚恒重时各次称量、冷却时间及坩埚排列顺序要保持一致,避免因条件不一致造成误差。

③ 用过的玻璃砂芯坩埚应及时用水冲出其中的沉淀,用温热的 EDTA-氨溶液浸洗后,再用 (1+4) 盐酸溶液浸洗,用水抽滤,仔细洗净,烘干备用。

④ 采样支架及设备,在保证基本尺寸合乎要求的条件下,固定塑料皿的方法可根据具体情况自行设计和加工。

二、颗粒物的测定方法

(一)总悬浮微粒测定——重量法

总悬浮微粒,简称 TSP,按我国现行大气大环境质量标准规定,为粒径在 $100\mu m$ 以下的液体和固体微粒。

微粒的直径(空气力学直径)在 $15\mu m$ 或 $10\mu m$ 以下的,称为吸入性微粒(inhalable particles,简称 IP)。这些微粒能够随呼吸进入人体,危害健康;能在大气中长期悬浮而不沉降,降低大气能见度;能参与大气化学反应,加重污染程度。

目前测定总悬浮微粒多用重量法,采样方法有大流量($0.967 \sim 1.14 m^3/min$)、中流量($0.05 \sim 0.15 m^3/min$)采样法及低流量($0.01 \sim 0.05 m^3/min$)采样法,采集到的微粒粒径大多数应在 100μm 以下。

用超细玻璃纤维滤膜或过氯乙烯膜采样,在测定总悬浮微粒质量后,可分别测定有机物(如多环芳烃)、金属元素(如铜、铅、锌、镉、铬、锰、铁、镍、铍等)和无机盐(如硫酸盐、硝酸盐等)。

1. 原理

采集一定体积的大气样品,通过已恒重的滤膜,悬浮微粒被阻留在滤膜上,根据采样滤膜所增加的质量及采样体积,计算总悬浮微粒的浓度。

滤膜有效直径为 80mm 时,流量应为 $7.2\sim 9.6 m^3/h$;100mm 时为 $11.3\sim 15 m^3/h$,用以上流量采样,线速为 $40\sim 53 cm/s$。

2. 采样方法

(1) 滤膜的准备 将滤膜剪成直径为 9cm 的圆片,放入纸袋(或盒)中,称量至恒重备用。

(2) 采样 将已恒重的滤膜,用镊子小心取出,平放在滤膜有样夹的网板上(事先用纸擦净);若用过氯乙烯滤膜,需揭去衬纸,将毛面朝上,拧紧采样夹。

如测定小时浓度,则每小时换一张滤膜;如测定日平均浓度,连续采集样品于一张滤膜上,采样后,用镊子小心取下滤膜,尘面向里,对折两次,叠成扇形,放回纸袋(或盒)中,若用过氯乙烯滤膜,则将其叠成扇形夹在衬纸中间,再放回纸袋(盒)中,并仔细记录现场采样条件。

3. 称量及计算

① 将空白滤膜置于天平室内,各袋分开放置,不可重叠,平衡 24h 后,称量至恒重,抽出 5~9 张作校正膜,记下室温及湿度。

② 采样后,将样品滤膜和校正膜,置于天平室内,平衡 24h,待相对湿度与称空白滤膜时的相对湿度之差不超过 5% 时,称量滤膜至恒重。

$$TSP = \frac{W - W_0}{V_n} \times 1000 \tag{3-34}$$

式中 TSP——总悬浮微粒,mg/m^3;

W——样品滤膜质量,g;

W_0——空白滤膜的校正膜质量的平均值,g;

V_n——换算为标准状态下的采样体积,m^3。

4. 注意事项

① 滤膜上积尘较多或电源电压变化时,采样流量会有波动,应随时注意检查和调节流量,采样过程中注意检查抽气动力的电机是否发热,必要时准备 2 台更换使用。

② 抽气动力的排气口应放在采样头的下风向,必要时将排气口垫高,以避免排气将地面尘土扬起。

③ 称量不带衬纸的过氯乙烯滤膜时,在取放滤膜时,用金属镊子触一下天平盘,以清除静电的影响。

(二) 可吸入颗粒物

1. 原理

空气以 13L/min 的流量通过 2 段可吸入颗粒物采样器,分别将粒径大于 10μm 的颗粒采集在冲击板的环形滤膜上,小于 10μm 的颗粒物采集在已恒重的圆形玻璃纤维滤膜上,根据采样前后滤膜质量之差及采气体积,即可计算出可吸入颗粒物的质量浓度。

2. 采样与测定

将环形与圆形滤膜分别装在采样器内,以 13L/min 流量,采样 24h,记录采样温度和压力。

取下采样的滤膜,带回实验室,在与采样前相同的环境下放置 24h,称量至恒重。

可吸入颗粒物(IP,mg/m³)按下式计算含量:

$$可吸入颗粒物 = \frac{W_1}{V_n} \tag{3-35}$$

式中 W_1——捕集在圆形滤膜上的可吸入颗粒物质量,mg;

V_n——标准状态下的采气体积,m³。

3. 说明

① 不论是大流量还是小流量可吸入颗粒物采样器,在采样过程中必须准确保持恒定的流量,因为采样器的 $D_{50}=10\mu m$,$\sigma g=1.5$ 是在一定的流量下获得的。

② 称量空白及样品滤膜时,环境及操作步骤必须相同。

③ 采样时必须将采样头及入口各部件旋紧,以免空气从旁侧进入采样器造成错误的结果。

(三) 灰尘自然沉降量——重量法

1. 原理

空气中灰尘自然沉降在集尘缸内,经蒸发、干燥、称重后,计算灰尘自然沉降量(简称降尘量)。结果以每月每平方千米面积上沉降的吨数[即 t/(km²·月)]表示。

2. 采样

(1) 设点要求

① 采样点附近不应有高大的建筑物,也不应受局部污染源的影响。

② 集尘缸放置高度应距地面 5~15m,以 5~12m 为宜,北方地区以 5~8m 为宜,采样口距基础面 1.5m 以上,以避免屋面扬尘的影响。

③ 在清洁区设置对照点。

(2) 采样 尽可能采用湿法收尘。在严寒或干燥地区,湿法收尘困难大,可采用干法收尘。

① 湿法

a. 集尘缸口用塑料袋罩好,携至采样点后,取下塑料袋,根据当地的月降雨量和蒸发量,加适量水,例如华北地区,冬春季加 1500ml,夏秋季加 2000~3000ml,在整个采样期间应保持缸内有水。记录放缸地点、缸号和时间(年、月、日、时)。

b. 在夏季,可加入 0.05mol/L 硫酸铜溶液 2.00~8.00ml,以抑制微生物及藻类的生长。在多雨季节要及时更换降尘缸,以防止水满溢出。

c. 在冰冻季节,要根据当地的冰冻情况加适当浓度的乙醇或乙二醇溶液。

② 干法

a. 将集尘缸洗干净,在缸底放入塑料圆环,塑料筛板放在圆环上,以防止已沉降的尘粒被风吹出,缸口用塑料袋罩好。携至采样点后,取下塑料袋进行采样。记录放缸地点、缸号和时间(年、月、日、时)。

b. 在夏季可加入 0.05mol/L 硫酸铜溶液 2.00~8.00ml,以抑制微生物及藻类的生长。

按月定期取换集尘缸 1 次[(30±2)d],取缸时应校对地点、缸号、记录取样时间(年、月、日、时），罩好塑料袋，带回实验室。

取缸时间规定为月初的 5 日前进行完毕。

3. 测定方法

① 瓷坩埚的准备。将瓷坩埚（或瓷蒸发皿）编号，洗净，在 (105±5)℃ 的烘箱中烘 3h，取出放在干燥器内，冷却 50min，在分析天平上称重，再在 (105±5)℃ 烘 50min，冷却 50min，再称重，直至恒重（两次质量之差小于 0.4mg），此值为 W_a。

② 用光洁的镊子将落入缸内的树叶、小虫等异物取出，并用水将附着的细小尘粒冲洗下来，如用干法取样，需将筛板和圆环上的尘粒洗入缸内。将缸内的溶液和尘粒全部转移到 1000ml 烧杯中，在电热板上小心蒸发，使体积浓缩至 10~20ml。将烧杯中溶液和尘粒转移到已恒重的瓷坩埚中，用水冲洗黏附在烧杯壁上的尘粒，并入瓷坩埚中。在电热板上小心蒸干后，于 (105±5)℃ 烘箱中烘干至恒重 W_1。然后按下式计算降尘量 [t/(km²·月)]：

$$降尘量 = \frac{W_1 - W_a - W_c}{Sn} \times 30 \times 10^4 \quad (3-36)$$

式中 W_1——降尘和瓷坩埚质量，g；

W_a——瓷坩埚的质量，g；

W_c——0.05mol/L 硫酸铜溶液 2.00ml（或 8.00ml，即加入体积）经蒸发并烘干后的质量，g；

S——集尘缸口面积，cm²；

n——采样天数（精确到 0.1d），d。

4. 说明

① 每个样品的集尘缸、烧杯、瓷坩埚等的编号必须一致。

② 瓷坩埚在烘箱及干燥器中，应分开放置不可重叠。

③ 样品在瓷坩埚中浓缩时，一定要小心，防止样品溅出。

④ 如果集尘缸中尘粒较多，直接蒸发易发生迸溅，使降尘损失。遇到这种情况时，可将收回的集尘缸静置一昼夜，然后先把上清液移入 1000ml 烧杯中，在电热板上小心浓缩至 10~20ml，再将烧杯中溶液和留在缸中的尘粒和溶液分数次全部移入已恒重的坩埚中，小心蒸干，烘干，称至恒重。

第六节 空气污染的生物学监测方法

所谓生物监测，就是通过生物在已污染的环境中的分布状况以及生长、发育、繁殖状况，生理生化指标及生态系统的变化规律来监测环境情况。显然，已不局限利用生物样品的化学分析结果来监测环境质量状况。

一、植物的受害过程和植物监测的依据

大气污染的生物监测常以植物为材料，原因是植物对大气污染敏感，敏感的原因有如下 3 点：①植物在进化过程中发展了庞大的叶面以进行光合作用。这庞大的叶面积既利于接受阳光和空气中的二氧化碳，也提供了和空气中污染物相接触的巨大表面；②气态污染物通过叶表面孔进入叶内，使叶肉细胞直接和污染物接触，不像高等动物有一个内循环作为缓冲系统，使体细胞的极大部分不直接和空气污染物接触；③动物能走避，找庇护所，因而同一群体中不同个体的接触剂量可以差别很大，植物不移动，同一地点不同个体接受剂量大致相

同。植物不走避,因而容易受害。

诊断植物的伤害依据可分为 3 类:①各种污染物引起的特征性伤害症状差异;②各种植物对各种污染物的敏感性或抗性的差异;③叶片的化学分析结果。

常见植物伤害诊断如下。

① SO_2 引起伤斑在脉间,伤斑与健全组织间界线分明,Cl_2 的伤斑也在脉间,但界线比较模糊。氟化物伤区在叶缘或叶尖,伤区常有红色或深褐色界线与非伤区分开,幼叶最敏感。O_3 的伤害症状是在叶面出现细小密集斑点。正像医生诊断疾病一样,可以根据这些伤害症状大致地判断是哪一种污染物在起作用。我国在 1981 年出版了植物伤害症状的彩色图谱,可帮助人们进行诊断。

诊断时碰到的困难是多种生态环境,如冷、热、旱、涝、盐、病虫害、营养元素过多或缺少等引起的植物伤害,容易混淆。所以,不能观察少数几张有伤害的叶子就作结论。这时需要其他资料配合,还需要有一定的经验积累。

② 不同植物对同种污染物抗性可有很大差别,根据抗性强弱就可推断是什么污染物。例如,棉花对 SO_2 很敏感,对氟化物抗性较强,大麦对 SO_2 敏感,对氟化物抗性中等。相反,玉米和水稻对 SO_2 有较强的抗性,但对氟化物敏感。从而可以根据棉花与玉米、水稻受害情况区分是氟污染还是 SO_2 污染。

③ 大量资料表明,叶子中含 S、F、Cl 量是反映一些地区 SO_2 或 Cl_2 污染水平的指标。若水稻叶中含氟量高于正常值($10\sim20\mu g/g$),则证实存在氟污染。注意,这种监测是用理化方法分析生物材料的污染物含量,可视为生物监测的主要内容。

二、大气污染的植物监测

(一) 测定植物叶片中总硫量

一般采用充氧燃烧法,将树叶中硫元素转化为硫酸盐,从而用比浊法测定之。

(二) 盆栽植物监测

选择一些植物,清洁空气中生长到一定发育阶段再移到污染区作监测用。作为监测指标,可以是可见伤害症状,也可以是生长或形态的变化,形成的花、果或种子的改变,产量的变化等。作为监测植物,要求是:①敏感;②易得,容易栽培和控制病虫害;③遗传上一致性,最好用纯系;④伤害症状或反应典型,能定量估计受害程度;⑤生长期较长,生长习性上可不断地长出新叶,因而继续不断地提供敏感的接触面来表现伤害症状或反应。比较成功的例子是利用唐菖蒲监测氟污染。它对氟化物非常敏感,表现在球茎变小,质量下降,叶伤害从叶尖开始向下发展,伤区长度或面积与大气中氟含量呈正相关。也有把地衣来作为生物监测手段,其评价标准是地衣种的总数。

(三) 遗传毒性方法

污染物的致变性与大气中整个污染水平相关,所以,更反映大气的污染程度。紫裸草微核技术在我国引起较为广泛的关注。其次,蚕豆根尖也是常用于微核技术的材料。

还有一些生物大气监测方法,由于还不够简练,尚需做进一步探讨。

第七节 空气污染自动监测

一、空气自动监测系统的构成

环境空气质量自动监测系统是一套自动监测仪器为核心的自动"测-控"系统。环境空气质量自动监测系统是由监测子站、中心计算机室、质量保证实验室和系统支持实验室四部分组成,如图 3-19 所示。

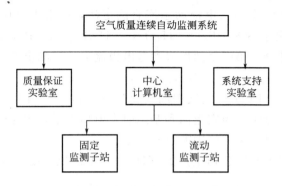

图 3-19 环境空气质量自动监测系统的构成

监测子站的主要任务:对环境空气质量和气象状况进行连续自动监测;采集、处理和存储监测数据;按中心计算机指令定时或随时向中心计算机传输监测数据和设备工作状态信息。

中心计算机室的主要任务:通过有线或无线通信设备收集各子站的监测数据和设备工作状态信息,并对所收取的监测数据进行判别、检查和存储;对采集的监测数据进行统计处理、分析;对监测子站的监测仪器进行远程诊断和校准。

质量保证实验室的主要任务:对系统所用监测设备进行标定、校准和审核;对检修后的仪器设备进行校准和主要技术指标的运行考核;制定和落实系统有关监测质量控制的措施。

系统支持实验室的主要任务:根据仪器设备的运行要求,对系统仪器设备进行日常保养、维护;及时对发生故障的仪器设备进行检修、更换。

二、空气在线自动监测系统主要监测项目

空气在线自动监测系统子站监测项目分为两类,一类是温度、湿度、大气压、风速、风向及日照量等气象参数,另一类是二氧化硫、氮氧化物、一氧化碳、可吸入颗粒物、臭氧、总碳氢化合物、甲烷烃、非甲烷烃等污染参数。随子站代表的功能区和所在位置不同,选择的监测参数也有差异。

我国《环境监测技术规范》规定,空气自动监测系统的监测站分为Ⅰ类测点和Ⅱ类测点。Ⅰ类测点数据按要求进国家环境数据库,Ⅱ类测点数据由各省市管理。

Ⅰ类测点测定温度、湿度、大气压、风向、风速五项气象参数和表 3-12 中的污染参数。

表 3-12 Ⅰ类点测定项目

必 测 项 目	选 测 项 目	必 测 项 目	选 测 项 目
二氧化硫	臭氧	可吸入颗粒物或总悬浮颗粒物	
二氧化氮	总碳氢化合物	一氧化碳	

Ⅱ类测点的测定项目可根据具体情况确定。

污染源监测子站主要监控固定源排放烟气中二氧化硫、二氧化氮、烟尘等污染物浓度及其排放总量和烟气排放量等。

三、空气在线自动分析仪器的分析方法

(一)二氧化硫监测仪

二氧化硫在线自动分析仪的主要技术原理如下。

(1) 溶液电导法 (EC) 其原理是利用酸性过氧化氢溶液吸收空气中的 SO_2，由测定溶液电导率的变化求出空气中 SO_2 的含量。

(2) 动态库仑法 通常采用三电极动态库仑滴定法，一对 Pt 电极，外加一个恒电流，当 SO_2 气进入库仑池时由于 $SO_2 + Br_2 + 2H_2O \Longrightarrow H_2SO_4 + 2HBr$，破坏了电极反应平衡，阴极电流降低，降低的部分从第三个活性炭参考电极流出，由测定参考电极电流即可求出与之成正比例的 SO_2 含量。

(3) 色谱火焰光度法 (FPD) 空气中的硫化物进入富氢火焰时，在还原焰中形成的硫原子结合成激发状态的硫分子，当它返回到基态时发射出光子，用光电倍增管经一窄带滤光片接收总硫的特征光谱即可求出空气中的总硫含量。

武汉宇虹环保产业发展有限公司生产的 TH-2002 型二氧化硫在线自动分析仪，即采用紫外荧光法。

(二) 二氧化氮监测仪

二氧化氮在线自动分析仪的主要技术原理如下。

(1) 比色法 空气中的二氧化氮，在采样吸收过程中生成的亚硝酸，与对氨基苯磺酰胺进行重氮化反应，再与 N-(1-萘基)乙二胺盐酸盐作用，生成紫红色的偶氮染料。根据其颜色的深浅，进行比色测定。

(2) 化学发光法 被测空气连续被抽入仪器，氧化氮经过 NO_2-NO 转化器后，以一氧化氮的形式进入反应室，与臭氧反应产生激发态一氧化氮（NO*），当 NO* 回到基态时放出光子（$h\nu$）。光子通过滤光片，被光电倍增管接受，并转变为电流，测量放大后的电流。电流大小与一氧化氮浓度成正比例。仪器中另一气路，直接进入反应室，测得一氧化氮量，则二氧化氮量等于氧化氮减一氧化氮量。

(三) 一氧化碳连续监测仪器

一氧化碳在线自动分析仪的主要技术原理为非分散红外吸收法 (NDIR)，这是监测 CO 最常见的方法，利用 CO 对红外线的特征吸收来测定 CO 的浓度。由炽热金属丝辐射出红外线不经分光直接照射到参比池及测定池，两池之间的红外吸收差由薄膜微音式检测器检出，该检测器利用光-声效应吸收差在膜的两端形成压力差，此压差改变了电容器极间距离从而产生充放电电流，由测此电流即可求出 CO 浓度。

如武汉宇虹环保产业发展有限公司生产的 TH-2004 型一氧化碳在线自动分析仪即利用非分散红外吸收法来测定一氧化碳的含量。

(四) 飘尘监测仪

可吸入颗粒物（飘尘）在线自动分析仪的主要技术原理如下。

(1) 光学法 对空气中粒度在 $0.1 \sim 10 \mu m$ 范围的飘尘浓度的测定，可根据微粒的光学效应采用各种光学方法。如光散射法，使样品空气流经一可见光光路，由测定微粒的前向散射光或直角散射光强度即可求出飘尘浓度。另外也可将飘尘抽吸在滤纸带上测定尘斑的透射比或反射比，再校正为飘尘浓度（mg/m^3）。

(2) 压电晶体差频法 传感器由一对完全相同的石英晶片及振荡器组成，一片晶片作参比，另一片作测量用。石英片位于采样室内由振荡器获得一定的谐振频率，当飘尘微粒通过采样室时，由于被高压静电针放电电离，成为带负电的微粒，沉积于测量晶片的表面，从而使振动频率降低，由测得频率的变化，即可求出飘尘的浓度。

如武汉宇虹环保产业发展有限公司生产的 TH-β25 型大气颗粒浓度在线自动分析

仪，即利用低能β射线的辐射吸收原理，对空气中 TSP、PM_{10}、PM_5、$PM_{2.5}$ 进行浓度监测分析。

本 章 小 结

基本概念：空气污染源　空气污染物　空气污染　直接采样　浓缩采样　空气监测　空气污染源监测　室内空气监测　空气污染自动监测

难点、重点：
1. 浓缩采样技术。
2. 烟道尘采样技术及排放量的计算。
3. 空气污染物测定技术，常用有比色法、重量法。

思 考 题

1. 什么是空气污染和空气监测？
2. 空气监测的目的和任务是什么？
3. 空气污染物有几种存在状态？了解污染物的存在状态对空气监测有何意义？
4. 采样点现场气温为 23.0℃，大气压力为 760.5mmHg。采集空气体积 15.00L，请分别换算出标准和参与状况下的采样体积是多少？
5. 空气质量监测的目的、对象和监测程序及监测技术是怎样的？
6. 常用的布点采样方法有哪几种？
7. 监测时间和监测频率怎样确定？
8. 何谓直接采样、浓缩采样？
9. 对吸收液有哪些要求？
10. 空气污染排放源监测的重点是什么？监测的方法有哪些？目前多采用哪种方法？
11. 烟道气烟尘测试中，如何采集有代表性的烟尘样品？为什么要进行等速采样？
12. 在烟气烟尘测试中，为何要测定烟气的温度、湿度和动压、静压？如何测定？
13. 烟尘测试工作的基本程序步骤是什么？
14. 已知通过 U 形吸湿管吸收的水量（G_w）为 1.4450g，抽取的干烟气体积（测量状态）为 20L，流量计前的温度为 25℃，压力为 -10mmHg，当时大气压力是 760mmHg，试求烟气含湿量和水气含量的体积百分数（设 V_0 与干空气相差不大，可取 V_0=1.293g/L）。
15. 用 K_p=0.85 的 S 形皮托管测得某电厂烟道（测位 d=2m）6 个测点的动压读数（K=0.2）L 值分别为 61.3mmH$_2$O、72.2mmH$_2$O、80.0mmH$_2$O、80.0mmH$_2$O、88.2mmH$_2$O、101.2mmH$_2$O，烟温为 210℃，静压为 10mmHg，大气压 760mmHg，含湿量为 X_{SW}=4.0%，试问该厂烟囱排出标准状况下干烟气的流量是多少？
16. 什么是汽车的"空燃比"，一般空燃比为多少？
17. 燃汽油车辆污染物排放主要污染物是什么？其排放量所占比例是多少？
18. 汽车尾气监测采样技术有哪些？各自的特点是什么？
19. 现场快速监测技术有哪几种？

20. 何谓生物监测？大气生物监测方法有哪几种？
21. 空气自动监测系统是怎样构成的？分别有何作用？
22. 室内污染物分为哪几类？分别来源于哪些因素？
23. 室内空气监测采样是怎样确定采样点位和采样时间的？

第四章 噪声监测

学习指南 在工业生产过程中，噪声污染和水污染、空气污染、固体废物污染等一样是当代主要污染之一。但噪声与后者不同，它是物理污染（或称能量污染）。一般情况下它并不致命，且与声源同时产生同时消失，噪声源分布很广，较难集中处理。由于噪声渗透到人们生产和生活的各个领域，且能够直接感觉到它的干扰，不像物质污染那样只有产生后果才能受到注意，所以噪声往往是受到抱怨和控告最多的污染。本章将对噪声的危害、声音的基本知识、噪声评价和标准、噪声监测仪器和方法作一系统介绍。

第一节 噪声及声学基础

一、噪声

人类生活的环境中充满了声音，也包括噪声。例如，人们交谈、广播、电视、通讯联络、社会交往、车马运行、家禽家畜、机器工作都会发出声音。保证人际间的正常交往必须要有声音。生活在完全寂静无声的世界里会使人感到压抑、郁闷甚至疯狂。但声音如果过强，就会影响人们正常的工作、学习、休息和睡眠。这些令人烦躁讨厌，甚至引起疾病的声音，从生理学的观点而言，称之为噪声；从物理学的角度讲，一切杂乱无章，频率和振幅都在变化的声音都是噪声；从环保角度讲，一切人们不需要的声音，称为噪声。

二、噪声的来源

噪声的种类很多，产生噪声的来源也不同，噪声来源包括自然界的噪声和人为活动产生的噪声。人为活动产生的噪声主要有以下几种。

（1）交通噪声 包括汽车、火车、飞机等交通工具产生的噪声。

（2）工业噪声 包括厂矿企业的鼓风机、汽轮机、织布机、冲床等各种机器设备产生的噪声。

（3）建筑施工的噪声 包括建筑施工用打桩机、混凝土搅拌机、推土机等机械工作时产生的噪声。

（4）生活噪声 主要有人们社会生活活动中产生的噪声，如广播、电视机、收音机等家电及小贩的叫卖等所产生的噪声。

三、噪声危害

噪声对人体的影响是多方面的。首先表现在对人的听力的影响，同时也表现在对人体各器官的影响，强烈的噪声对物体也能产生损伤。

（一）噪声对人的听力的影响

人们在强烈的噪声环境中待上一段时间后，会感到耳朵里嗡嗡响，什么也听不清，出现听力下降，例如，人们进入织布车间然后再出来就有这种现象，这就是暂时性听阈偏移，也称作听觉疲劳。但如果长期（几十年）在这种强噪声环境下工作，听觉将不能恢复，且人耳内部将产生器质性病变，人耳器官受损失，暂时性听阈偏移变成了永久性听阈偏移，这就是噪声性听力损失或噪声性耳聋。由此可见噪声性耳聋是强噪声长期作用于人耳造成的。目前国际上使用较多的听力损伤临界值是由 ISO 于 1964 年提供的，规定以 500Hz、1000Hz、2000Hz 听力损失的平均值超过 25dB 作为听力损失的起点。凡听力损失小于 25dB 时均视作听力正常，超过 25dB 时为轻度聋，听力损失 40～55dB 时为中度聋，听力损失 55～70dB 时为显著聋，损失 70～90dB 时为重度聋，损失 90dB 以上时为极端聋。

（二）噪声对人体其他部分的影响

1. 对神经系统的影响

长期接触噪声的人往往会出现头痛、头晕、多梦、失眠、心慌、全身乏力、记忆力减退等症状，这就是神经衰弱。

有人曾调查接触 80～85dB 噪声的车工和钳工，82～87dB 噪声的镟工，95～99dB 噪声的自动机床操作工。结果发现随着噪声强度的不同，神经衰弱的症状亦有不同，车工和钳工以头痛（占 15.6%）和睡眠不好（占 24.4%）为主，镟工和自动机床操作工除了头痛之外还表现疲倦及易怒等症状。

2. 噪声对心血管系统的影响

强噪声可使人们心跳加快，心律不齐，血管痉挛，血压发生变化。

有人调查过 85～95dB 高频噪声下工作的工人，发现高血压患者占 7.6%，低血压患者占 12.3%。还有人在噪声为 95～117dB 的绳索厂对工人观察了 8 年，发现许多人有心血管系统功能改变和血压不稳的情况。当工人超过 40 岁以后，高血压患者的人数比同年龄组不接触噪声的工人高 2 倍多。高血压患者中还有少数人表现为合并冠状动脉损伤、血脂偏高、胆固醇过多等症状。

在电机厂接触高噪声的电机工人比对照组的高血压患者多 3 倍，低血压患者多 2 倍半，同时发现工龄短的年轻工人中低血压患者较多。

脉冲噪声比稳态噪声引起的血压变化要大得多，脉冲噪声环境中工作的工人，其舒张压明显降低，而收缩压则明显增高。

3. 噪声对视觉器官的影响

有人曾用 800Hz 和 2000Hz 的噪声进行试验，发现视觉功能发生一定的改变，视网膜轴体细胞光受性降低。

蓝色光、绿色光使人的视野增大，金红色光使视野缩小。

噪声强度也影响视力清晰度，噪声强度越大，视力清晰度越差。如在 80dB 噪声下工作后，经 1h 视力清晰度才恢复稳定，而在 70dB 噪声下，工作后只需 20min 就可恢复。长期接触强噪声，会损害视觉器官，出现眼花、眼痛、视力减退等症状。

4. 噪声对消化系统的影响

噪声也会影响消化系统，使肠胃功能紊乱，产生食欲不振、恶心、肌无力、消瘦、体质减弱等症状。有调查表明，在被调查者中，1/3 的人胃酸度降低，个别人胃酸度增高；1/3 的人胃液分泌机能降低，少数人反而增高；半数以上的人胃排空机能减慢。

（三）噪声对人的工作、学习、休息、睡眠和谈话、通讯的干扰

毫无疑问，人们都有这样的经验，噪声会干扰人的工作、学习、睡眠、谈话等，在强噪声下，情况尤其如此。

嘈杂的强噪声使人讨厌、烦恼、精神不集中，影响工作效率，妨碍休息和睡眠。通常当噪声低于 50dB 时，人们认为环境是安静的；当噪声级高到 80dB 左右，就认为是比较吵闹

了；若噪声级达到 100dB 就会使人感到非常吵闹；当噪声达到 120dB，就令人难以忍受了。除了噪声声级的高低外，噪声的频率特性和时间特性也会产生影响，一般而言，高频声比低频声对人的影响更大，非稳态声、脉冲声也比连续的稳态声对人的影响要大。对于同一噪声，对精细的工作如精密装配、刺绣、打字等比对一般性的工作影响大，对非熟练工人的影响比对熟练工人大。

睡眠时对安静的要求更高。噪声对睡眠的影响程度大致与噪声的声级成正比。40～50dB 的噪声对一般人没有干扰，而突发的噪声的干扰当然更为严重，通常夜间睡眠时要求噪声的声级不超过 40dB。

噪声对人的谈话的影响是广泛且显而易见的，这种影响是通过对人耳听力的影响实现的。噪声的声级较高时人的听力下降就听不清对方的谈话。这种影响在一般情况下并不明显，但是在工作时，这种影响可能导致工作事故的发生。根据现场测试统计，一般谈话声级达 60dB，提高嗓音时是 66dB，大声说话可达 72dB。如果环境噪声等于或小于这些数值，交谈就没有困难，但如果噪声高于这些数值时交谈就会受到干扰。电话通讯也是如此。当环境噪声低于 57dB 时，打电话的质量就很好；噪声在 57～72dB 时，通话质量较差；噪声在 72～78dB 时，打电话感到很困难，在更高的噪声环境中，打电话就不可能了。

（四）强噪声的效应

强噪声对建筑物有破坏作用。当噪声强度达 140dB 时，对建筑物的轻型结构开始有破坏作用；相当于 160～170dB 的噪声能够使窗玻璃破裂。一般住宅的窗玻璃的固有频率为 30～40Hz，在此频段，内部产生的压力最大，破坏效应也最强。

强噪声会影响精密仪表的正常工作。宇航器和喷气飞机在开始发动后会处于 150～160dB 的噪声环境中，这种噪声会使飞行器或喷气飞机上的仪器设备受到干扰、失效以至损坏。这里干扰是指仪器由于处在强噪声中而使内部电噪声增大以至不能正常工作。失效是指电子元器件或设备在高强度噪声作用下特性变坏不能工作，但强噪声消失后仪器又恢复正常。声破坏是指声场激发的振动传递到仪表上产生破裂，仪器不再正常工作。一般说来，噪声强度在 135～150dB 时影响还不明显。

强噪声还会使飞行中的宇航器和喷气机上的金属薄板结构由于声致振动而产生疲劳，或引起铆钉松动。由于这种声疲劳断裂是突然发生的，所以一旦出现往往引起灾难性事故。

四、声的基本知识

在人们生活的环境中到处充满了声音。人们的谈话声、小贩的叫卖声、收音机和电视机的声音、各种工业设备和家用电器发出的声音比比皆是。所有这些发声现象都有振动的物体，例如，人的声带、喇叭中的膜片以及正在工作的各种设备和家用电器，我们称之为声源。声源的振动激起周围的弹性媒质（通常是空气）也产生振动，并在弹性媒质中继续传播，最后传入人耳或接收器（声级计等），人们就感觉到了声音。因此，声源、弹性媒质、接收器就称为声音的三大要素，缺了一个就感觉不到声音。由此可见，声音是一种波动现象，声波是与振动紧密联系着的。

声音传播的空间称为声场。典型的声场有自由声场和混响声场两种。自由声场是指声音在弹性媒质中传播不改变方向直线前进，例如声音在室外空旷处传播时就可近似地看做是自由声场；而室内的声场，由于墙、地面、天花板等处都存在反射，室内各点的声能量是来自各个方向声能叠加的结果，这种声场就可近似地看做是混响声场。

声音是一种波，即声波。一般情况下，声音是许多不同频率、不同幅值的声波构成的，称为复音。最简单的是仅有一个频率的声音称之为纯音。纯音可用简谐波运动方程来描述：

$$a(t) = A\sin(\omega t + \varphi) \tag{4-1}$$

式中 a——媒质质点在 t 时刻的振动位移；

φ——初始相位；

其他各参数随后详述。

声波的产生离不开振动的物体，所以声波可用振幅、周期、频率三个物理量描述，同时声波作为一种波又要用波长和波速来描述。

振幅 A。式（4-1）中 A 即为振幅，它是弹性媒质质点在振动过程中偏离平衡位置的最大值。

周期 T。即弹性媒质质点在平衡位置附近完成 1 次全振动所用的时间，对于可闻声的周期为 50ms～50μs。

频率 f 和圆频率 ω。频率 f 是指单位时间（即 1s）内弹性媒质质点完成全振动的次数，单位是 s^{-1}，亦称赫兹（Hz），对于可闻声其频率为 20～2×10^4Hz。圆频率是指单位时间内由弹性媒质质点在圆周上运动转过的角度，式（4-1）中的 ω 即为圆频率，圆频率 ω 和频率 f 以及周期 T 三者之间的关系如下。

$$f = 1/T \tag{4-2}$$

$$\omega = 2\pi f = \frac{2\pi}{T} \tag{4-3}$$

波长 λ。一个周期 T 内声波传播的距离，单位是 m；可闻声的波长为 17.2～0.172m。

波速 c。又称声速，指单位时间内声波传播的距离，单位是 m/s。波速 c 与声波的频率无关，仅仅决定于弹性媒质的种类和温度。表 4-1 列举了 20℃下几种媒质中的声速。

频率、波长和声速三者的关系是：

$$c = f\lambda \tag{4-4}$$

表 4-1 20℃下不同媒质中的声速　　　　　　　　单位：m/s

媒 质	声 速	媒 质	声 速
氢	1305	混凝土	4×10^3
氮	971	砖墙	2×10^3
大气	344	橡皮	40～150
钢	5×10^3	软木	450～530
玻璃	5×10^3～6×10^3	水	1.48×10^3

人耳听到的声音在绝大多数情况下是通过空气传入的，所以空气是一种十分重要的弹性媒质，空气的许多物理特性，如密度、压强、温度、比热容和黏滞系数等都直接影响声波的传播。

空气中的静压强指的是声波没有到达时空气中某点的压强，海平面处的大气压强约为 10^5Pa；温度为 15℃时空气的密度约为 1.2kg/m³。

空气中的声速由下式确定：

$$c = \sqrt{\frac{\gamma p_0}{\rho_0}} \tag{4-5}$$

式中 p_0——大气静压强；

ρ_0——空气密度；

γ——比热容（对于空气 $\gamma=1.5$）。

假定空气为理想气体，上式可用近似公式代替：
$$c = 331.5 + 0.61t \tag{4-6}$$
式中 t——为空气的摄氏温度。

由此可见，在空气中声速仅与空气温度有关，当温度上升或下降1℃时，声速就增加或减少0.61m/s。

五、声压、声强和声功率

任何物质的运动形式都伴随着能量的传递和转换，声波也不例外，声波在传播过程中同样带来了能量的传递。

声压 p。声波通过空气传播时，引起空气质点振动，在空气发生压缩和膨胀的周期性变化过程中，压缩部分空气质量增加空气压强增加，膨胀部分空气质量减少空气压强减小，这变化部分的压强，即空气动压强 p 与静压强 p_0 的差值 $\Delta p = p - p_0$，就是声压。所以声压就是声波传播空间内某点大气压强的变化量。通常，我们把声压 p 定义为：在与声波传播垂直方向上单位面积上受到的压力。单位为 Pa（$1Pa = 1N/m^2 = 1$ 牛/米^2）。声压变化的平均值为零，故平均声压没有意义，所以常用瞬时声压、峰值声压和有效声压来描述。瞬时声压是某一时刻空气中某点动压强与静压强的差值，瞬时声压无法测量，因为测量总需要一段时间。一段时间内瞬时声压的最大值称为峰值声压，瞬时声压对时间取均方根值称为有效声压。我们常常讲的声压就是有效声压的简称。对于简谐波，峰值声压约为有效声压的1.4倍。在人耳的听觉范围内，声压的变化很大，人耳刚刚可以听到的声音的声压为 2×10^{-5} Pa，称听阈值，人耳产生疼痛感觉无法再忍受的声音的声压是 20Pa，称作痛阈值。表4-2中列出了常见声源的声压值和声压级。

表 4-2 常见声源的声压值和声压级

声 源 或 环 境	声 压 值/Pa	声压级/dB
听阈	2×10^{-5}	0
消声室内背景噪声	2×10^{-4}	20
轻声耳语	2×10^{-3}	40
伺服电机	6.32×10^{-3}	50
普通说话	2×10^{-2}	60
繁华街道	6.32×10^{-2}	70
上胶机、过板机、蒸发机	1.12×10^{-1}	75
针织机、织袜机、包线机	2×10^{-1}	80
车床、铣床、刨床、铅印	3.56×10^{-1}	85
经纺机、空压机站、冷冻房	6.32×10^{-1}	90
织带机、转轮印刷机	1.12	95
柴油发电机组、化纤织机	2	100
织布机、破碎机、电刨	3.56	105
罗茨鼓风机、电锯、无齿锯	6.32	110
柴油机试车、振捣台、振动筛	1.12×10	115
加压制砖机、大型球磨机	2×10	120

声强 I。声场中某点的声强就是单位时间内通过该点与声波传播方向垂直单位面积上的声能量，单位 $J/(s \cdot m^2)$ 或 W/m^2。对于平面波和球面波，声强 I 公式如下：
$$I = \frac{p^2}{\rho_0 c} \tag{4-7}$$
式中 p——有效声压；

ρ_0——空气密度；

c——空气中声速。

$\rho_0 c$ 是空气的特性阻抗，即空气密度 ρ_0 和空气中声速 c 的乘积，在标准大气压和室温时，$\rho_0 c$ 约等于 $400 N \cdot s/m^3$（牛·秒/米^3）。

声功率 W。声源的声功率指单位时间内声源向所有可能方向辐射的总能量，单位焦耳/秒（J/s）或瓦（W）。可闻声的声功率变化范围很大，从 $10^{-12} \sim 10 W$，分别相当于听阈值和痛阈值，见表 4-3。

表 4-3 部分声源声功率、声功率等级

声 源	声功率/W	声功率级/dB	声 源	声功率/W	声功率级/dB
大型火箭发动机	10^8	200	100马力①电机(260r/min)	10^{-2}	100
	10^7	190	闹钟铃	10^{-3}	90
	10^6	180	讲 演	10^{-4}	90
喷气客机	10^5	170	打字机、对话	10^{-5}	70
	10^4	160	12″台扇	10^{-6}	60
	10^3	150	日光灯镇流器	10^{-7}	50
螺旋桨飞机巡航	10^2	140	微语	10^{-8}	40
气 锤	10^1	130	台扇定时器	10^{-9}	30
卡 车	1	120	蚊 鸣	10^{-10}	20
工业扇(250m³/min)	10^{-1}	110	听 阈	10^{-12}	0

① 1 马力 = 746W。

六、声级和声级的运算

由前可知，可闻声的声强、声压、声功率的变化范围很大，这在实际计算中是不方便的，再加上人耳的听觉是与声能量的对数值成正比的，所以我们经常用声级表示声能量的大小。

声强级 L_I：
$$L_I = 10 \lg \frac{I}{I_0} \tag{4-8}$$

式中 I——声场中某点声强，W/m^2；

I_0——基准声强，它等于 $10^{-12} W/m^2$；

L_I——声场中某点声强级，dB。

声压级 L_p：
$$L_p = 20 \lg \frac{p}{p_0} \tag{4-9}$$

式中 p——声场中某点声压，Pa；

p_0——基准声压，它等于 2×10^{-5} Pa；

L_p——声场中某点声压级，dB。

声功率级 L_W：
$$L_W = 10 \lg \frac{W}{W_0} \tag{4-10}$$

式中 W——某声源的声功率，W；

W_0——基准声功率，它等于 10^{-12} W；

L_W——某声源的声功率级，dB。

声级的常用单位称为分贝，记为 dB。0dB 表示实际值等于基准值；1dB 表示实际值等于基准值的 1.25 倍（声强、声功率）或 1.125 倍（声压）；10dB 表示实际值等于基准值的 10 倍（声强、声功率）或 3.15 倍（声压）；20dB 表示实际值等于基准值的 100 倍（声强、声功率）或 10 倍（声压）；其余依此类推。可见，分贝这个单位本身不带任何物理单位，它表示的是实际值与基准值之间的倍数关系。将声强、声压、声功率的听阈值和痛阈值分别代入上列各式进行计算，可知人耳的听觉范围在 0～130dB。

在空气中，对于点声源而言，声强级、声压级和声功率级有如下的关系：

$$L_p = L_I = L_W - 20\lg r - \begin{cases} 11 & （球面波） \\ 8 & （半球面波） \end{cases} \quad (4-11)$$

式中　r——测点到声源距离，m。

声级的运算。声级的运算有两种。一种情况是双声源 S_1 和 S_2 同时工作，在 A 点产生的声级分别为 L_1 和 L_2，求 A 点的总声级 L（见图4-1）。由于声级是对数值，所以这里不能简单相加，例如 L_1 是 85dB，L_2 是 80dB，L 并不是 L_1、L_2 的和 165dB。为了求出 L，可以利用声级运算加法表，如表 4-4 所示。

以刚才所举为例，$\Delta L = L_1 - L_2 = 85 - 80 = 5$dB，查表 $\Delta L' = L - L_1 = 1.2$dB，因此 $L = L_1 + \Delta L = 85 + 1.2 = 86.2$dB，这就是总声级。

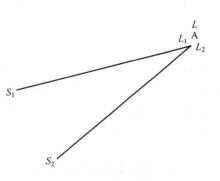

图 4-1　双声源声场

还有一种情况是声级的减法运算。例如机器开动时发出的噪声是包括了背景噪声（也称本底噪声，即周围环境内的噪声）在内的总噪声 L，机器停止工作时的噪声就是背景噪声 L_2，如果 L 和 L_2 均为已知，就可求出设备自身的噪声 L_1，这就是声级的减法运算。进行声级的减法运算需要利用表 4-5 声级运算减法表。

表 4-4　声级运算加法表　　　　　　　　　单位：dB

$\Delta L = L_1 - L_2$	0	1	2	3	4	5	6	7	8	9
$\Delta L' = L - L_1$	3	2.5	2.1	1.8	1.5	1.2	1.0	0.8	0.6	0.5
$\Delta L = L_1 - L_2$	10		11～12		13～14		15～20		20以上	
$\Delta L' = L - L_1$	0.4		0.3		0.2		0.1		0	

表 4-5　声级运算减法表　　　　　　　　　单位：dB

$\Delta L = L - L_2$	1	2	3	4	5	6	7	8	9	10
$\Delta L' = L - L_1$	6.9	4.4	3	2.3	1.7	1.3	1	0.8	0.6	0.5

例如：某设备工作时测得声级 $L = 93$dB，该设备停止工作时声级为 $L_2 = 88$dB，$\Delta L = L - L_2 = 93 - 88 = 5$dB，查表 $\Delta L' = 1.7$dB，所以设备本身的噪声级为 $L_1 = 93 - 1.7 = 91.3$dB。

七、频谱分析

声音往往含有许多个不同的频率成分，这就是通常所说的复音。频谱分析就是对声音的频率成分进行分析，弄清楚一个声音究竟含有哪些频率成分，以及各个频率成分声音的能量有多大。声音的频谱分析常用倍频程滤波器或 1/3 倍频程滤波器，它们都是带通滤波器，也就是声音通过滤波器时，滤波器指到那一挡，那一挡对应频率的声音就能通过去。例如，滤波器打到 250Hz 一挡时，以 250Hz 为中心频率的这一频段的声音就可以通过，而其他频率成分的声音不能通过滤波器。声音通过滤波器后进入声级计或测量放大器就可测出各个频率成分声音的大小。为了进行更精密的频谱分析，还可以用 0.1 倍、0.03 倍、0.02 倍和 0.01 倍频程滤波器，它们的中心频率分别有 100 个、330 个、500 个和 1000 个。

下面分别介绍一下倍频程、1/3 倍频程和声音的各种频谱。

（一）倍频程

频程就是频段，就是频带，就是许许多多个频率。倍频程是声音的频谱分析中最常用的一种分割可闻声频带的方法，它将可闻声频段（$20 \sim 20 \times 10^3$ Hz）分成了 10 个（或 11 个）子频段，每个子频段中的最小频率叫做下限频率 $f_下$，最大频率叫做上限频率 $f_上$，还有一个中间频率叫做中心频率 $f_中$，每个子频段中这三个频率的关系是 $f_下 : f_中 : f_上 = 1 : \sqrt{2} : 2$，由于 $f_下 : f_上 = 1 : 2$，是倍数关系，因此倍频程的名称便由此而来。$\Delta f = f_上 - f_下$ 叫做频带宽度。在倍频程中，由于系数是常数，所以倍频程的频带宽度是定比带宽，随频率增高而增宽。在倍频程中相邻两个频带——第 i 个频带和第 $i+1$ 个频带的相应频率和频带宽度之比也是 1:2，即 $f_{下i} : f_{下i+1} = f_{中i} : f_{中i+1} = f_{上i} : f_{上i+1} = \Delta f_i : \Delta f_{i+1} = 1 : 2$，表 4-6 中列出了倍频程的下限频率 $f_下$、中心频率 $f_中$、上限频率 $f_上$ 和频带宽度 Δf。

表 4-6　倍频程的下限频率 $f_下$、中心频率 $f_中$、上限频率 $f_上$ 和频带宽度 Δf　　　　　单位：Hz

下限频率 $f_下$	中心频率 $f_中$	上限频率 $f_上$	频带宽度 $\Delta f = f_上 - f_下$	下限频率 $f_下$	中心频率 $f_中$	上限频率 $f_上$	频带宽度 $\Delta f = f_上 - f_下$
11	16	22	11	710	1×10^3	1420	710
22	31.5	44	22	1420	2×10^3	2840	1420
44	63	88	44	2840	4×10^3	5680	2840
88	125	177	89	5680	8×10^3	11360	5680
177	250	355	178	11360	16×10^3	22720	11360
355	500	710	355				

（二）1/3 倍频程

在进行比较精细的频谱分析时需要使用 1/3 倍频程。这也是一种分割可闻声频带的方法，它是在倍频程的基础上将每一个倍频程子频带插入两个中心频率，把一个倍频程子频带变成了 3 个更小的子频带，所以称作 1/3 倍频程。在 1/3 倍频程中，每一个子频带的下限频率 $f_下$、中心频率 $f_中$、上限频率 $f_上$ 之比是 $f_下 : f_中 : f_上 = 1 : 2^{1/6} : 2^{1/3}$，频带宽度 $\Delta f = f_上 - f_下 = 2^{1/3} f_下 - f_下 = (2^{1/3} - 1) f_下 \approx 0.25 f_下 \approx 0.22 f_中 \approx 0.20 f_上$。相邻两个子频带，即第 i 个和第 $i+1$ 个子频带的相应频带和频带宽度之比也是 $2^{1/3}$，即第 i 个和第 $i+1$ 个子频带的相应频率和频带宽度之比也是 $2^{1/3}$，即 $f_{下i} : f_{下i+1} = f_{中i} : f_{中i+1} = f_{上i} : f_{上i+1} = \Delta f_i : \Delta f_{i+1} = 1 : 2^{1/3}$。所以 1/3 倍频程的频带宽度也是定比带宽，随频率增高带宽加宽。

倍频程和 1/3 倍频程这种分割可闻声频带的方法是与人耳听觉吻合的。原来人的内耳中的耳蜗就像一根琴弦那样，从一端到另一端不同部位对不同频率的声音产生响应，整个耳蜗可分成 24 个临界带，其响应频率依次增高，在高频部分带宽 $\Delta f \approx 0.23 f_中$。

表 4-7 列出了 1/3 倍频程的 $f_下$、$f_中$、$f_上$ 和 Δf。

（三）声音的典型频谱

声音的频谱可以分为纯音、线状谱、连续谱和混合谱。纯音只有一个频率；线状谱是声音离散的分量组成的频谱，例如变压器噪声的频谱；连续谱是声音在一定频率范围内连续的分量组成的频谱，例如绝大多数机电设备的频谱；混合谱则是在连续谱的基础上带有几个离散的高声级的声音信号。几种典型的谱线图如图 4-2 所示。

表 4-7　1/3 倍频程的下限频率 $f_下$、中心频率 $f_中$、上限频率 $f_上$ 和频带宽度 Δf　　　　单位：Hz

下限频率 $f_下$	中心频率 $f_中$	上限频率 $f_上$	频带宽度 $\Delta f=f_上-f_下$	下限频率 $f_下$	中心频率 $f_中$	上限频率 $f_上$	频带宽度 $\Delta f=f_上-f_下$
22.4	25	28.2	5.8	708	800	891	183
28.2	31.5	35.5	7.3	891	1000	1122	231
35.5	40	44.7	9.2	1122	1250	1413	291
44.7	50	56.2	11.5	1413	1600	1778	365
56.2	63	70.8	14.6	1778	2000	2239	461
70.8	80	89.1	18.3	2239	2500	2818	579
89.1	100	112	22.9	2818	3150	3548	730
112	125	141	29	3548	4000	4467	919
141	160	178	37	4467	5000	5623	1156
178	200	224	46	5623	6300	7079	1456
224	250	282	58	7079	8000	8913	1834
282	315	355	73	8913	1000	11220	2307
355	400	447	92	11220	12500	14130	2910
447	500	562	115	14130	16000	17780	3650
562	630	708	146	17780	20000	22390	4610

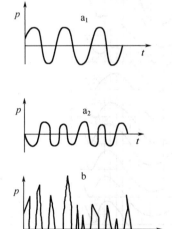

(a) 三种时间函数的声波波形

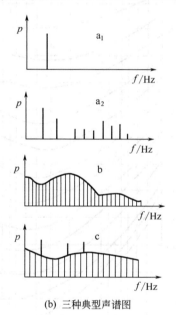

(b) 三种典型声谱图

a_1—纯正弦波（音叉）；a_2—周期性非正弦波（黑管）；b—无规噪声（复杂和非周期性的）

a_1—简单线谱（音叉）；a_2—周期性线谱（黑管）；b—连续谱；c—线与连续混合音

图 4-2　典型谱线图

第二节　噪声的主观评价及评价参数

声音变得越来越大时，对人的生活和各个方面的影响也越来越大。这里就产生了一个问题，声音变得多大是允许的，什么样的声环境才算安静？为了回答这一问题，从声音的频率、能量等物理特性出发，考虑对人的影响的各个方面，如声音响亮程度、干扰程度和吵闹程度等，提出了许多评价量，再结合噪声标准，给每一种实际存在的声音一个判定，这就是噪声评价。

一、噪声的评价量

（一）响度级和响度

接触一个声音，人的第一感觉就是声音大还是小，也就是声音是否响亮。

响度级 L_N 和响度 N 便是评价声音响亮程度的量。规定 1000Hz 纯音作为基准音，任何一个纯音或窄带音如果听起来和基准音一样响，则基准音的声压级就是该纯音或窄带音的响度级，单位为方（phon）。例如 1000Hz、55dB 的纯音，响度级为 55phon，如果某个声音跟它一样响，那么响度级也是 55phon。实际中，不可能将每一个声音都与基准音进行比较。因为这是十分麻烦的，所以国际标准化组织（ISO）推荐了一组可闻声频率范围内的等响曲线，任何一个纯音或窄带音，只要知道其频率和声压级，便可从中找到其响度级。例如，30Hz，90dB；100Hz，67dB；1000Hz，60dB；4000Hz，52dB 四个不同的纯音，响度级均为 60phon，如图 4-3 所示。

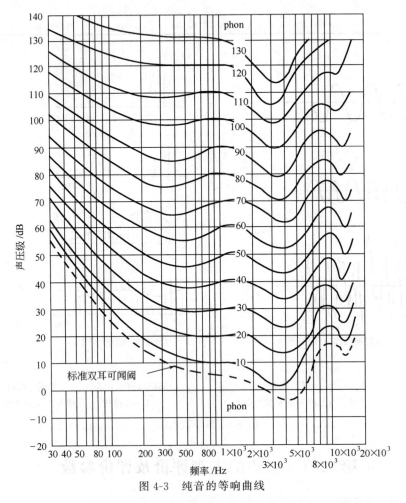

图 4-3 纯音的等响曲线

利用响度评价噪声更为方便。响度的单位为宋（sone），规定响度级为 40phon 的声音的响度为 1sone，试验表明，响度级每变化 10phon，响度就变化 1 倍。响度级 L_N 和响度 N 之间的关系为

$$N = 2^{(L_N - 40)/10} \tag{4-12}$$

表 4-8 声压级与响度指数、响度、响度级的换算关系

倍频带声压级/dB	倍频带响度指数									响度/sone	响度级/phon
	31.5	63	125	250	500	1000	2000	4000	8000		
20						0.18	0.30	0.45	0.61	0.25	20
21						0.22	0.35	0.50	0.67	0.27	21
22					0.07	0.26	0.40	0.55	0.73	0.29	22
23					0.12	0.30	0.45	0.61	0.80	0.31	23
24					0.16	0.35	0.50	0.67	0.87	0.33	24
25					0.21	0.40	0.55	0.73	0.94	0.35	25
26					0.26	0.45	0.61	0.80	1.02	0.38	26
27					0.31	0.50	0.67	0.87	1.10	0.41	27
28				0.07	0.37	0.55	0.73	0.94	1.18	0.44	28
29				0.12	0.43	0.61	0.80	1.02	1.27	0.47	29
30				0.16	0.49	0.67	0.87	1.10	1.35	0.50	30
31				0.21	0.55	0.73	0.94	1.18	1.44	0.54	31
32				0.26	0.61	0.80	1.02	1.27	1.54	0.57	32
33				0.31	0.67	0.87	1.10	1.35	1.64	0.62	33
34			0.07	0.37	0.73	0.94	1.18	1.44	1.75	0.66	34
35			0.12	0.43	0.80	1.02	1.27	1.54	1.87	0.71	35
36			0.16	0.49	0.87	1.10	1.35	1.64	1.99	0.76	36
37			0.21	0.55	0.94	1.18	1.44	1.75	2.11	0.81	37
38			0.26	0.62	1.02	1.27	1.54	1.87	2.24	0.87	38
39			0.31	0.69	1.10	1.35	1.64	1.99	2.38	0.93	39
40		0.07	0.37	0.77	1.18	1.44	1.75	2.11	2.53	1.00	40
41		0.12	0.43	0.85	1.27	1.54	1.87	2.24	2.68	1.07	41
42		0.16	0.49	0.94	1.35	1.64	1.99	2.38	2.84	1.15	42
43		0.21	0.55	1.04	1.44	1.75	2.11	2.53	3.0	1.23	43
44		0.26	0.62	1.13	1.54	1.87	2.24	2.68	3.2	1.32	44
45		0.31	0.69	1.23	1.64	1.99	2.38	2.84	3.4	1.41	45
46	0.07	0.37	0.77	1.33	1.75	2.11	2.53	3.0	3.6	1.52	46
47	0.12	0.43	0.85	1.44	1.87	2.24	2.68	3.2	3.8	1.62	47
48	0.16	0.49	0.94	1.56	1.99	2.38	2.84	3.4	4.1	1.74	48
49	0.21	0.55	1.04	1.69	2.11	2.53	3.0	3.6	4.3	1.87	49
50	0.26	0.62	1.13	1.82	2.24	2.68	3.2	3.8	4.6	2.00	50
51	0.31	0.69	1.23	1.96	2.38	2.84	3.4	4.1	4.9	2.14	51
52	0.37	0.77	1.33	2.11	2.53	3.0	3.6	4.3	5.2	2.30	52
53	0.43	0.85	1.44	2.24	2.68	3.2	3.8	4.6	5.5	2.46	53
54	0.49	0.94	1.56	2.38	2.84	3.4	4.1	4.9	5.8	2.64	54
55	0.55	1.04	1.69	2.53	3.0	3.6	4.3	5.2	6.2	2.83	55
56	0.62	1.13	1.82	2.68	3.2	3.8	4.6	5.5	6.6	3.03	56
57	0.69	1.23	1.96	2.84	3.4	4.1	4.9	5.8	7.0	3.25	57
58	0.77	1.33	2.11	3.0	3.6	4.3	5.2	6.2	7.4	3.48	58
59	0.85	1.44	2.27	3.2	3.8	4.6	5.5	6.6	7.8	3.73	59
60	0.94	1.56	2.44	3.4	4.1	4.9	5.8	7.0	8.3	4.00	60
61	1.04	1.69	2.62	3.6	4.3	5.2	6.2	7.4	8.8	4.29	61
62	1.13	1.82	2.81	3.8	4.6	5.5	6.6	7.8	9.3	4.59	62
63	1.23	1.96	3.0	4.1	4.9	5.8	7.0	8.3	9.9	4.92	63
64	1.33	2.11	3.2	4.3	5.2	6.2	7.4	8.8	10.5	5.28	64
65	1.44	2.27	3.5	4.6	5.5	6.6	7.8	9.3	11.1	5.66	65
66	1.56	2.44	3.7	4.9	5.8	7.0	8.3	9.9	11.8	6.06	66
67	1.69	2.62	4.0	5.2	6.2	7.4	8.8	10.5	12.6	6.50	67
68	1.82	2.81	4.3	5.5	6.6	7.8	9.3	11.1	13.5	6.96	68
69	1.96	3.0	4.7	5.8	7.0	8.3	9.9	11.8	14.4	7.46	69

续表

倍频带声压级/dB	倍频带响度指数								响度/sone	响度级/phon
	31.5	63	125	250	500	1000	2000	4000	8000		
70	2.11	3.2	5.0	6.2	7.4	8.8	10.5	12.6	15.3	8.00	70
71	2.27	3.5	5.4	6.6	7.8	9.3	11.1	13.5	16.4	8.6	71
72	2.44	3.7	5.8	7.0	8.3	9.9	11.8	14.4	17.5	9.2	72
73	2.62	4.0	6.2	7.4	8.8	10.5	12.6	15.3	18.7	9.8	73
74	2.81	4.3	6.6	7.8	9.3	11.1	13.5	16.4	20.0	10.6	74
75	3.0	4.7	7.0	8.3	9.9	11.8	14.4	17.5	21.4	11.3	75
76	3.2	5.0	7.4	8.8	10.5	12.6	15.3	18.7	23.0	12.1	76
77	3.5	5.4	7.8	9.3	11.1	13.5	16.4	20.0	24.7	13.0	77
78	3.7	5.8	8.3	9.9	11.8	14.4	17.5	21.4	26.5	13.9	78
79	4.0	6.2	8.8	10.5	12.6	15.3	18.7	23.0	28.5	14.9	79
80	4.3	6.7	9.3	11.1	13.5	16.4	20.0	24.7	30.5	16.0	80
81	4.7	7.2	9.9	11.8	14.4	17.5	21.4	26.5	32.9	17.1	81
82	5.0	7.7	10.5	12.6	15.3	18.7	23.0	28.5	35.3	18.4	82
83	5.4	8.2	11.1	13.5	16.4	20.0	24.7	30.5	38	19.7	83
84	5.8	8.8	11.8	14.4	17.5	21.4	26.5	32.9	41	21.1	84
85	6.2	9.4	12.6	15.3	18.7	23.0	28.5	35.3	44	22.6	85
86	6.7	10.1	13.5	16.4	20.0	24.7	30.5	38	48	24.3	86
87	7.2	10.9	14.4	17.5	21.4	26.5	32.9	41	52	26.0	87
88	7.7	11.7	15.3	18.7	23.0	28.5	35.3	44	56	27.9	88
89	8.2	12.6	16.4	20.0	24.7	30.5	38	48	61	29.9	89
90	8.8	13.6	17.5	21.4	26.5	32.9	41	52	66	32.0	90
91	9.4	14.8	18.7	23.0	28.5	35.3	44	56	71	34.3	91
92	10.1	16.0	20.0	24.7	30.5	38	48	61	77	36.8	92
93	10.9	17.3	21.4	26.5	32.9	41	52	66	83	39.4	93
94	11.7	18.7	23.0	28.5	35.3	44	56	71	90	42.2	94
95	12.6	20.0	24.7	30.5	38	48	61	77	97	45.3	95
96	13.6	21.4	26.5	32.9	41	52	66	83	105	48.5	96
97	14.8	23.0	28.5	35.3	44	56	71	90	113	52.0	97
98	16.0	24.7	30.5	38	48	61	77	97	121	55.7	98
99	17.3	26.5	32.9	41	52	66	83	105	130	59.7	99
100	18.7	28.5	35.3	44	56	71	90	113	139	64.0	100
101	20.3	30.5	38	48	61	77	97	121	149	68.6	101
102	22.1	32.9	41	52	66	83	105	130	160	73.5	102
103	24.0	35.3	44	56	71	90	113	139	171	78.8	103
104	26.1	38	48	61	77	97	121	149	184	84.4	104
105	28.5	41	52	66	83	105	130	160	197	90.5	105
106	31.0	44	56	71	90	113	139	171	211	97	106
107	33.9	48	61	77	97	121	149	184	226	104	107
108	36.9	52	66	83	105	130	160	197	242	111	108
109	40.3	56	71	90	113	139	171	211	260	119	109
110	44.0	61	77	97	121	149	184	226	278	128	110
111	49	66	83	105	130	160	197	242	298	137	111
112	54	71	90	113	139	171	211	260	320	147	112
113	59	77	97	121	149	184	226	278	343	158	113
114	65	83	105	130	160	197	242	298	367	169	114
115	71	90	113	139	171	211	260	320		181	115
116	77	97	121	149	184	226	278	343		194	116
117	83	105	130	160	197	242	298	367		208	117
118	90	113	139	171	211	260	320			223	118
119	97	121	149	184	226	278	343			239	119
120	105	130	160	197	242	298	367			256	120
121	113	139	171	211	260	320				274	121
122	121	149	184	226	278	343				294	122
123	130	160	197	242	298	367				315	123
124	139	171	211	260	320					338	124
125	149	184	226	278	343					362	125

注：声压级是客观上用声级计测得的读数，以分贝为单位；其基准声压 $=2\times10^{-5}$ Pa。

或
$$L_N = 33.3 \lg N + 40 \tag{4-13}$$

对于复合音,其响度的计算可利用史蒂文斯公式:
$$N = N_{i\max} + f(\sum N_i - N_{i\max}) \tag{4-14}$$

式中 N——总响度;

N_i——第 i 个频带的响度指数;

$N_{i\max}$——各频带中最大的响度指数;

f——常系数倍频带时为 0.3,1/2 倍频带为 0.2,1/3 倍频带为 0.15。

表 4-8 列出了声压级与响度指数、响度、响度级的换算关系。

下面给出一个响度计算实例。

f/Hz	63	125	250	500	1000	2000	4000	8000
L/dB	55	57	59	65	67	73	65	41
N_i/sone	1.1	2.0	3.1	5.5	7.4	12.6	9.3	2.7

$\sum N_i = 43.7$ $N_{i\max} = 12.6$ $f = 0.3$

所以 $N = 12.6 + 0.3 \times (43.7 - 12.6) = 21.9 \text{(sone)}$

$L_N = 84.6 \text{ (phon)}$

(二) 计权声级

从纯音的等响曲线,清楚地看到人耳对于不同频率的声音敏感程度是不同的。在声级不高的情况下人耳对高频声比对低频声要敏感得多,随着声级的提高,这种频率敏感性的差别逐渐减小。在许多声学仪器中,考虑到人耳的这种频率特性,设计了一种特殊的滤波器,称之为计权网络。经过计权网络测得的声级就叫做计权声级。

精密声级计中设有 A、B、C 计权网络,它们分别近似模拟了 40phon、70phon 和 100phon 3 条等响曲线。用这些计权网络测得的声级分别称作 A 声级、B 声级、C 声级,并表示为 dB(A)、dB(B)、dB(C)。在不特别注明的情况下,声级一般指 A 声级。图 4-4 是 A、B、C、D 计权网络的频率响应特性曲线,表 4-9 为 A、B 和 C 计权声级转换表。从图上和表格中可以看出 A、B、C 计权网络的区别是在低频范围的衰减不同,A 计权网络衰减最大,B 计权网络次之,C 计权网络最小。图中还有一条 D 计权特性曲线,相应的声级称作 D 声级,是专门用来测量航空噪声的。

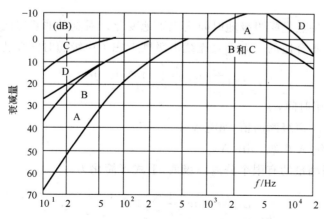

图 4-4 A、B、C、D 计权网络的频率响应特性曲线

表 4-9 由平直响应到 A、B 和 C 计权的声级转换表

频 率 /Hz	A 计权 /dB	B 计权 /dB	C 计权 /dB	频 率 /Hz	A 计权 /dB	B 计权 /dB	C 计权 /dB
10	−70.4	−38.2	−14.3	500	−3.2	−0.3	0
12.5	−63.4	−33.2	−11.2	630	−1.9	−0.1	0
16	−56.7	−28.5	−8.5	800	−0.8	0	0
20	−50.5	−24.2	−6.2	1000	0	0	0
25	−44.7	−20.4	−4.4	1250	+0.6	0	0
31.5	−39.4	−17.1	−3.0	1600	+1.0	0	−0.1
40	−34.6	−14.2	−2.0	2000	+1.2	−0.1	−0.2
50	−30.2	−11.6	−1.3	2500	+1.3	−0.2	−0.3
63	−26.2	−9.3	−0.8	3150	+1.2	−0.4	−0.5
80	−22.5	−7.4	−0.5	4000	+1.0	−0.7	−0.81
100	−19.1	−5.6	−0.3	5000	+0.5	−1.2	−1.3
125	−16.1	−4.2	−0.2	6300	−0.1	−1.9	−2.0
160	−13.4	−3.0	−0.1	8000	−1.1	−2.9	−3.0
200	−10.9	−2.0	0	10000	−2.5	−4.3	−4.4
250	−8.6	−1.3	0	12500	−4.3	−6.1	−0.2
315	−6.6	−0.8	0	16000	−6.6	−8.4	−8.5
400	−4.8	−0.5	0	20000	−9.3	−11.1	−11.2

各国的研究表明，A 声级与人的主观感觉响度、烦恼度、听力损失程度均有较好的相关性，而且具有简单易行直接测量的优点。

表 4-9 是 A、B、C 计权曲线频率特性。利用这个表也可计算噪声的 A 声级，下面给出了一个计算实例。

A 声级计算实例。

倍频带中心频率 F_i/Hz	63	125	250	500	1000	2000	4000	8000
声压级 L_i/dB	56	61	51	50	65	72	70	60
ΔL_i/dB	−26.1	−16.1	−8.6	−3.2	0	+1.2	+1.0	−1.1
$L_i - \Delta L_i$/dB	29.8	44.9	42.4	46.8	65	73.2	71	58.9

$$L_A = 10\lg\left[\sum 10^{0.1(L_i - \Delta L_i)}\right] \approx 75.6 \text{dB(A)}$$

（三）等效连续 A 声级和统计声级 L_x

等效连续 A 声级适用于各种环境噪声（交通噪声、建筑施工噪声、工业噪声和社会生活噪声等）的评价。

环境噪声的基本特点是噪声级随时间无规则地变化。对这种非稳态的变化噪声，仅取某瞬时值作为评价量是不合适的。而等效连续声级则考虑了声级随时间变化的因素，它定义为

$$L_{eq} = 10\lg \frac{1}{T}\int_O^T 10^{0.1 L_{PA}} dt \tag{4-15}$$

式中 T——噪声作用时间，s；

L_{PA}——噪声的 A 声级瞬时值，dB(A)；

L_{eq}——等效连续 A 声级，dB(A)。

对于等时间间隔测量的有限个分离声级值，上式可简化为

$$L_{eq} = 10\lg\left[\frac{1}{n}\sum_{i=1}^{n} 10^{0.1 L_{PAi}}\right] \tag{4-16}$$

式中 n——有限声级值个数（一般取 $n=100$）。

由此可见，等效连续 A 声级实际上是瞬时声级按时间的平均值，是对本来随时间变化的非稳态噪声用某个稳态噪声的声级值来描述。所谓"等效"指的是在观察时间 t 内实际的非稳态噪声的声能量与用来描述的某个稳态噪声的声能量相等。

统计声级 Lx 也是用来描述非稳态噪声的。它是将被测得的声级由大到小排列，如果总共有 n 个声级值，则排在前面的第 i 个就是 Lx，其中 x 为

$$x = \frac{i}{n} \times 100$$

如果 $i=10$，$n=100$，$\quad x=\frac{10}{100}\times 100=10 \quad$ 即第 10 个声级为 L_{10}；

如果 $i=10$，$n=200$，$\quad x=\frac{10}{200}\times 100=5 \quad$ 即此时的第 10 个声级为 L_5；

常用的统计声级有 L_{10}、L_{50}、L_{90}。其中 L_{10} 表示噪声的平均峰值，L_{50} 表示平均值，L_{90} 则表示平均背景值。可见用统计声级描述非稳态噪声时，采用了较多的数据，有峰值、平均值和背景值，也就有了噪声的起伏值，所以统计声级是从总体上来描述噪声的。

对于交通噪声，因为它服从正态分布，等效声级和统计声级之间有如下关系：

$$L_{eq} = L_{50} + \frac{(L_{10}-L_{90})^2}{60} \tag{4-17}$$

$$\sigma = \frac{1}{2.56}(L_{10}-L_{90}) = \frac{1}{2}(L_i-\bar{L})^2 \tag{4-18}$$

式中　σ——标准偏差。

$$\sigma = \sqrt{\frac{1}{n}\sum_{i=1}^{n}(L_i-\bar{L})^2} \tag{4-19}$$

（四）交通噪声指数（TNI）和噪声污染级 L_{NP}

交通噪声指数是在背景噪声 L_{90} 的基础上，考虑了噪声起伏变化 $L_{10}-L_{90}$ 的计权修正因素后得出的，它定义为

$$TNI = L_{90} + 4(L_{10}-L_{90}) - 30 \tag{4-20}$$

噪声污染级是在等效声级（能量平均声级）的基础上，再考虑噪声起伏的因素而定义的。

$$L_{NP} = L_{eq} + 2.56\sigma \tag{4-21}$$

对于交通噪声：

$$L_{NP} = L_{eq} + (L_{10}-L_{90}) \tag{4-22}$$

或

$$L_{NP} = L_{50} + \frac{(L_{10}-L_{90})^2}{60} + (L_{10}-L_{90}) \tag{4-23}$$

（五）昼-夜等效声级 L_{dn}

如果评价某一地点的全天环境噪声，可以采用昼-夜等效声级 L_{dn}，它定义为

$$L_{dn} = 10\lg[0.625\times 10^{0.1L_d} + 0.375\times 10^{0.1(L_n+10)}] \tag{4-24}$$

式中　L_d——白天（7：00～22：00）的等效声级；

　　　L_n——夜间（22：00～7：00）的等效声级。

式中夜间等效声级项中加了 10dB，这主要是考虑到夜间噪声对人有更大的干扰。为保持较为安静的环境。室外的 L_{dn} 不宜超过 55dB(A)，室内的 L_{dn} 则不应超过 50dB(A)。

二、噪声标准

所谓噪声标准是指在不同地点、不同情况下所容许的最高噪声级。噪声标准是对噪声进

行行政管理和在技术上控制噪声的依据。噪声标准通常分为三类：一类是保护职工身体健康（主要是保护听力）的劳动卫生标准，一类是环境噪声标准，还有一类是产品噪声标准。

（一）健康保护和听力保护标准

大量试验和调查表明，在 80dB(A) 和 85dB(A) 的噪声环境中长期工作，仍有少数人产生噪声性耳聋。理想的健康和听力保护标准应是 70dB(A)。但在考虑实际标准时，要兼顾考虑保护大多数人不受危害和经济上的合理性。

世界上不少国家采用每天暴露 8h 或每周 40h 噪声级为 90dB(A) 的标准，少数国家采用 85dB(A) 的标准。如果噪声暴露时间减半，按等能量原则允许提高 3dB(A) 或 5dB(A)。

我国颁布的《工业企业噪声卫生标准》（试行草案），规定了工业企业生产车间和作业场所的噪声标准为接触噪声 8h，85dB(A)，时间减半，噪声值允许增加 3dB(A)。现有企业经过努力暂时达不到该标准时，可放宽到 90dB(A)，暴露时间减半允许放宽 3dB(A)。但实际工作中往往都采用 90dB(A) 的标准。表 4-10 和表 4-11 中列出了我国的噪声劳动卫生标准。

表 4-10 新建、扩建、改建企业参照表

每工日接触噪声时间/h	容许噪声/dB(A)
8	85
4	88
2	91
1	94

注：最高不得超过 115dB(A)。

表 4-11 现有企业暂时达不到标准的参照表

每工日接触噪声时间/h	容许噪声/dB(A)
8	90
4	93
2	96
1	99

注：最高不得超过 115dB(A)。

（二）环境噪声标准

为了提供一个满意的声学环境，保证人们正常的工作、学习和休息，需要有合适的环境噪声标准。这些标准在制订时，除考虑要满足大多数人的实际要求以外，还要考虑区域环境、时间、技术上的可能性和经济上的合理性因素。

1. 城市区域噪声标准

（1）适用范围 本标准适用于城市区域。乡村生活区域可参照本标准执行。

（2）标准值 城市 5 类环境噪声标准值列于表 4-12。

表 4-12 城市区域噪声标准　　　　　　　　　等效声级 L_{ep}/dB(A)

类　别	昼　间	夜　间
0	50	40
1	55	45
2	60	50
3	65	55
4	70	55

（3）各类标准的适用区域 0 类标准适用于疗养区、高级别墅区、高级宾馆区等特别需要安静的区域，位于城郊和乡村的这一类区域分别按严于 0 类标准 5dB(A) 执行。

1 类标准适用于以居住、文教机关为主的区域。乡村居住环境可参照执行该类标准。

2 类标准适用于居住、商业、工业混杂区。

3 类标准适用于工业区。

4 类标准适用于城市中的道路交通干线道路两侧区域，穿越城区的内河航道两侧区域。

穿越城区的铁路主、次干线两侧区域的背景噪声（指不通过列车时的噪声水平）限值也执行该类标准。

（4）说明　夜间突发噪声，其最大值不准超过标准值15dB(A)。

2．工业企业厂界噪声标准

（1）适用范围　本标准适用于工厂及有可能造成噪声污染的企事业单位的边界。

（2）标准值　各类厂界噪声标准值列于表4-13。

表 4-13　工业企业厂界噪声标准　　　　等效声级 L_{ep}/dB（A）

类　别	昼　间	夜　间
Ⅰ	55	45
Ⅱ	60	50
Ⅲ	65	55
Ⅳ	70	55

（3）各类标准适用范围的划定　Ⅰ类标准适用于以居住、文教机关为主的区域。Ⅱ类标准适用于居住、商业、工业混杂区及商业中心区。Ⅲ类标准适用于工业区。Ⅳ类标准适用于交通干线道路两侧区域。

（4）说明　夜间频繁突发的噪声（如排气噪声）。其峰值不准超过标准值10dB(A)，夜间偶然突发的噪声（如短促鸣笛声），其峰值不准超过标准值15dB(A)。

3．建筑施工场界噪声限值

（1）适用范围　本标准适用于城市建筑施工期间施工场地产生的噪声。

（2）标准值　不同施工阶段作业噪声限值列于表4-14。

表 4-14　建筑施工场界噪声限值　　　　等效声级 L_{ep}/dB（A）

施工阶段	主要噪声源	噪声限制	
		昼间	夜间
土石方	推土机、挖掘机、装载机等	75	55
打桩	各种打桩机等	85	禁止施工
结构	混凝土、振捣棒、电锯等	70	55
装修	吊车、升降机等	65	55

（3）说明

① 表中所列噪声值是指与敏感区域相应的建筑施工场地边界线处的限值。

② 如有几个施工阶段同时进行，以高噪声阶段的限值为准。

第三节　噪声测量仪器与监测

噪声测量分析的目的是评价、预测和控制噪声。为了对噪声进行正确的测量分析，必须了解测量仪器的性能和用途，明确测量分析的目的，选择适合的测量方法和规范。

一、噪声测量仪器

（一）声级计

声级计是一种最基本、最常用的便携式噪声测量仪器。它一般由传声器、放大器、衰减器、计权网络、检波器和指示器（表头）组成，所需要电源一般由干电池供给（图4-5）。

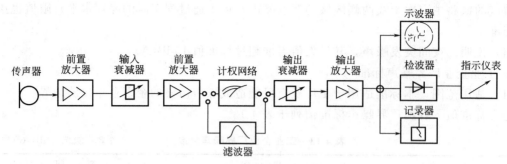

图 4-5　声级计的方框图

声级计的特点是：体积小，现场使用方便，能直接测出 A、B、C 计权声级，特别适用于工业噪声、环境噪声、机器噪声的现场测量。有的声级计还具有"线性"频率响应，即在一定范围内的频率响应是平直的，不随频率的变化而变化。线性响应用来测量声的声压级（非计权声压级）。如果把声级计和倍频带或 1/3 倍频带滤波器串联，就可以组成便携式简易频谱分析仪；如果把声级计和便携式磁带记录仪组合起来，则可把现场的噪声录制在磁带上，储存或带回试验室进行分析。

按照国际电工委员会的标准（IEC 651）规定，声级计分为 4 种类型，即 O 型、Ⅰ 型、Ⅱ 型、Ⅲ 型，它们相应的精度分别为 ±0.4dB、±0.7dB、±1.0dB、±1.5dB。O 型声级计可作为标准声级计用，Ⅰ 型可供研究工作使用，Ⅱ 型声级计可适用一般用途，Ⅲ 型声级计可用于调查和普查工作。O 型和 Ⅰ 型声级计也称精密声级计，Ⅱ 型和 Ⅲ 型声级计也称普通声级计。

声级计的计权网络一般设有"A"、"B"、"C"计权网络，有些声级计还有"D"计权网络，利用这些计权网络所测量的声级分别为 A 计权声级、B 计权声级、C 计权声级和 D 计权声级。

在声级计放大线路中一般都采用了两级放大器，即输入放大器和输出放大器，放大器以 10dB 为 1 格，与衰减器相互配合可以使欲测的声级恰好处于表盘的有效读数之内。

声级计还设有时间计权挡位"快"、"慢"格，有的声级计还设有"脉冲峰值"挡位。"快"、"慢"、"脉冲"、"脉冲峰值"挡反应速度的时间常数分别为 270ms、1050ms、35ms、20μs。"快"挡的平均时间和人耳的听觉生理特性相接近，适合于测量稳态噪声和记录噪声随时间的起伏变化过程。"慢"挡适合测量起伏变化较大的噪声。"脉冲"挡适于测量脉冲噪声。

使用声级计时，应注意以下几点。

① 每次测量前后对声级计进行校准。校准用仪器有声级校准器和活塞发声器。声级校准器发出的标准声信号为 1000Hz 纯音，94dB，校准精度 ±0.25dB。活塞发声器的声信号为 250Hz 纯音，124dB，校准精度为 0.2dB。

② 注意避免人体反射对读数的影响。为避免这种影响，测量者应保持距传声器 0.5m 远。如有可能，利用 1.5～3m 电缆把话筒和声级计联结起来更好。

③ 及时检查电源、更换电池，长期储存要注意防潮。

（二）滤波器和频谱分析仪

在噪声测量和分析中，如果想知道每个频带的声级和噪声能量的频率分布特性，就必须使用滤波器和频谱分析仪。

滤波器是一个具有 1 对输出端和 1 对输入端的四端网络系统，一般由电阻、电感、电容等元件组成。当一个随时间变化的电信号 $S_入$ 输入给滤波器之后，滤波器产生一个输出信号 $S_出$，滤波器的振幅频率响应定义为

$$H(f) = \frac{S_出}{S_入} \tag{4-25}$$

显然输出的能量和 $H(f)$ 成正比，且为频率 f 的函数。为了测量一个频带的噪声，我们可以设计一种滤波器，使其在该频带内 $H(f)=1$；频带外 $H(f)=0$。这种滤波器我们称为带通滤波器。图 4-6 是一个实际滤波器和理想滤波器频率响应曲线。描述滤波器特性的参数有截止频率、带宽、选择性等。对于一个实际滤波器来说，截止频率为 $H(f)$ 值下降时的频率；带宽是指半功率带宽；滤波器的选择性是指上、下截止频率以外的幅值 $H(f)$ 的衰减速度，用"分贝/倍频程"来表示，对于一个实际滤波器来讲，希望这个衰减速度越快越好，越快也就越接近理想滤波器。

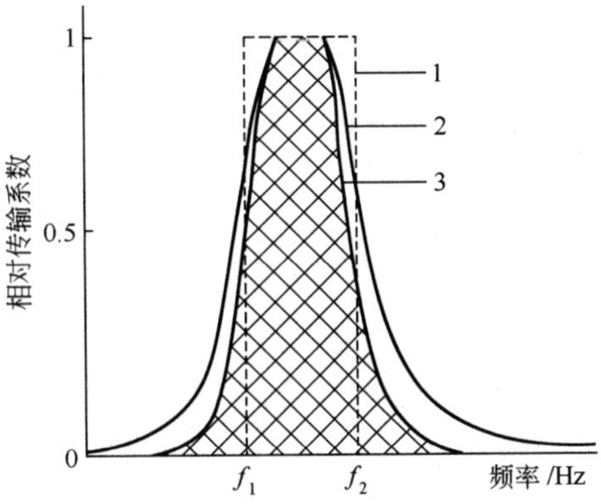

图 4-6 滤波器的频率响应
1—理想滤波器；2—实际滤波器；
3—平方后实际滤波器

按照中心频率和频带宽度的关系，滤波器可分为恒定百分比带宽滤波器和恒定带宽滤波器。常用的倍频带滤波器和 1/3 倍频带滤波器，属于恒定百分比滤波器。如果按分布区分，可以把滤波器分为临带滤波器和连续可调滤波器。临带滤波器是指各滤波器具有固定中心频带，且发布在整个声频范围内；连续可调滤波器是指中心频率可以在分析频率范围内连续可变的滤波器。

恒定百分比带宽滤波器的优点是分析程序简单、迅速，特别适于对含有若干简谐成分噪声进行频谱分析。它的缺点是带宽随着中心频率的增加而迅速增加，且在高频范围内分辨率较低。如果希望对噪声的一些峰值做较详细的分析，可采用恒定带宽滤波器，恒定带宽滤波器的中心频率一般是可调的，频率宽度也可以选择，通常可以由几赫到几十赫。由于带宽可固定，在高频范围内分辨率较高。

把声级计和便携式滤波器（倍频程滤波器或 1/3 倍频程滤波器）组合起来，就可以组成一个简单、方便且能应用于现场的频谱分析仪。如果把测量放大器和恒定百分比滤波器组合起来，一般称为频率分析仪，它的带宽选择范围通常为 6%~29%。在实验室和现场也经常要用一些精度更高的专用频谱仪。由于频谱仪的功能较齐全，被广泛应用到各种声、振动和电信号的分析中。

在使用频谱仪（或频率分析仪）时，往往需要将声级记录仪同轴联结起来，自动记录噪声的频谱。表 4-15 列出了一些经常采用的仪器组合。

(三) 信号记录和储存系统

为了深入研究和分析噪声的频谱和特性，经常需要在现场把噪声信号记录和储存起来，带回到实验室以后再进行分析。特别对于一些非稳定噪声和脉冲噪声，利用一般的频谱分析仪器进行分析太不方便，这就更需要一种现场的信号记录和储存系统。

经常采用的信号记录和储存仪器有：电平记录仪和磁带记录仪。

电平记录仪是实验室经常采用的一种记录仪器，它可以把声级计、振动计、频谱仪、磁带记录仪的电信号直接记录在纸带上，永久保存。

表 4-15　部分声学仪器的组合与选配

仪器名称	可组配的仪器或附件	测量项目	测量使用对象	使用环境	主要生产厂家
ND_1 型精密声级计	1. 配用加速度计、积分器和振动测量换算式； 2. 配用 NL_2 型 $\frac{1}{3}$ 和 NL_3 型倍频程滤波器	1. 用于噪声的测量，测量隔声系数、音响设备效果和听力计校准； 2. 测量振动的加速度、速度和振幅，分析噪声的频谱	可测量环境、车辆和电机等机器设备的噪声，适用于工厂、交通运输、环境监测、科研等部门	现场实验室	江西红声器材厂 丹麦BK 衡阳仪表厂 美国CR
ND_2 型精密声级计和倍频程滤波器	配用加速度计、积分器和振动测量换算式	1. 测量噪声、隔声系数、音响设备效果和听力计校准； 2. 测量声音的声压、分析声音的频谱； 3. 测量振动的加速度、速度和振幅	可测量环境、车辆、机器设备和电机等的噪声，适用于工厂、交通运输、环境监测、科研等部门	现场实验室	衡阳仪表厂 江西红声器材厂 丹麦BK 北京无线电厂 上海风雷广播器材厂
ND_2 脉冲精密声级计	1. 配用延伸电缆 3m、10m、30m； 2. 配用 NL 型 $2\frac{1}{3}$ 和 NL_3 型倍频滤波器； 3. 配用加速度计、积分器和振动测量换算尺	1. 测量连续噪声，本机具有快速响应和保持功能。测量脉冲冲击声的有效值和峰值，"D"计权网络可测量航空噪声，适宜远距离测量； 2. 分析噪声的频谱； 3. 测量振动的加速度、速度和振幅	测量枪炮声、冲床、锻压机的脉冲噪声和航空噪声，适用于兵器、航空、工厂、科研、交通运输、国防和环保部门	现场实验室	江西红声器材厂 丹麦BK 高淳电子仪器厂 无锡仪表二厂 国营前卫无线电厂
ND_{10} 型声级计	配电容传声器	1. 可测量噪声的计权声压级，具有A、C频率计权特性，快、慢时间计权特性和保持最大有效值指示的功能； 2. 适用于对持续不小于100ms短噪声及需要测量最大有效值的场合	测量机器、车辆、电机等噪声，建筑声学、电声的测量，适用于工厂、交通运输、建筑工业、科研等部门	现场实验室	江西红声器材厂 北京长城无线电厂 衡阳仪表厂 常州计量所实验室工厂
ND_{12} 型声级计	配电容传声器	测量噪声的计权声压级，具有A、C频率计权特性，快、慢时间计权特性	测量机器、车辆、电机等噪声，建筑声学、电声的测量，适用于工厂、交通运输、建筑工业、科研等部门	现场实验室	北京长城无线电厂 江西红声器材厂 衡阳仪表厂 丹麦BK
ND_2 型声级校准器	与 ND_1、ND_2、ND_6、ND_{10}、ND_{12} 型声级计和其他声学测量系统配用	配用可做绝对声压校准，校准频率为 1000Hz，使用各种计权网络可得相同校准读数		现场实验室	江西红声器材厂 丹麦BK 衡阳仪表厂
NX_7 型扫频振荡器	与 NF_6 测量放大器、NT_2 频率特性显示器、NJ_3 电平记录仪组合	1. 组成一套实验室用的高灵敏度自动频率特性显示系统和记录系统； 2. 也是一种宽频带扫频信号源，适用于声学及一般测量	供噪声、振动、建筑声学、广播电声等方面进行测量、科研等使用	实验室	江西红声器材厂 丹麦BK
NF_6 型测量放大器	1. 与 NX_7 扫频振荡器、NT_2 频率特性显示器、NT_3 电平记录仪组合； 2. 配用电容传声器； 3. 配用加速度计	1. 组成一套实验室用的高灵敏度自动频率特性显示系统和记录系统； 2. 测量振动的仪器，测量加速度； 3. 组成实验室用精密声级计	供噪声、振动、建筑声学、广播电声等方面进行测量、科研等使用	实验室	江西红声器材厂 丹麦BK
NT_2 频率特性显示器	与 NX_7 扫频振荡器、NF_6 测量放大器、NT_3 电平记录仪组合	1. 组成一套实验室用的高灵敏度自动频率特性显示系统和记录系统； 2. 测量各种电声元件、放大器、滤波器和其他四端网络的频率响应特性	供噪声、振动、建筑声学、广播电声等方面进行测量、科研等使用	实验室	江西红声器材厂 丹麦BK
NJ_3 型电平记录仪	与 NX_7 扫频振荡器、NF_6 测量放大器、NT_2 频率特性显示器组合	1. 组成一套实验室用的高灵敏度自动频度特性显示系统和记录系统； 2. 对噪声进行测量、分析、记录和混响衰减曲线、音响设备效果的测试	供在实验室和现场记录电压、声压信号的声级、频谱	现场实验室	江西红声器材厂 丹麦BK 衡阳仪表厂
NX_6 活塞发生器	与 ND_1、ND_2、ND_6、ND_{10}、ND_{12} 型声级计和其他声学系统配用	可对 $\phi 24$、$\phi 12$ 测试电容传声器、声级仪器作绝对声压校准		现场实验室	江西红声器材厂 丹麦BK 衡阳仪表厂

经常采用两种方式进行记录,一种是级-时间的图形,另一种是级-频率的图形,使用长条形记录纸。记录的级根据需要(选择不同传感器)可以是声压级、振动加速度级等。如果把声级计信号输给电平记录仪,启动电平记录仪的开关后,则在记录纸上可以记录噪声级随时间变化的时间谱。如果把频谱仪(或测量放大器和滤波器)和电平记录仪联动,则可记录噪声的频谱图。频谱的带宽可以按需要选择不同滤波器。采用圆形记录纸电平记录仪还可记录噪声源的指向特性。

磁带记录仪是一种经常采用的现场测量信号记录储存仪器。除具有能记录、储存噪声信号,使用方便等优点外,还有频率变换作用。一般磁带记录仪都有不同的带速,如果把录放的速度按一定比例增加或减小,被录制的噪声信号的频率也按这个比例增加或减少,起到了频率变换作用。这样,我们就可以利用慢录快放,采用高频范围的滤波器分析低频范围的信号,反之亦然,从而大大地扩大了滤波器的使用频率范围。

测量用磁带记录仪虽然在工作原理上和录音机大致相同,但在频率响应等一些重要指标上,则要求较高。在选用磁带记录仪时,应注意以下几点。

① 频率响应平直,在经常使用的频率范围内,频率响应起伏最好小于±3dB。

② 较低的电磁声(由电器元件、磁带运转产生的本底噪声),它决定了磁带记录仪所能够录制的最低信号值,否则录制信号将被电磁噪声"掩蔽"。

③ 较宽的动态范围,以保证在大信号下工作,不发生畸变。测量用磁带记录仪的动态范围一般要求 40~60dB,质量较高的磁带记录仪可达到 70dB。

④ 较小的抖动率,保证磁带以恒定带速通过磁头,减少录制信号的频率起伏,避免影响测量精度。测量用磁带记录仪的抖动率要求小于 2%。

在磁带记录仪中,一般有两种记录方式,一种是调幅记录,一种是调频记录。调幅记录在声频范围内有较好的频率响应,适用记录噪声信号。调频记录在低频范围可延伸到直流,适合于记录振动信号和低频噪声信号。

在现场使用磁带记录仪和声级计录制噪声信号时,要特别注意测量系统的校准。校准的目的是使现场录制的信号和在实验室重放的信号有一确定的关系,以便在实验室对噪声能作出定量的分析。

表 4-16 列出了一些电平记录仪和磁带记录仪的型号和特性。

表 4-16 电平记录仪和磁带记录仪的型号和特性

名 称	型 号	仪器指标	用 途	特 点
声级记录仪	NJ1 NJ3 HY-801 BK 2305 2307 2306	测量范围 5~200kHz 精度:±0.5dB	1. 在现场或实验室对噪声与振动进行记录; 2. 与频率分析仪配接,记录测量频带级、声级和测量混响时间	1. 能精确记录噪声信号的有效值、峰值、平均值;2. 可连续、长时间记录;3. 读测量值直观方便;4. 与滤波器联用,可自动记录频谱
磁带记录仪	DL BK 7003 7004 GR 1935 Ⅳ-SJ	测量范围 0~1500kHz 动态范围:>50dB 信噪比:>45dB	1. 现场调查; 2. 在实验室与计算机配套使用; 3. 测量瞬时声、冲击噪声等	1. 具有频率变换作用;2. 可同时多道记录;3. 可连续长期记录;4. 与计算机配用,可读入和输出信息;5. 磁带可消磁后反复使用

(四) 实时分析和快速分析系统

1. 噪声分析仪

对于道路交通噪声、航空噪声、环境噪声等随时间变化的非稳态噪声，国际标准和我国标准都规定采用 L_{eq}、L_{10}、L_{50}、L_{90} 等量作为评价量。噪声分析仪可以和带有前置放大器的话筒、声级计联用，测量通道有1～4个，多个通道可以同时进行测量。动态范围一般为70～110dB，可以无须变挡测量大幅度变化噪声。声级分挡、取样时间、取样时间间隔自行调节选定。时间计权有快、慢、脉冲峰值等挡位。记录器可以打印瞬时值 L_p、等效声级 L_{eq}、统计声级 L_x、交通噪声指数 TNI、噪声污染级 LPN 等。有的噪声分析仪还可以计算出最大值、最小值、标准偏差，并能绘出噪声（声级）分布曲线和累计分布曲线。

噪声分析仪适合于各类环境噪声的监测和评价使用。

2. 实时分析仪

实时分析仪可以把瞬时噪声信号立即全部显示在屏幕上，存储以后可利用电平记录仪、计算机等记录或打印下来。经常采用的实时分析仪有两种，一种是1/3倍频带实时分析仪，一种是窄带分析仪。

3. 快速傅里叶分析仪（FFT）

快速傅里叶分析仪的基本原理，是通过若干取样的瞬时值，利用傅里叶分析方法在计算机上进行快速计算，求出各个频率的分量，并通过其他设备进行显示和记录。

利用快速傅里叶分析仪的基本软件可以求出功率谱、互功率谱、自相关函数、互相关函数、相干函数、传输函数等参数。这类仪器和分析技术已广泛应用于声源分析、声源识别、振动传播过程分析等各个领域。

（五）声强计

这是一种比较新型的声学测量仪器，它与通常的测量声压的仪器不同，而是测量声强。声强定义为声压和质点速度的时间平均矢量积：

$$I = \overline{p(t) \cdot u(t)} \tag{4-26}$$

在声场中测量瞬时质点速度比较困难，通常用测量声压梯度的方法来近似。因此声强测量采用两只特性相同的传感器放置在声场中两个相距很近的点上，分别测出这两点声压就可以计算平均声压和声压梯度，再把声压梯度对时间积分就得到与质点速度成比例的信号，从而求得声强。如果使用两只相同的数字滤波器进行快速数字处理就可以实现声强的实时测量。

在包围噪声源的封闭面上，用测量声强的方法可以测量声源的声功率。这时测量表面以外的噪声源干扰信号两次穿过封闭面并且方向相反，所以干扰噪声源的声功率为零。

二、噪声测量分析方法

（一）噪声测量分析的基本要求

1. 选择合适的测量规范

任何噪声测量之前，都要根据测量目的选择合适的测量规范。国际标准化组织（ISO）以及世界各国，都已制定了较全面和系统的各类噪声测量方法，我国的标准也日趋完善。在这些噪声测量规范中，对测点、环境、仪器、测量程序、数据处理等都做了具体的规定，只有按照测量规范所测量的数据才可能具有可比性。

2. 背景噪声修正

对被测量的声源来说，除该声源以外其他噪声源所产生的噪声总和称为背景噪声。在对测量对象进行测量时，最好停止其他噪声源工作，如不可能则必须对测量结果进行修正。当总噪声（包括测量对象噪声和背景噪声，即测量对象工作时测出的噪声）比背景噪声高

10dB 以上时，背景噪声的影响可以忽略，对测量结果无需修正。如果相差小于 3dB，说明背景噪声已超过测量对象的噪声，测量结果误差太大，应停止测量。为保证测量结果的有效性，应采取措施降低背景噪声，或把测量对象移到背景噪声较低的场所再进行测量。如果相差数值为 3～10dB，按表 4-17 进行修正。

表 4-17　本底噪声修正值

总噪声和背景噪声之差值/dB	3	4～5	6～9	≥10
修正值总噪声和设备噪声差值/dB	3	2	1	0

3. 注意其他环境因素的影响

室内测量时，由于壁面反射，在空间可能出现驻波，即有一系列声压级的峰和谷，测量时应取测点附近的平均值。

在户外有风的天气中测量，可能产生风噪声，测量时如果风速超过 2m/s 就应采用风罩，减少风噪声的影响，并注意修正风罩的影响。

大气环境中气温和气压的变化，会引起空气介质特性阻抗的变化，从而影响测量结果。气温和气压的变化引起的附加修正值可按下式计算（以 20℃ 和标准大气压为标准）：

$$\Delta L_{T\text{-}p} = 10\lg\left[\left(\frac{492+1.8t}{528}\right)^{1/2} \times \frac{157.32}{B}\right] \tag{4-27}$$

式中　t——温度，℃；
　　　B——大气压，Pa。

（二）环境噪声测量

环境噪声测量的项目有环境噪声普查、功能区噪声监测、道路交通噪声监测、24h 长期监测、高空定点监测等。

环境噪声测量的目的是对一个建筑、区域乃至一个城市的声环境质量做出评价。

环境噪声是随时间起伏变化的无规噪声，测量评价量应采用等效声级 L_{eq}、统计声级 L_{10}、L_{50}、L_{90} 以及标准偏差。

测量仪器为声级计或噪声分析仪、统计分布仪等，且在测量前后均应进行校准，两次校准值的差不能大于 2dB。如果采用声级计进行测量，可使用"A"计权网络、"慢"挡，每隔 5s 读取 1 个瞬时值，连续读取 100 个数据（如噪声起伏较大可读取 200 个数据）。将 100 个数据按由大至小顺序排列后，第 10 个数据为 L_{10}、第 50 个数据为 L_{50}、第 90 个数据为 L_{90}。其等效声级由下式计算：

$$L_{eq} = 10\lg\left[\frac{1}{N}\sum_{i=1}^{n} 10^{0.1L_i}\right] \tag{4-28}$$

式中　L_i——第 i 个测量值；
　　　N——测量数据总个数。

标准偏差按下式计算：

$$\sigma = \sqrt{\frac{1}{N-1}\sum_{i=1}^{n}(L_i-\bar{L})^2} \tag{4-29}$$

式中　$\bar{L}$——N 个测量值的算术平均值。

测点一般位于敏感建筑物窗外前 1m，距地面高度为 1.2m。如果对一个区域或一个城市环境噪声做出评价，则需按 500m 间距画出网格，网格总数应多于 100 个，测点选在网格中心,如果中心位置不宜测量,可移到中心附近能够测量的点上,对于旷野或水面一般不设测点。

整个区域或城市的噪声概况,可按国家标准规定采用彩色图或深浅图案(表4-18)绘制噪声污染图来表示,也可以用全区域或城市各测点的 L_{eq}、L_{10}、L_{50}、L_{90} 的平均值、最大值、标准偏差表示,如果要了解噪声全天变化特性,白天(6:00~22:00)和夜间(22:00~6:00)都进行测量,测点为该区域或城市的噪声敏感点。测量时可在每小时开始时或某段时间读取100个数据,表征这1h噪声特性,连续24h测量后即可得到该测点24h噪声变化曲线,还可以计算出昼夜等效声级 L_{dn}。

表4-18 城市噪声污染图的颜色和阴影线

噪声级/dB(A)	颜 色	阴 影 线	噪声级/dB(A)	颜 色	阴 影 线
35以下	浅绿	小点,低密度	61~65	朱红	交叉线,低密度
36~40	绿	中点,中密度	66~70	洋红	交叉线,中密度
41~45	深绿	大点,高密度	71~75	蓝红	交叉线,高密度
46~50	黄	垂直线,低密度	76~80	蓝	宽条垂直线
51~55	褐	垂直线,中密度	81~85	深蓝	全黑
56~60	橙	垂直线,高密度			

(三)道路交通噪声监测

道路交通噪声是城市环境噪声的重要组成部分,测量和读数方法原则上和一般环境噪声测量相同。所不同的是测点应选在马路边的人行道上,距马路边沿0.2m,距交叉路口应大于50m,如果该路段长度不到100m,则取路段的中点位置。

一个区域和一个城市的交通噪声可用全区域或城市各交通干线的 L_{eq}、L_{10}、L_{50}、L_{90} 的平均值和标准偏差来表征,平均值可采用下式计算:

$$\bar{L} = \frac{1}{I} \sum L_i I_i \tag{4-30}$$

式中 I——全市或全区域干线总长度,km;

I_i——第 i 段交通干线的长度,km;

L_i——第 i 段交通干线的声级,dB。

同样,可以参照环境噪声污染图的绘制方法,绘制出交通噪声污染图。

(四)工业企业噪声测量

工业企业噪声测量的目的主要是评价操作者附近暴露的噪声剂量,以保护操作者的听力和身心健康。声级计采用"A"计权网络、"慢"挡,测点原则上位于操作者耳朵附近。如果是稳态噪声则直接读取A声级,如果是非稳态噪声,应测量等效连续A声级。

车间内部各点噪声变化小于3dB时,只需在车间选择1~3个典型测点。如果车间内部各点噪声变化较大,则可把车间内部分成若干区域,使每个区域的噪声变化小于3dB,每个区域内取1~3个测点。这些测量区域,应包括所有工人为观察和管理过程中而经常工作和活动的地点和范围。

如果需要对厂区内部噪声和厂界噪声进行测试,可以把厂区按10~40m间距画成方格,在每一方格中心进行测量;把边界线以20~50m为间距布置测点进行测量。测量结果可以用方格图或等声级线表示出来。

如果需要对噪声进行治理,对厂内重点噪声源也要进行测量。测量距离可视机器尺寸大小而定。小型机器（最大尺寸小于 20cm），测点距机器表面 15cm；中型机器（最大尺寸小于 50cm），测点距机器表面 30cm；大型机器（最大尺寸大于 50cm），测点距机器表面 100cm。测量中应注意噪声源在不同工况下的声级和频谱的变化，并在技术报告中加以注明。

对车间内噪声源较多的情况，还应注意测量分析声源的主次影响、声源噪声的传播特性，以便找出关键噪声控制措施。

本 章 小 结

本章介绍了以下内容：噪声的概念，频率、波长和声速，噪声的种类和危害，声功率、声强和声压，声功率级、声强级和声压级，分贝及其运算，倍频程和 1/3 倍频程，响度、响度级及其关系，A、B、C 及 D 等计权声级，等效连续声级，累计百分声级，昼夜等效声级，噪声污染级，声级计的结构及用法，频谱仪，实时分析仪等其他仪器，城市区域环境噪声、道路交通噪声、工业企业环境噪声的监测方法。

思 考 题

1. 噪声对人的听力有什么影响？什么是暂时性听阈偏移？什么是噪声性耳聋？
2. 噪声对人体各部分器官有什么影响？
3. 噪声对人的工作、睡眠和谈话有什么影响？
4. 强噪声对建筑、航空仪表和飞行器有什么影响？
5. 声音是什么？如何描述它？
6. 什么是声强、声压、声功率？什么是声强级、声压级、声功率级？
7. 如何进行声级运算？
8. 何谓倍频程？1/3 倍频程？频谱分析是什么？
9. 某纯音波长为 0.2m，产生的声压级为 87dB，试求：（a）该纯音的频率；（b）它的均方根声压（假设 $c=344$m/s）。（均方根声压即有效声压，下同）
10. 某自动木加工车床工作时进行了倍频带分析，测得倍频带声压级是：250Hz 时为 93dB，500Hz 时为 94dB，1000Hz 时为 96dB，2000Hz 时为 95dB，4000Hz 时为 94dB 和 8000Hz 时为 93dB。试求总均方声压。
11. 某机器在"开"和"关"时，于操作者位置上，测得 1kHz 频带声压级分别为 104dB、93dB，试求仅由该机器在操作者位置产生的均方根声压。
12. 某一机器在有关的倍频带内产生如下声功率级：78dB，84dB，94dB，96dB，95dB 和 91dB，试求机器产生的总声功率。
13. 在某工厂内一操作者周围有 5 台机器，各台机器产生的声压级分别为 95dB，87dB，90dB，93dB 和 88dB，其中不包括环境噪声。当机器停止时在该位置上的声压级是 88dB，求操作者位置由各机器和环境噪声所产生的总声压级。
14. 现研究某工厂一台特定的机器。在进行深入研究之前，需要知道该机器的声压级。当该机器开动时，测得声压级为 89dB，当该机器关闭时，测得声压级为 83dB，试问由该机器产生的声压级是多少?

15. 什么是噪声评价?有何意义?

16. 等响曲线是什么?有何特点?

17. 计权声级是什么?等效声级是什么?

18. 累计百分声级是什么?噪声评价指数是什么?

19. 求均具有 80dB 声压级的下列各纯音:50Hz,100Hz,200Hz,500Hz,1000Hz,3000Hz,5000Hz 的响度级。

20. 在一个特定场地内,测得下列 1/3 倍频程声压级,试求该场地内的响度和响度级。

中心频率/Hz	频带声压级/dB	中心频率/Hz	频带声压级/dB	中心频率/Hz	频带声压级/dB
63	75	400	77	2500	87
80	74	500	78	3150	89
100	73	630	79	4000	90
125	72	800	80	5000	92
160	73	1000	81	6300	91
200	74	1250	82	8000	89
250	75	1600	84	10000	87
315	76	2000	85		

21. 在某一场地内,测量了下列倍频程声压,试求响度和响度级。

中心频率/Hz	频带声压级/dB	中心频率/Hz	频带声压级/dB	中心频率/Hz	频带声压级/dB
63	86	250	85	2000	86
63	86	500	80	4000	82
125	83	1000	88	8000	88

22. 以倍频带记录了下列声压级,由这些数据求(a)总的平直响应 L_p;(b)总的 A 计权响应;(c)总的 B 计权响应;(d)总的 C 计权响应。

频带中心频率/Hz	声压级/dB	频带中心频率/Hz	声压级/dB	频带中心频率/Hz	声压级/dB
31.5	90	500	86	8000	81
63	92	1000	88	16000	78
125	4	2000	92		
250	88	4000	90		

23. 一工人其噪声曝露如下表,问每天噪声量超过标准吗?

曝露级/dB(A)	曝露时间/h	曝露级/dB(A)	曝露时间/h
92	3	97	2
95	2	102	1

24. 在一个工厂地界线处收集了下列数据。从 75~100dB(A)使用了 10 个相等的间隔,求等效声级和它的标准偏差。

间隔数	间隔中心的声级/dB(A)	在间隔中所花费的时间百分数/%	间隔数	间隔中心的声级/dB(A)	在间隔中所花费的时间百分数/%
1	76.25	0.3	6	88.75	22.0
2	78.75	0.4	7	91.25	14.0
3	81.25	6.0	8	93.75	12.0
4	83.75	10.0	9	96.25	14.0
5	86.25	18.0	10	98.75	3.3

25. 在特定情况中得到 $L_{10}=90$dB(A),$L_{50}=85$dB(A) 和 $L_{90}=77$dB(A),此外,

$L_{eq}=89\text{dB}$（A）和 $\sigma=3.2$，试求 L_{NP} 的近似值。

26. 在特定的居民区白天 $L_{eq}=77\text{dB}$（A），夜间 $L_{eq}=55\text{dB}$（A），求昼夜等效声级 L_{dn}。
27. 声级计的结构和工作原理是什么？有哪些主要性能指标？
28. 传声器的作用是什么？对传声器有哪些性能要求？
29. 除了声级计，还有哪些常用的声学测量仪器？对它们有何性能要求？
30. 如何测量环境噪声？工业噪声？

第五章 土壤污染监测

学习指南 经过本章学习,学生应掌握土壤污染样品采集原则、方法及样品制备、预处理方法;掌握土壤污染概念,理解为什么土壤对外来污染物具有缓冲能力;了解土壤污染成因,了解土壤中主要污染物监测方法原理,本章学习应结合水体监测来学习、理解。

本章重点:土壤污染样品采集及样品预处理。

第一节 概 述

一、土壤

土壤是地球表面具有肥力的一层疏松覆盖物。土壤不仅是地理环境统一体中的一个组成要素,而且是连接各地理环境要素的枢纽。它处于岩石圈、水圈、大气圈和生物圈相互紧密交接的地带。它们之间不断发生物质和能量的交换。土壤是由土壤矿物质、土壤有机质、土壤空气和土壤水组成的。土壤矿物质是土壤的骨骼,是土壤的主要成分,它和土壤有机质构成土壤颗粒,在这些固体颗粒之间形成土壤孔隙,土壤孔隙被土壤水和土壤空气所充填,由于土壤空气和土壤水的存在,使得土壤中物质不断与大气和水体发生物质交换和能量交换。

二、土壤污染

所谓土壤污染是指外来污染物质经过各种途径进入土壤中,在土壤中不断累积,当其累积量达到一定程度(超过土壤环境容量)就会导致土壤结构和功能的破坏。从而给动植物和人类带来现实和潜在的危害。

土壤污染是外来污染物在土壤中长期累积的结果。由于土壤本身的特殊结构和性质,使得土壤具有抵抗外来污染的能力,在一定范围之内土壤对外来污染物具有自净能力。这主要是由于土壤本身是一个多孔体系,对外来污染物具有过滤作用;土壤是一个复杂的胶体体系,对外来污染物具有吸附和解吸作用;同时土壤是一个复杂的氧化-还原体系,外来污染物进入土壤后在土壤中发生一系列氧化-还原反应;土壤还是一个络合-螯合体系,对外来污染物具有络合-螯合作用。总之由于土壤本身的特性使得土壤对外来污染物具有缓冲作用,在一定浓度范围内不会导致土壤污染,只有当污染物累积量超过了土壤环境容量,破坏了土壤结构和功能,破坏了土壤体生态平衡,才造成土壤污染。

三、土壤污染来源

一般未受污染的土壤,其所含有害物质浓度是极稀的。根据土壤本底值调查,水田耕作层土壤中 Cl 的含量为 0.45～0.23mg/kg,而发达国家的工业污泥中其含量可高达 10mg/kg 左右,约超过本底值几十倍。

造成土壤污染的物质主要来源于工业"三废"的排放和农药化肥的使用。

工业"三废"中含有各种污染物质,它们通过各种途径进入土壤体,在土壤中累积造成土壤污染,是造成土壤污染的主要污染源。其次,农业上农药、化肥的使用也是造成土壤污染的重要污染源。此外，一些放射性物质也是造成土壤污染的原因。

第二节 土壤污染监测

一、土壤污染样品采集

1. 采样原则

土壤污染样品采集是污染监测工作的重要环节，采集的样品是否具有代表性直接关系到监测结果的真实性和正确性。而土壤是一个非均一体系，为了使土壤样品具有代表性，必须遵循随机选点、多点采样、各点样品等量混合，尽量使样点数最少，而样品具有最大代表性原则布设采样点，采集土壤污染样品。其样品数 n 可用下式计算：

$$n=\left(\frac{C_V}{m}\right)^2$$

式中　C_V——变异系数；
　　　m——室内分析允许误差。

2. 布点方法

由于造成土壤污染成因的不同，因而采集污染土壤样品应根据污染源特征和分析监测目的进行布点，在此基础上采集混合样品。一般来讲常见混合样品布点方法如下。

（1）对角线布点　适用于因污灌造成的土壤污染样品采集，往往从进水口向对角引一条直线，并将此直线三等分，在每等分中间设置采样点，一般设置三个采样点（见图 5-1）。

（2）梅花形布点　适用于控制面积不大，地势比较平坦，土壤较均匀的样品采集（见图 5-2）。

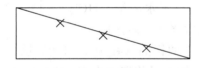

图 5-1　对角线布点

图 5-2　梅花形布点

（3）棋盘式布点　适用于控制面积较大，地势平坦的土壤污染样品采集（图 5-3）。

（4）蛇形布点　适用于地势起伏较大、土壤不够均匀的污染土壤样品采集（见图 5-4）。

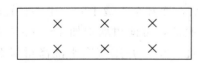

图 5-3　棋盘式布点

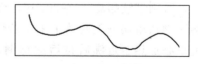

图 5-4　蛇形布点

根据上述布点方法布设样点，将各样点土壤样品等量混合在一起构成一个混合样品。

3. 采集深度和采样量

采样深度视监测目的而定，如果只是为了了解土壤污染状况，一般只需采集 0~20cm 表层土壤；如果是为了研究土壤污染特征，研究土壤污染成因，则要求采集土壤剖面样品，即由下向上分层采样，每层作 1 个样品。采样量一般要求新鲜样品 1kg 左右。

4. 采样工具

土钻或土铲。

5. 注意事项

① 采样点选择应避开田边、路边等受人为干扰较大的地方。

② 样品采集后应装入布袋或塑料袋中，同时附两张标签，内外各一，在标签上记载采样点、深度、时间和采样人。

③ 同时对采样点的基本情况应书面另行记录。

二、样品制备

污染土壤样品制备过程主要通过风干、研磨、过筛。

1. 风干

为了使样品混合均匀，提高监测结果的准确度和精确度，除测定易挥发和不稳定成分外，一般需用风干样品。风干一般是将野外采回的新鲜样品摊在薄膜上，放在通风阴凉处自然阴干，趁半干状态将土壤颗粒压碎，并除去残根、石块。

2. 研磨过筛

将风干样品用四分法缩分后，取适量样品在玛瑙研钵或玻璃研钵中研磨全部过20目筛。若样品量过多可用四分法缩分后继续研磨全部过100目筛。最后装瓶备用，并贴好标签。

三、样品预处理

土壤样品污染成分绝大多数需将固体土壤样品转化成溶液来进行测定，这一过程称为样品预处理，一般常用方法有碳酸盐碱熔法，湿消化法和浸提法。

1. 碳酸盐碱熔法——碳酸钠碱熔

(1) 原理　碳酸钠碱熔是土壤样品预处理的一种经典方法，它的基本原理是：利用碳酸钠的强碱性将土壤样品在高温（900℃左右）条件下熔融，最后用稀HCl溶解，将待测成分转化为待测液。

(2) 试剂及仪器　无水Na_2CO_3粉状（过100目筛），无水酒精，HCl(1+1)，高温炉（马弗炉），铂金坩埚，坩埚钳，分析天平，玻璃棒，硬质烧杯，表面皿。

(3) 操作步骤　用分析天平准确称取过100目筛烘干的样品（在105~110℃烘4~8h）0.5000g，放入垫有少许Na_2CO_3的铂金坩埚中；另用普通天平称取无水Na_2CO_3 3~4g放入坩埚，并将坩埚轻弹几下使Na_2CO_3与样品混合均匀；将铂金坩埚放在石棉板上在电炉上加热5min以赶走CO_2气体；然后加盖放入高温炉中，逐渐升温到900~950℃，并保持半小时，用铂头坩埚钳将铂金坩埚取出趁热观察，如熔融物呈均匀凹状，无蜂窝状小孔，即表示熔融完全，否则继续熔融15~20min。待熔融完全取出后，冷却至不烫手时，用手轻轻转动坩埚使熔融物从坩埚壁上脱落下来，若熔融物不能完全脱离，可向坩埚中加4~5ml蒸馏水在电炉上小心加热至近沸后将熔融物倒入200~250ml烧杯中，并用蒸馏水洗涤坩埚2~3次，然后加几滴酒精，用热稀HCl(1+1)洗涤坩埚2~3次，洗液转入烧杯中；最后缓慢向烧杯中加入HCl(1+1)30ml，使熔融物溶解，将烧杯中溶液转入100ml容量瓶中并定容。此溶液可供测定用。

2. 湿消化法——酸溶解法

(1) 原理　利用强氧化性酸（如浓硫酸、浓硝酸、高氯酸）的强氧化性和高沸点来氧化分解土壤矿物质和有机质，使待测成分释放出来。

(2) 操作步骤　准确称取0.5~1.0g风干样品，置于100ml硬质烧杯中，依次加入3ml浓硫酸、6ml浓硝酸在电炉上先加热2~3min，取下冷却后加20ml高氯酸，以及3~4粒玻璃珠，放在电炉上继续缓慢加热至出现浓白色烟雾，此时烧杯中溶液为浅绿色或无色，否则应滴加浓硝酸继续硝化。待硝化完全后取下冷却至室温，加 30ml 去离子水后将消化液转入 250ml 容量瓶中，少量多次洗涤烧杯，洗液转入容量瓶，用去离子水定容待监测用。

3. 氢氟酸提取法

(1) 原理　土壤主要是硅酸盐，利用二氧化硅与氢氟酸作用生成在高温下挥发的 SiF_4 而使土壤样品分解，将待测成分释放出来。

$$SiO_2 + 4HF \xrightarrow[\triangle]{浓 H_2SO_4} SiF_4 + 2H_2O \tag{5-1}$$

(2) 操作步骤　准确称取 100 目风干样品 1.0000g 于铂金坩埚中，加少许蒸馏水湿润后加入 5ml 48% 氢氟酸和 2ml 浓硫酸，在通风橱中加热至白烟将尽，使样品全部溶解后转入 200ml 容量瓶中，用蒸馏水洗净坩埚，洗液并入容量瓶，冷却后用蒸馏水定容待监测用。

4. 非金属无机物的提取

利用非金属与酸反应生成挥发性氢化物后蒸馏，用适当吸收液吸收后待测定。

5. 有机污染物提取

一般利用有机溶剂回流提取，或直接用有机溶剂萃取。

四、土壤含水量测定

操作步骤：将铝盒在烘箱中（105～110℃）烘至恒重，冷却后称取质量 w，然后准确称取风干样品 w_1（20～30g）置于铝盒中，在 105～110℃ 条件下烘 4～5h 至恒重 w_2，计算土壤含水量。

$$土壤含水量 \ p = \frac{w_1 - (w_2 - w)}{w_2 - w} \times 100\% \tag{5-2}$$

式中　w_1——风干土壤质量；

w_2——烘干土壤＋铝盒质量；

w——铝盒质量。

五、土壤中重金属污染物测定

土壤中常见重金属污染物主要有 Cd、Pb 等。

Cd、Pb 测定：首先将风干样品经强酸消化后，用原子吸收或用极谱法，或用双硫腙比色法测定，其操作详见水污染监测。

六、非金属无机污染物测定

1. 砷（As）测定

砷为剧毒元素，土壤一旦被砷污染将使农作物产量大幅下降，同时长期食用被砷污染的粮食、食品能引起人体慢性中毒，土壤中砷的测定主要有二乙基二硫代氨基甲酸银比色法、原子吸收法、钼酸盐法。二乙基二硫代氨基甲酸银比色法灵敏度高，选择性好，是国内外所推荐的方法。本法适用于土壤、底质中微量砷的测定，其方法原理、操作在水污染监测中介绍较为详细，在此着重介绍样品预处理。

样品处理。准确称取 0.5000g 样品置于砷化氢发生器锥形瓶中，加少量蒸馏水湿润样品，然后加入 5ml 浓硫酸，3ml 浓硝酸，盖上小漏斗，放在电热板上，逐渐升温消化至冒浓白烟，试液呈白色或淡黄色，取下锥形瓶，冷却后分别加入 5ml 蒸馏水，2ml 15% 碘化钾溶液、2ml 40% 氯化亚锡溶液，摇匀，连接好导气管，放置 15min。

以后测定与水体中砷的测定相同。

2. 氰化物（CN）测定

氰化物属剧毒物质，0.1g 对人体有致死作用，土壤中氰化物污染主要来自氰化电镀、炼焦、有色金属冶炼及选矿。目前常用异烟酸-吡唑啉酮法测定土壤中氰化物。

原理。土壤样品经蒸馏后在 pH 为 6.8～7.5 的水溶液中，氰化物被氯胺 T 氧化成 CNCl，然后与异烟酸作用并经水解生成戊烯二醛，此化合物再与吡唑啉酮进行缩合作用，生成稳定的蓝色化合物进行比色测定。下面重点介绍样品蒸馏。

准确称取 10g 左右的风干土壤样品于 500ml 蒸馏瓶中，加 100ml 蒸馏水，1ml1％乙酸锌溶液，10ml15％酒石酸溶液，另取 50ml 锥形瓶，加入 5ml1％氢氧化钠溶液，置于蒸馏装置冷凝管下，连接好装置，进行蒸馏，当馏出液收集约 50ml 时，停止蒸馏。将蒸馏液转入 100ml 容量瓶，并用蒸馏水洗涤锥形瓶及装置，洗液并入容量瓶，用蒸馏水定容后待用。

吸取适量（5.00ml）上述溶液于 25ml 比色管中，加入 5ml 磷酸盐缓冲溶液，迅速加入 0.2ml 氯胺 T 溶液，立即盖紧管塞，轻轻摇匀，于室温下放置 3～5min 后加入 5.0ml 异烟酸-吡唑啉酮混合溶液，摇匀，用蒸馏水稀释至刻线。在 25～35℃条件下放置 40min 后在 638nm 波长处比色。同时绘制标准曲线。

3. 氟化物测定

土壤中氟化物主要是由于磷肥工业、铝冶炼、钢铁冶炼及含氟有机化工工业"三废"排放造成的，土壤一旦被氟化物污染后，对农作物及人体带来危害。

氟化物测定主要有离子选择电极法和比色法，不论采用什么方法，关键在于如何将土壤中氟化物转移到溶液中。常见方法是将风干土壤样品与浓硫酸、浓磷酸进行蒸馏，用氢氧化钠溶液吸收，使土壤样品中氟化物以 F^- 态存在于吸收液中，然后可参照水污染监测中 F 的测定方法测定。

4. 硫化物测定

土壤中硫化物测定常用方法是对氨基二甲苯胺比色法。常用装置是硫化氢吹气装置，与水污染监测中不同的是在硫化氢吹气装置反应瓶中装入定量的土壤样品（应采用新鲜样品进行测定）用 4mol/L 盐酸浸提，用乙酸锌-乙酸钠作吸收液吸收。具体操作详见水污染监测中硫化物测定。

七、有机污染物测定

土壤中有机污染物测定常根据待测成分的特性采用有机溶剂浸提或用水浸提，用有机溶剂萃取，用气相色谱进行测定，这里就不一一介绍。

本 章 小 结

本章从土壤污染入手主要讲述了土壤污染样品采集及制备原理方法，重点介绍了土壤污染样品预处理方法，并根据土壤污染的特点介绍了几种常见污染物监测方法原理。

思 考 题

1. 什么是土壤污染？为什么说土壤对外来污染物具有缓冲作用？
2. 简述土壤污染样品采样原则及布点方法。
3. 试比较土壤污染样品碱熔、酸溶优缺点及适用范围。

第六章 固体废物监测

学习指南 经过本章学习学生应理解固体废物概念，掌握固体废物分类方法及危险废物特性及鉴别方法，了解固体废物对环境的危害，了解固体废物中常见成分监测分析方法。

第一节 概 述

一、固体废物概念

固体废物是指在生产建设、日常生活和其他活动中产生，在一定时间和地点无法利用而被丢弃的污染环境的固态、半固态物质。这里所说的生产建设，不是指某个具体建设项目的建设，而是指国民经济生产建设活动；日常生活是指人们居家过日子，吃住行等活动及为日常生活提供服务的活动；其他活动主要指商业活动及医院、科研单位、大专院校等非生产性的，又不属于日常生活活动范畴的活动。

固体废物是相对某一过程或一方面没有使用价值，具有相对性特点；另外固体废物概念具有时间性和空间性，一种过程的废物随着时空条件的变化，往往可以成为另一过程的原料，所以固体废物又有"放在错误地点的原料"之称。

二、固体废物来源与分类

固体废物来源大体上可分为两类：一是生产过程中所产生的废物，称为生产废物；另一类是在产品进入市场后，在流动过程中或使用消费后产生的废物，称生活废物。

固体废物来源广泛，种类繁多，组成复杂。从不同的角度出发，可进行不同的分类。按其化学组成可以分为有机废物和无机废物；按其危害性可分为一般固体废物和危险性固体废物；按其来源的不同分为矿业固体废物、工业固体废物、城市生活垃圾、农业废物和放射性废物五类。

三、固体废物对环境的危害

固体废物是各种污染物的终态，特别是从污染控制设施排放出来的固体废物，浓集了许多污染成分，同时这些污染成分在条件变化时又可重新释放出来而进入大气、水体、土壤等，因而其危害具有潜在性和长期性。固体废物对人类环境的危害主要表现在下面几个方面。

1. 侵占土地

固体废物不加利用时，需占地堆放。堆积量越大，占地也越多。据估算，目前我国每年产生工业固体废物 6.6 亿吨，累计量超过 64 亿吨，侵占土地 5 亿多平方米。

2. 污染土壤

固体废物自然堆放，其中有毒、有害成分在雨水淋溶作用下，直接进入土壤，这些有毒、有害成分在土壤中长期累积而造成土壤污染，破坏土壤生态平衡，使土壤毒化、酸化、碱化，给人类和动植物带来危害。重庆市郊因农田长期施用垃圾，土壤中的汞浓度超过本底 3 倍，Cu、Pb 分别增加 87% 和 55%。

3. 污染水体

固体废物随天然降水和地表径流进入江河湖泊，或随风飘迁落入水体使地面水污染；随渗沥水进入土壤而使地下水污染；直接排入河流、湖泊或海洋，又会造成更大的水体污染。美国的 Love Canal 事件就是典型的固体废物污染水体事件。

4. 污染空气

固体废物一般通过如下途径污染空气：①一些有机固体废物在适宜的温度和湿度下被微生物分解，释放有毒气体；②以细粒状存在的废渣和垃圾，在大风吹动下会随风飘逸，扩散到空气中；③固体废物在运输和处理过程中，产生有害气体和粉尘。陕西铜川市由于堆放的煤矸石自燃产生的 SO_2 量每天达 37t。

5. 影响环境卫生

我国固体废物的综合利用率很低。工业废渣、生活垃圾在城市堆放，既有碍观瞻又容易传染疾病。

第二节 固体废物监测

一、固体废物样品采集及制备

在环境监测中固体废物监测对象都是堆放已久的冷渣，从冷渣中采样的布点方法可参照土壤污染样品采集，但由于固体废物成分不均一性，因而应增加几个点采集混合样品，当遇到块状物时应事先打碎，采集的样品经磨碎或粉碎机粉碎后全部过 100 目筛，装瓶备用。固体废物样品预处理，参照土壤样品预处理。

二、固体废物监测

固体废物监测不仅是对其污染成分测定，而且为了掌握固体废物特征，研究其利用价值和利用途径，往往还要监测其主要成分。例如高炉渣是目前资源化利用程度较高、技术较成熟的固体废物之一，主要用来生产建筑材料，但其利用价值与质量系数 $K=\dfrac{[CaO]+[MgO]+[Al_2O_3]}{[SiO_2]+[MnO]}$ 及活性率 $Mc=\dfrac{[Al_2O_3]}{[SiO_2]}$ 有关，一般来讲 K、M_c 值愈高，其利用价值愈高，因此下面分别介绍固体废物基本成分及污染成分监测。

1. 固体废物中 SiO_2 测定

炉渣主要成分为 SiO_2，监测方法常见有重量法、比色法和氟硅酸钾容量法，目前推荐采用氟硅酸钾容量法。

原理：炉渣经碱熔（K_2CO_3 碱熔）或酸溶后，在酸性溶液中加入过量的 F 与 SiO_2 作用生成 SiF_6^{2-}，在 K^+ 存在条件下生成 K_2SiF_6 沉淀，经过滤洗涤后，过滤残渣在热水中水解而游离出 HF，最后以酚酞作指示剂，用 NaOH 滴定。

2. 炉渣中 Al_2O_3 测定

炉渣中 Al_2O_3 测定常见方法有重量法和 EDTA 络合滴定法。

重量法原理是利用酸溶或碱熔后的待测液加入动物胶 CTAB（溴化十六烷基三甲基铵）沉淀 SiO_2 后，用 $NH_3 \cdot H_2O$ 沉淀 $Fe(OH)_3$、$Al(OH)_3$，沉淀洗涤烘干后称重，然后将沉淀用过量 NaOH 溶解后过滤，将残渣洗涤烘干称重，用差减法测定 Al_2O_3。此法操作繁琐，目前推荐使用 EDTA 滴定法。

EDTA 滴定法原理是样品经酸溶或硫酸铵熔融后的待测液在 pH5.0～5.5 条件下加入

CTAB 和过量 EDTA，用铬天青 S 为指示剂，用 Cu 标准溶液滴定过量的 EDTA，当达到化学计量点时，加入过量氟化铵使与 Al 络合的 EDTA 释放出来，最后用 Cu 标准溶液滴定至终点（亮蓝色）。具体操作在此不作详细介绍。

3. **炉渣中 MnO_2 的测定**

炉渣中 Mn 绝大部分以硅酸锰形态存在，测定方法常用的有比色法和容量法，下面着重介绍容量法——过硫酸铵-银盐法。

（1）原理 炉渣经酸溶后，样品中 Mn 转化为 Mn^{2+}，用过硫酸铵作氧化剂，硝酸银作催化剂将 Mn^{2+} 氧化成 MnO_4^-，用 Na_3AsO_3-$NaNO_2$ 标准溶液滴定。

值得注意的是，在滴定前应除去过量的过硫酸铵和催化剂 $AgNO_3$，常用方法是在滴定前通过加热溶液除去过硫酸铵，加 HCl 沉淀 Ag^+。

（2）操作 准确称取炉渣样（100 目）0.1000～0.3000g 置于 100ml 锥形瓶中，加少量蒸馏水湿润样品，加入 10ml 浓盐酸，10ml 浓硫酸，加热消化至冒白烟，取下冷却后将溶液转入 100ml 容量瓶中（如有白色沉淀则必须过滤），用蒸馏水定容；从容量瓶中移取 25ml 待测液于 100ml 锥形瓶中，加入 2ml 硝酸，2ml 磷酸，并加入 $AgNO_3$ 溶液 2ml，过硫酸铵溶液（20%）5ml，静置 5min 后，加热至硫酸铵分解完全（产生大气泡），取下冷却至室温后加 NaCl 溶液（1%）2ml，用 Na_3AsO_3-$NaNO_2$ 标准溶液滴定到红色消失即为终点。

固体废物种类繁多，来源广泛，其基本成分测定仅以上述涉及固体废物利用途径的常见成分为例作简单介绍。下面介绍几种固体废物中常见污染成分测定。

4. **炉渣中氟化物测定**

炉渣中氟的测定一般采用络盐法、重量法和滴定法，这里推荐操作简便、快速、测定结果较准确的滴定法。

原理。炉渣样品经碱熔后，在待测液中加入硅酸钠、碳酸铵消除干扰后，用茜素为指示剂用硝酸钍进行滴定。此操作较为简便，在此不作详细介绍。

5. **冶金废渣中 Cu、Zn、Pb、Cd 测定**

冶金工业废渣中重金属含量较高，对环境的危害较大，特别是 Pb、Cd 对人类和动植物危害较大，是废渣监测的重点。Cu、Zn、Pb、Cd 测定方法很多，常见有原子吸收、极谱法、双硫腙比色法。不论哪种方法，主要在于样品预处理，目前一般采用酸溶预处理，与土壤中 Cu、Zn、Pb、Cd 测定类似，在此不作具体介绍。

6. **固体废物毒性检验**

前面已讲到固体废物按其危害可分为一般固体废物和危险固体废物，危险固体废物具有有毒性、化学反应性、腐蚀性、爆炸性、可燃性和放射性等特点。有毒性是指固体废物中含有有毒成分，其毒性可根据浸出液中特定物质的浓度来确定；化学反应性是指固体废物是不稳定的，能发生剧烈反应，或遇水引起剧烈反应或与水混合后产生毒性气体、浓烟；腐蚀性是浸出液中 pH<2.0 或 pH>12.5；爆炸性是指固体废物遇水等引发爆炸；可燃性是指在通常情况下能引起自燃；放射性主要指放射性废物。为了对危险固体废物的评估和管理建立一套适宜的方法必须制定废物的鉴别和分类系统。国家环保总局制订颁发的危险废物名录，是我们鉴别危险废物的重要工具，除此以外可通过固体废物浸出毒性实验来鉴别。

美国的毒性浸出程序（TCLP）设计用来鉴别危险废物，在这个程序中，从废物中萃取有毒成分，其方法是模拟在填埋场中出现的渗透活动，然后分析萃取液来确定它是否具有列在表 6-1 中的毒性污染物。假如特定的毒性成分的浓度超过了表 6-1 中的标准，这种固体废物被定为危险固体废物。

表 6-1　毒性标准

污染物	最大浓度水平/(mg/kg)	污染物	最大浓度水平/(mg/kg)
砷	5.0	银	5.0
钡	100.0	艾氏剂	0.02
镉	1.0	林丹	0.4
总铬	5.0	甲氧氯	10.0
铅	5.0	毒杀酚	0.5
汞	0.2	2,4-D	10.0
硒	1.0		

本 章 小 结

本章按《中华人民共和国固体废物污染环境防治法》介绍了固体废物的概念，分类方法。同时根据固体废物的特性介绍了固体废物对环境危害的几种表现；并根据我国固体废物管理要求介绍了固体废物综合利用有关的成分和常见污染成分测定方法、原理；介绍了危害废物鉴别方法。

思 考 题

1. 怎样理解固体废物；固体废物按其危害程度可分哪几类？
2. 危险废物具有哪些特性，如何鉴别？
3. 根据你了解的情况，谈谈你周围固体废物对环境危害的现状。

第七章 生物污染监测

学习指南 生物生活在环境中，要从环境中吸收其生长发育所必需的各种营养元素，当环境受到污染时，生物在摄取营养物质的同时也会摄入污染物质，并在体内积累，因此受到不同程度的污染和危害。生物污染监测就是对环境中受到污染和危害的生物进行监测。通过对生物体内有害物质的检测，及时掌握和判断生物被污染的情况和程度，以采取措施保护和改善生物的生存环境。这对促进和维持生态平衡，保护人体健康具有十分重要的意义。通过对本章的学习，要了解污染物在动、植物体内的分布规律；了解动、植物样品的采集方法和主要分析方法；掌握样品的制备和预处理方法。

第一节 污染物在生物体内的分布

污染物质可通过不同的途径进入生物体内，并在体内进行传输、积累和转化，它们在各部位的分布是不均匀的。掌握这些情况，对正确采集样品，选择适宜的监测方法和获得可靠的结果是十分重要的。

一、生物污染的途径

生物受污染的途径主要有表面附着、生物吸收和生物积累三种形式。

（一）表面附着

表面附着是指污染物附着在生物体表面的现象。例如，散逸到大气中的各种有害气体、施用的农药或大气中的粉尘降落时，会有一部分黏附在生物表面上，造成生物的污染和危害。

（二）生物吸收

大气、水体和土壤中的污染物均可被生物吸收。

1. 植物吸收

大气中的气体污染物和粉尘主要通过植物叶片表面的气孔吸收，有些可通过叶面角质层渗透进入。例如，大气中的 SO_2 通过叶片的气孔进入叶肉组织，使叶片的叶绿体遭到破坏，导致叶脉之间的组织坏死，形成伤斑。

土壤和水体中的污染物主要通过植物根系吸收到体内。例如，用含镉污水灌溉水稻，使镉进入土壤，进而被水稻吸收，并在水稻的各个部位积累，包括稻米中都有镉的残留，人若长期食用这种含镉的米，会对人体的骨骼系统产生影响，最终导致骨痛病。

2. 动物吸收

环境中的污染物主要通过呼吸道、消化道和皮肤吸收等途径进入人和动物体内。

二、污染物在生物体内的分布和积累

污染物进入生物后，会传输分布到肌体的不同部位，并在体内进行积累。

（一）污染物在植物体内的分布和积累

植物从土壤和水体中吸收污染物，积累或残留在各部位的含量是不同的。一般分布的顺

序是：根＞茎＞叶＞穗＞壳＞种子。表 7-1 列出某研究单位应用放射性同位素 ^{115}Cd 对水稻进行试验的结果。由表 7-1 可以看出，根系部分的含镉量是整个植株含镉量的 84.8%，而地上部分含镉量的总和仅占 15.2%。

表 7-1　成熟期水稻各部位中的含镉量

植株部位		放射性计数（以干样计）/[脉冲/(min·g)]	含镉量（以干样计）/(μg/g)	含镉量/%	∑含镉量/%
地上部位	叶、叶鞘	148	0.67	3.5	15.2
	茎秆	375	1.70	9.0	
	穗轴	44	0.20	1.1	
	穗壳	37	0.16	0.8	
	糙米	35	0.15	0.8	
根系部位		3540	16.12	84.8	84.8

植物从大气中吸收污染物后，在植物体内的残留量常以叶片分布最多。表 7-2 列出使用放射性 ^{18}F 对蔬菜进行试验的结果。

表 7-2　氟污染区蔬菜不同部位的含氟量　　　　单位：mg/kg

品种	叶片	根	茎	果实
番茄	149	32.0	19.5	2.5
茄子	107	31.0	9.0	3.8
黄瓜	110	50.0	—	3.6
菜豆	164	—	33.0	17.0
菠菜	57.0	18.7	7.3	—
青萝卜	34.0	3.8		
胡萝卜	63.0	2.4		

（二）污染物在动物体内的分布和积累

动物吸收污染物质后，主要通过血液和淋巴系统传输到全身各组织发生危害。按照污染物性质和进入动物组织的类型不同，大体有以下 5 种分布规律。

(1) 能溶解于体液的物质　如钠、钾、锂、氟、氯、溴等离子，在体内分布比较均匀。

(2) 镧、锑、钍等三价和四价阳离子　水解后生成胶体，主要蓄积于肝和其他网状内皮系统。

(3) 与骨骼亲和性较强的物质　如铅、钙、钡、锶、镭、铍等二价阳离子在骨骼中含量极高。

(4) 对某种器官具有特殊亲和性的物质　则在该种器官中积累较多。如碘对甲状腺，汞、铀对肾脏有特殊亲和性。

(5) 脂溶性物质　如有机氯化合物（DDT、六六六等），主要积累于动物体内的脂肪中。

以上 5 种分布类型之间彼此交叉，比较复杂。往往一种污染物对某一种器官有特殊亲和作用，但同时也分布于其他器官。例如，铅离子除分布在骨骼中外，也分布于肝、肾中；砷除分布于肾、肝、骨骼外，也分布于皮肤、毛发、指甲中。

第二节　生物样品的采集、制备和预处理

生物污染监测和其他环境样品监测一样，也要经过样品的采集、制备、预处理和测定几

个阶段。

一、植物样品的采集和制备

（一）植物样品的采集

1. 样品采集的一般原则

（1）代表性　即采集能代表一定范围污染情况的植株为样品。这就要求对污染源的分布、污染类型、植物的特征、地形地貌、灌溉出入口等因素进行综合考虑，选择合适的地段作为采样区，再在原样区内划分若干小区，采用适宜的方法布点，确定代表性的植株。采集作物或蔬菜时，不要采集田埂、地边及距田埂地边 2m 范围以内的植株。

（2）典型性　即采集的植株部位要能充分反映所要了解的情况。

（3）适时性　指在植物不同生长发育阶段，施药、施肥前后，适时采样监测，根据要求分别采集植株的不同部位，如根、茎、叶、果实，不能将各部位样品随意混合，以掌握不同时期的污染状况和对植物生长的影响。

2. 布点方法

在划分好的采样小区内，常采用梅花形五点取样或交叉间隔取样法确定代表性的植株，见图 7-1 和图 7-2。

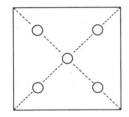

图 7-1　梅花形五点取样

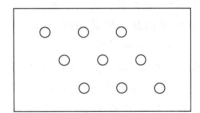

图 7-2　交叉间隔取样

3. 采样方法

（1）采样前的准备工作　采样前应预先准备好采样工具，如小铲、枝剪、剪刀、布袋或塑料袋、标签、记录本和登记表（见表 7-3）等。

表 7-3　植物样品采集登记表

采样日期	样品编号	样品名称	采样地点	采样部位	土壤类别	物候期	污灌情况			分析项目	分析部位	采样人
							次数	成分	浓度			

（2）样品采集量　样品采集量应根据分析项目数量、样品制备处理要求及重复测定次数等来确定。一般要求样品经制备后，应有 20～50g 干样品，新鲜样品可按含 80%～90% 的水分计算所需样品量，应不少于 0.5kg。

（3）采样方法　在选好的样区做成样方，草本及农作物样区为 1m×1m，灌木植物为 2m×2m，乔木群落为 10m×10m。在样方区内选择优势种植物分别采集根、茎、叶、果实等。对于农作物、蔬菜及草本植物，在各样区内按图 7-1 和图 7-2 采集 5～10 处的植株混合组成一个代表样品。对于灌木和乔木群落应按草本、灌木、乔木分层采样。

若采集根系部位样品，应尽量保持根系的完整，不要损失根毛。带回实验室后，要及时用水洗净，但不要浸泡，并用纱布擦干。如要进行新鲜样品分析，则在采样后要用清洁、潮湿的纱布包住或装入塑料袋中，以免水分蒸发而萎蔫。对水生植物，如浮萍、藻类等，应采集全株。采集果树样品时，要注意树龄、株型、生长势、载果数量和果实着生的部位及方向。从污染严重的水体中捞取的样品，需用清水洗净，挑去其他水草、小螺等杂物。

（4）样品的保存　将采集好的样品装入布口袋或聚乙烯塑料袋中，贴好标签，注明编号、采集地点、植物种类、分析项目，并填写采样登记表。

样品带回实验室后，如用新鲜样品进行测定，应立即处理和分析。当天不能分析完的样品，可暂时保存在冰箱内。如用干样品进行测定，则将鲜样放在干燥通风处晾干。

（二）植物样品的制备

从现场带回来的植物样品称为原始样品。要根据分析项目的要求，按植物特性采用不同方法进行选取。例如块根、块茎、瓜果等样品，洗净后可切成4块或8块，再按需要量各取每块的1/8或1/16混合成平均样。粮食、种子等充分混匀后平铺于玻璃板或木板上，用多点取样或四分法多次选取得到平均样。最后，对各个平均样品进行预处理，制成待检样品。

1. 新鲜样品的制备

测定植物内容易挥发、转化或降解的污染物质（如酚、氰、亚硝酸盐等）以及多汁的瓜、果、蔬菜等样品，应使用新鲜样品。其制备方法如下。

① 将样品用清水、去离子水洗净，晾干或擦干。

② 将晾干的新鲜样品切碎、混合均匀，称取100g于电动组织捣碎机中，加与样品等量的蒸馏水或去离子水，开动捣碎机捣碎1~2min，制成匀浆。对含水量大的样品可不加水，如熟透的西红柿，含水量少的可加2倍于样品的水。

③ 对于含纤维多或较硬的样品，如禾本科植物的根、茎秆、叶子等，可用不锈钢刀或剪刀切（剪）成小片或小块，混匀后在研钵内加石英砂研磨。

2. 干样品的制备

分析植物中稳定的污染物，如某些金属和非金属元素、有机农药等，一般用风干样品，其制备方法如下。

① 洗净晾（或烘）干。将鲜样品用清水洗干净后立即放在干燥通风处风干（茎秆样品可以劈开）。也可放在40~60℃鼓风干燥箱中烘干，以免发霉腐烂，并减少化学和生物变化。

② 样品的粉碎。将风干或烘干的样品用剪刀剪碎，放入电动粉碎机粉碎。谷类作物的种子如稻谷等，应先脱壳再粉碎。

③ 过筛。一般要求通过1mm筛孔，有的分析项目要求通过0.25mm筛孔，一般用40目分样筛过筛。制备好的样品贮存于磨口玻璃广口瓶或聚乙烯广口瓶中备用。

④ 对于测定某些金属含量的样品，最好使用玛瑙研钵磨碎，尼龙筛过筛，聚乙烯瓶保存，以免受金属器械和筛子等污染。

（三）分析结果的表示

植物样品中污染物质的分析结果常以干重为基础表示（mg/kg干重），以便比较各样品某一成分含量的高低。因此，还需要测定样品的含水量，对分析结果进行换算。含水量常用重量法测定，即称取一定量的新鲜样品，在100~105℃烘干至恒重，用失重来计算含水量。对蔬菜、水果等含水量高的样品，以鲜重表示计算结果为好。

二、人和动物样品的采集和制备

人类和动物的尿液、血液、唾液、胃液、乳液、粪便、毛发、指甲、骨骼和脏器均可作为检验环境污染的样品。

（一）尿液

尿液中的排泄物一般早晨浓度较高，可一次性收集，也可收集 8h 或 24h 的总排尿尿样，测定结果为收集时间内尿液中污染物的平均含量。

（二）血液

一般用注射器抽取 10ml 血样于洗净的玻璃试管中，盖好，冷藏备用。应空腹采血。有时需加入抗凝剂，如二溴酸盐等。

（三）毛发和指甲

人发样品一般采集 2～5g，用不锈钢剪刀在枕部采集。采样后，用中性洗涤剂洗涤，去离子水冲洗，最后用乙醚或丙酮洗净，室温下充分晾干后保存备用。

（四）组织和脏器

一般采集肝、肾等组织。肝、肾组织本身均匀性不佳，最好能取整个组织，否则应确定统一部位，采样量不得少于 8g。样品经去离子水去除表面血液后，吸去表面水分，称量，置于 −20℃ 条件下保存。

制备样品时，放在组织捣碎机中捣碎、混匀，制成浆状备用。

（五）水产食品肌肉组织

水产品如鱼、虾、贝类是人们常吃的食物，也是水污染进入人体的途径之一。

采集鱼类样品时，对于鱼体质量在 1kg 以下的较小型的鱼，洗净后沥去水分，去鳞、去皮、去内脏、去骨，取其体长 1/10 的背部肌肉。如果取混合鱼样品时，则从其中最小的鱼取其全部背部肌肉量为基准，其他的鱼均称取与之相等的背部肌肉，然后混匀。采集贝类、甲壳类等时，均应弃去外壳，取其全部可食用部分作为样品。虾类去头、去壳，取虾肉作为样品。

鱼类样品用竹片刮刀刮下背部肌肉，其他样品同样取肌肉部分，切碎，用组织捣碎机捣碎后立即分析，或贮存于玻璃培养皿或样品瓶中，置于冰箱内保存备用。

三、生物样品的预处理

由于生物样品中含有大量有机物，且所含有害物质一般都在痕量和超痕量级范围，因此测定前必须对样品进行分解，对预测组分进行富集和分离，或对干扰组分进行掩蔽等。

（一）消解和灰化

1. 湿法消解

湿法消解生物样品常用的消解试剂体系有：硝酸-高氯酸、硝酸-硫酸、硫酸-过氧化氢、硫酸-高锰酸钾、硝酸-硫酸-五氧化二钒等。

2. 灰化法

又称燃烧法或高温分解法。此法在分解生物样品时不使用或少使用化学试剂，而且可处理较大称量的样品，故有利于提高测定微量元素的准确度。

（二）提取、分离和浓缩

测定生物样品中的农药、酚、石油烃等有机污染物时，需要用溶剂把预测组分从样品中提取出来，提取效率的高低直接影响测定结果的准确度。如果存在杂质干扰和待测组分浓度低于分析方法的最低检测浓度等问题，还要进行净化和浓缩。

1. 提取

常用的提取方法有振荡浸取法、组织捣碎提取法、索式提取法和直接球磨提取法。

2. 分离

用提取剂提取生物样品中的预测组分时，不可避免地会将其他相关组分提取出来。例如，用石油醚提取有机氯农药时，会将样品中的脂肪、蜡质和色素等一起提取出来。因此，必须将农药与杂质分离开，才能对农药进行测定。常用的分离方法有柱层析法、液-液萃取法、磺化法、皂化法、低温冷冻法等。

3. 浓缩

生物样品的提取液经过分离净化后，其中的污染物因含量很低，一般还不能直接用于测定，这就需要浓缩。常用的浓缩方法有蒸馏或减压蒸馏法、K-D 浓缩器浓缩法、蒸发法等。其中 K-D 浓缩器法是浓缩有机物的常用的方法。

第三节 生物样品的监测方法

一、常用的分析方法

(一) 光谱分析法

1. 可见-紫外分光光度法

此法可用于测定多种农药，含汞、砷、铜和酚类杀虫剂，芳香烃、共轭双键等不饱和烃，以及某些重金属和非重金属（如氟、氰等）化合物等。

2. 红外分光光度法

可鉴别有机污染物结构，并可对其进行定量测定。

3. 原子吸收分光光度法

适用于镉、汞、铅、铜、锌、镍、铬等有害金属元素的定量测定，具有快速、灵敏的优点。

4. 发射光谱法

适用于多种金属元素进行定性和定量分析，特别是等离子体发射光谱法可对样品中多种微量元素进行同时分析。

5. X 射线荧光光谱分析

适用于生物样品中多元素的分析，特别是对硫、磷等轻元素很容易测定，而其他光谱法则比较困难。

(二) 色谱分析法

1. 薄层色谱法

是应用薄层板对有机物进行分离、显色和检测的简便方法，可对多种农药进行定性和半定量分析。如果与薄层扫描仪联用或洗脱后进一步分析，则可进行定量测定。

2. 气相色谱法

此法广泛用于粮食等生物样品中烃类、酚类、苯和硝基苯、胺类、多氯联苯及有机磷、有机氯农药等有机污染物的测定。

3. 高压液相色谱法

此法特别适用于相对分子质量大于 300，热稳定性差和离子型化合物的分析。应用于粮食、蔬菜等样品中的多环芳烃、酚类、异氰酸酯类和取代酯类等农药的测定，效果良好。

(三) 酶法分析

酶是生物催化剂，由蛋白质构成。利用酶的催化反应和高度专一性的特点，以酶作用后

表 7-4 粮食中几种有害金属元素的测定方法

元素	预处理方法	分析方法	测定方法原理	仪　器
铜	1. HNO_3-$HClO_4$ 湿法消解	1. 原子吸收分光光度法	试液中铜在空气-乙炔火焰或石墨炉中原子化,用铜空心阴极灯于324.75nm 测吸光度,标准曲线法定量	原子吸收分光光度计
	2. 490℃干灰化,残渣用 HNO_3-$HClO_4$ 处理	2. 阳极溶出伏安法	试液中铜在镀汞膜固体电极上富集,记录溶出曲线,以峰高定量	笔录式极谱仪或示波极谱仪
	3. 490℃干灰化,残渣用 HNO_3-$HClO_4$ 处理	3. 双乙醛草酰二腙分光光度法	Cu^{2+} 与双乙醛草酰二腙生成紫色配合物,于540nm 测吸光度,标准曲线法定量	分光光度计
锌	1. HNO_3-$HClO_4$ 湿法消解	1. 原子吸收分光光度法	试液中锌在空气-乙炔火焰或石墨炉中原子化,用锌空心阴极灯于213.86nm 测吸光度,标准曲线法定量	原子吸收分光光度计
	2. 490℃干灰化,残渣用 HNO_3-$HClO_3$ 处理	2. 阳极溶出伏安法	试液中铜在镀汞膜固体电极上富集,记录溶出曲线,以峰高定量	笔录式极谱仪或示波极谱仪
	3. 490℃干灰化,残渣用 HNO_3-$HClO_4$ 处理	3. 双硫腙分光光度法	在pH4.0~5.5介质中,Zn^{2+} 与双硫腙生成红色配合物,用 CCl_4 萃取,测吸光度(535nm),标准曲线法定量	分光光度计
镉	1. HNO_3-$HClO_4$ 湿法消解	1. 原子吸收分光光度法	试液中 Cd^{2+} 在 pH 为 4.2~4.5 与 APDC 生成配合物,用 MIBK 萃取,在空气-乙炔火焰或石墨炉中原子化,用镉空心阴极灯于 228.80nm 测吸光度	原子吸收分光光度计
	2. 490℃干灰化,残渣用 HNO_3-$HClO_4$ 处理	2. 阳极溶出伏安法	试液中铜在镀汞膜固体电极上富集,记录溶出曲线,以峰高定量	笔录式极谱仪或示波极谱仪
	3. 490℃干灰化,残渣用 HNO_3-$HClO_4$ 处理	3. 双硫腙分光光度法	在碱性介质中,Cd^{2+} 与双硫腙生成紫红色配合物,用 CCl_4 或 $CHCl_3$ 萃取,于518nm 测吸光度,标准曲线法定量	分光光度计
铅	1. HNO_3-$HClO_4$ 湿法消解	1. 原子吸收分光光度法	试液中 Pb^{2+} 用 APDC-MIBK 络合萃取,火焰或石墨炉法原子化,铅空心阴极灯于283.3nm 测吸光度	原子吸收分光光度计
	2. 490℃干灰化,残渣用 HNO_3-$HClO_4$ 处理	2. 阳极溶出伏安法	试液中铜在镀汞膜固体电极上富集,记录溶出曲线,以峰高定量	笔录式极谱仪或示波极谱仪
	3. 490℃干灰化,残渣用 HNO_3-$HClO_4$ 处理	3. 双硫腙分光光度法	在pH8.6~9.2介质中,Pb^{2+} 与双硫腙生成红色配合物,用苯萃取,于520nm 测吸光度,标准曲线法定量	分光光度计
汞	HNO_3-H_2SO_4-V_2O_5 消解	冷原子吸收法	在 1mol/L H_2SO_4 介质中,Hg^{2+} 用 $SnCl_2$ 还原为基态汞原子,以惰性载气将汞蒸气带入吸收池,于253.7nm 测吸光度	冷原子吸收测汞仪
铬	550~660℃灰化,残渣加硝酸蒸干,再覆盖过硫酸钠于900℃灰化,残渣用 HNO_3-H_2SO_4-H_3PO_4 处理	二苯碳酰二肼分光光度法	在 0.1mol/L H_2SO_4 介质中,以 H_3PO_4 作掩蔽剂,$Cr^{(VI)}$ 与二苯碳酰二肼反应,生成紫红色配合物,于540nm 测吸光度,标准曲线法定量	分光光度计
砷	1. HNO_3-H_2SO_4-$HClO_4$ 湿法消解 2. 加 MgO 和 $Mg(NO_3)_2$ 于550℃干法灰化,残渣用盐酸溶解	二乙基二硫代氨基甲酸银分光光度法	试液中 As^{5+} 在 KI、$SnCl_2$ 存在下,还原为 As^{3+},并与新生态氢(由锌或硼氢化钠与酸反应产生)作用生成挥发性 AsH_3,吸收于含三乙醇胺、二乙基二硫代氨基甲酸银的 $CHCl_3$ 溶液,生成红色配合物,于530nm 测定	分光光度计

物质的变化为依据来对物质进行定性、定量分析的方法称为酶法分析或酶法检验。

二、测定实例

（一）粮食作物中几种有害金属及重金属元素测定

粮食作物中铜、锌、镉、铅、铬、汞、砷的测定方法列于表 7-4。

（二）植物中氟化物的测定

测定植物中的氟化物可用氟试剂分光光度法或离子选择电极法。样品预处理方法有干灰化法和浸提法。

干灰化法用碳酸钠作为氟的固定剂，在 500～600℃ 灰化，残渣洗出后，加入浓 H_2SO_4，用水蒸气蒸馏法蒸馏［温度控制在(137±2)℃］，收集馏出液，加入氟试剂显色，于 620nm 处测定吸光度，对照标准溶液定量。也可以用离子选择电极法测定。

浸提法是将制备好的样品用 0.05mol/L 硝酸浸取，再用 0.1mol/L 氢氧化钠溶液继续浸取，使样品中的氟转入浸取液中。以柠檬酸溶液作离子强度调节缓冲剂，用氟离子选择电极在 pH 为 5～6 范围直接测定。这种方法不能测定难溶氟化物和有机氟化物。

（三）鱼组织中有机汞和无机汞的测定

1. 巯基棉富集-冷原子吸收测定法

该方法可以分别测定样品中的有机汞和无机汞，其测定要点如下。

称取适量制备好的鱼组织样品，加 1mol/L 盐酸浸提出有机汞和无机汞化合物。将提取液的 pH 调至 3，用巯基棉富集两种形态的汞，然后用 2mol/L 盐酸洗脱有机汞化合物，再用氯化钠饱和的 6mol/L 盐酸洗脱无机汞，分别收集并用冷原子吸收法测定。

2. 气相色谱法测定甲基汞

鱼组织中的有机汞化合物和无机汞化合物用 1mol/L 盐酸提取后，用巯基棉富集和盐酸溶液洗脱，并用苯萃取，洗脱液中的甲基汞，用无水硫酸钠除去有机相中的残留水分，最后，用气相色谱法（ECD）测定甲基汞的含量。

（四）作物中苯并[a]芘的测定

米、小麦、玉米等作物中苯并[a]芘通常采用荧光分光光度法测定。其测定要点是称取适量经制备的样品，放入脂肪提取器中，加入石油醚（或正己烷）与氢氧化钾-乙醇溶液进行皂化和提取，其中，油脂等杂质被皂化而进入水相，苯并[a]芘等非皂化物仍留在有机相中，用二甲基亚砜液相分配提取或用氧化铝填充柱层析纯化（以纯苯洗脱）。将提取液或洗脱液移入 K-D 浓缩器中，加热浓缩至 0.05ml，点于乙酰化纸上进行层析分离，所得苯并[a]芘斑点用丙酮洗脱，于荧光分光光度计上在激发波长 367nm，荧光发射波长 402nm、405nm、408nm 处分别测定洗脱液的荧光强度，计算苯并[a]芘的相对荧光强度，对照标准苯并[a]芘样品的相对荧光强度计算出作物中苯并[a]芘的含量。

本 章 小 结

1. 生物污染监测是对环境中受到污染和危害的生物进行监测。
2. 生物受污染的途径主要有表面附着、生物吸收和生物积累三种形式。
3. 植物新鲜样品的制备方法包括洗净、晾干（或擦干）、切碎、混匀和捣碎等步骤。
4. 植物干样品的制备方法包括清洗——→晾干（或烘干）、粉碎、过筛等步骤。

5. 生物样品的预处理包括消解、灰化、提取、分离和浓缩等步骤。
6. 生物样品的监测分析方法常用光谱分析法和色谱分析法。

思 考 题

1. 生物受污染的途径有哪些?
2. 怎样采集植物样品?
3. 植物的新鲜样品和干样品如何制备?
4. 一般从人和动物的哪些部位采集监测样品?
5. 如何采集鱼类和其他水生生物的肌肉组织样品?
6. 生物样品的预处理方法有哪些?概述其要点。
7. 怎样用氟离子选择电极法测定植物样品中的总含氟量?
8. 生物样品监测的方法有哪些?
9. 怎样用原子吸收分光光度法测定粮食中的铅和镉?

第八章 放射性污染监测

学习指南 环境放射性监测是环境保护工作中的一项重要任务,尤其在当今世界,原子能工业迅速发展,核武器爆炸、核事故屡有发生,放射性物质在医学、国防、航天、科研、民用等领域的应用不断扩大,有可能使环境中的放射性水平高于天然本底值,甚至超过规定标准,构成放射性污染,危害人体和生物,为此,有必要对环境中的放射性物质进行经常性的检测和监督。

本章介绍放射性概念、来源及危害,介绍放射性污染监测对象和内容,介绍放射性监测仪器和监测方法。

第一节 放射性的基本概念

一、放射性

(一) 放射性核衰变

自然界的所有物质都是由各种元素组成的,有些元素的原子核是不稳定的,它能自发地有规律地改变其结构而成为另一种原子核,这种现象称为核衰变。在核衰变过程中总是放射出具有一定动能的带电或不带电粒子,即 α、β 和 γ 射线,这种现象称为放射现象。

天然不稳定核素能自发放出射线的特性称为"天然放射性";通过核反应由人工制造出来的核素的放射性称为"人工放射性"。

决定放射性核素性质的基本要素是放射性类型、放射性活度和半衰期。

(二) 放射性衰变的类型

1. α 衰变

α 衰变是不稳定重核(一般原子序数大于 82)自发放出 $_{2}^{4}He$ 核(α 粒子)的过程。α 粒子由两个中子和两个质子组成,带两个正电荷。经 α 衰变后,放射性核素母体的质量数降低 4 个单位,原子序数降低 2 个单位。如 ^{226}Ra 的 α 衰变可写成:

$$^{226}_{88}Ra \longrightarrow {}^{222}_{86}Rn + {}^{4}_{2}He$$

α 衰变过程中放射出的 α 粒子速度极快,每秒达 12×10^4 km。α 粒子极易被其他物质吸收,在空气中一般经 38cm 路程即被吸收,与人体接触时只能穿过皮肤的角质层。

2. β 衰变

(1) β⁻ 衰变 放射性核素自发地放射 β⁻ 粒子的过程称为 β⁻ 衰变,在其衰变过程中,原子核中有一个中子转变为质子,同时放出一个 β⁻ 粒子(电子),即 β⁻ 衰变的子体的原子序数比母体提高了 1 个单位。β 射线速度比 α 射线高 10 倍以上,其穿透能力较强,在空气中能穿透几米至几十米才能被吸收,β 射线可灼伤皮肤。

(2) β⁺ 衰变 指放射性核素自发地放射 β⁺ 粒子(正电子)的过程。在 β⁺ 衰变过程中,原子核内一个质子转变成一个正电子,并放射出 β⁺ 粒子和中微子。

3. γ射线

有许多放射性核素，在发生α衰变及β衰变以后生成的子体处于激发态，当核子从较高能级的激发态跃迁到较低能级的激发态或基态时，所放射的电磁辐射就是γ射线。这种跃迁对于核的原子序数和质量数都无影响，故称为同核（同质）异能跃迁。处于较高能级的子核时间非常短暂，一般为 10^{-13} s。

γ射线与α、β射线不同，它是一种波长极短的电磁波，为 0.007～0.1nm。因其波长极短，所以穿透能力极强，能穿透大多数物体，例如，γ射线穿透7cm厚的铅板或150cm厚的水泥层后，还剩余一定的强度。

（三）放射性物质计量方法

1. 放射性活度（强度）

放射性活度指单位时间内发生核衰变的数目。最常用的单位是"居里"，当每秒钟衰变数为 3.7×10^{10} 时，称该放射性物质的强度为1居里❶，以 Ci 表示。"居里"单位较大，常用"毫居里"和"微居里"作单位。1Ci=1000mCi=1000000μCi。国际单位制用"贝可"（Bq）表示，1Bq=1个原子衰变/s。

2. 照射量

照射量表示单位质量空气中光子释放出来的全部电子被阻止在空气中时，在空气中形成的离子总电荷的绝对值，单位为"伦琴"，简称"伦"（R）。1R=2.58×10^{-4}C(库仑)/kg，它表示射线的照射剂量（也称空间剂量）。

3. 吸收剂量

吸收剂量是指单位质量物质吸收电离辐射能量的数量，常用"拉德"（rad）作单位，1rad 相当于每1g物质吸收 10^{-5}J（焦耳）的能量。国际单位制用"戈瑞"（Gy）作单位，1Gy=100rad。

4. 剂量当量

指一定吸收剂量所引起的生物效应的强度，单位为"雷姆"（rem），1rem 相当于每克生物组织吸收后产生的相对生物效应等于1rad的辐射能。国际单位为"希沃特"（Sv），1Sv=100rem。它是以电离辐射影响生物的效应为着眼点的实际量。

二、放射性污染物质的来源和危害

放射性污染物质主要来源于自然界和人工制造两个方面。

自然环境中存在着许多天然放射性物质，在地壳中主要是铀、钍族元素以及钾40。由于它们的存在，人类每年要受到约0.5Sv的外照射和0.2Sv的内照射。此外，宇宙射线也使人类受到外照射。因此，在地球上，人类出现以前就存在着放射性物质，常把天然来源的放射性物质和辐射称为天然放射性本底。

人工制造的放射性物质，由于它的种类多、剂量大，对人类已构成极大威胁。人工放射性物质主要来源于核试验；核反应堆、核电站、核动力舰船放射性物质的泄漏和废水、废气的排放；核燃料、核武器的后处理；放射性物质的开采和冶炼；放射性同位素的应用等方面。

放射性物质不但能引起外照射，还能通过呼吸、摄食和皮肤接触进入体内，并由血液输送到有关器官，产生内照射。放射性物质对人类的危害主要是辐射损伤，辐射引起的电子激

---

❶ 1Ci=37GBq。

发作用和电离作用使机体分子不稳定和破坏，导致蛋白质分子键断裂和畸变，破坏对人类新陈代谢有重要意义的酶。因此，辐射不仅可以扰乱和破坏机体细胞、组织的正常活动，而且可以直接破坏细胞和组织的结构，对人体产生躯体损伤效应（如白血病、恶性肿瘤、生育力降低、寿命缩短等）和遗传损伤效应（如流产、遗传性死亡和先天畸形等）。

三、放射性污染监测的对象和内容

放射性监测按监测对象可分为：①现场监测，即对放射性物质生产或应用单位内部工作区域所作的监测；②个人剂量监测，即对放射性专业工作人员或公众作内照射和外照射的剂量监测；③环境监测，即对放射性生产和应用单位外部环境，包括空气、水体、土壤、生物、固体废物等所作的监测。

在环境监测中，主要监测的放射性核素为：①α放射性核素，即 ^{239}Pu、^{226}Ra、^{224}Ra、^{222}Rn、^{210}Po、^{222}Th、^{234}U 和 ^{235}U；②β放射性核素，即 ^{3}H、^{90}Sr、^{89}Sr、^{134}Cs、^{137}Cs、^{131}I 和 ^{60}Co。这些核素在环境中出现的可能性较大，其毒性也较大。

对放射性核素具体测量的内容有：①放射源强度、半衰期、射线种类及能量；②环境和人体中放射性物质含量、放射性强度、空间照射量或电离辐射剂量。

第二节　放射性监测方法

由于放射性监测的对象是放射性物质，为保证操作人员的安全，防止污染环境，对实验室有特殊的设计要求，并需要制定严格的操作规程。测量放射性需要使用专门的仪器。

一、放射性测量实验室

放射性测量实验室分为两个部分，一个是放射化学实验室，二是放射性计测实验室。

（一）放射化学实验室

放射性样品的处理一般应在放射化学实验室内进行。为得到准确的监测结果和考虑操作安全问题，该实验室内应符合以下要求：①墙壁、门窗、天花板等要涂刷耐酸油漆，电灯和电线应装在墙壁内；②有良好的通风设施，大多数处理样品操作应在通风橱内进行，通风马达应装在管道外；③地面和各种家具面要用光平材料制作，操作台面上应铺塑料布；④洗涤池最好不要有尖角，放水用足踏式龙头，下水管道尽量少用弯头和接头等。此外，实验室工作人员应养成整洁、小心的优良工作习惯，工作时穿戴防护服、手套、口罩，佩带个人剂量监测仪等；操作放射性物质时所用夹子、镊子、盘子、铅玻璃屏等器具，工作完毕后应立即清洗并放在固定地点，还需洗手和淋浴；实验室必须经常打扫和整理，配置有专用放射性废物桶和废液缸。对放射源要有严格管理制度，实验室工作人员要定期进行体格检查。

上述要求的宽严程度也随实际操作放射性水平的高低而异。对操作具有微量放射性的环境类样品的实验室，上列各项措施中有些可以省略或修改。

（二）放射性计测实验室

放射性计测实验室装备有灵敏度高、选择性和稳定性好的放射性计量仪器和装置。设计实验室时，特别要考虑放射性本底问题，实验室内放射性本底来源于宇宙射线、地面和建材甚至测量用屏蔽材料中所含的微量放射性物质，以及邻近放射化学实验室的放射性沾污等。对于消除和降低本底的影响，常采用两种措施，一是根据来源采取相应措施，使之降低到最小程度；二是通过数据处理，对测量结果进行修正。此外，对实验室供电电压和频率要求十分稳定，这样各种电子仪器就有良好接地线并可进行有效的电磁屏蔽；室内最好保持恒温。

二、放射性检测仪器

放射性检测仪器种类多,需根据监测目的、试样形态、射线类型、强度及能量等因素进行选择。表 8-1 列举了不同类型的常用放射性检测器。

表 8-1　各种常用放射性检测器

射 线 种 类	检　　测　　器	特　　　点
α	闪烁检测器 正比计数管 半导体检测器 电流电离室	检测灵敏度低,探测面积大 检测效率高,技术要求高 本底小,灵敏度高,探测面积小 测较大放射性活度
β	正比计数管 盖革计数管 闪烁检测器 半导体检测器	检测效率较高,装置体积较大 检测效率较高,装置体积较大 检测效率较低,本底小 探测面积小,装置体积小
γ	闪烁检测器 半导体检测器	检测效率高,能量分辨能力强 能量分辨能力强,装置体积小

放射性测量仪器检测放射性的基本原理基于射线与物质间相互作用所产生的各种效应,包括电离、发光、热效应、化学效应和能产生次级粒子的核反应等。最常用的检测器有三类,即电离型检测器、闪烁检测器和半导体检测器。

(一) 电离型检测器

电离型检测器是利用射线通过气体介质时,使气体发生电离的原理制成的探测器,应用气体电离原理的检测器有电流电离室、正比计数管和盖革计数管(GM管)三种。电流电离室是测量由于电离作用而产生的电离电流,适用于测量强放射性;正比计数管和盖革计数管则是测量由每一入射粒子引起电离作用而产生的脉冲式电压变化,从而对入射粒子逐个计数,适于测量弱放射性。以上三种检测器之所以有不同的工作状态和不同功能,主要是因为对它们施加的工作电压不同,从而引起电离过程不同。

1. 电流电离室

这种检测器用来研究由带电粒子所引起的总电离效应,也就是测量辐射强度及其随时间的变化。由于这种检测对任何电离都有响应,所以不能用于甄别射线类型。

图 8-1 是电流电离室工作原理示意图。A、B 是两块平行的金属板,加于两板间的电压为 V_{AB}(可变),室内充空气或其他气体。当有射线进入电离室时,则气体电离产生的正离子和电子在外加电场的作用下,分别向异极移动,电阻(R)上即有电流通过。电流与电压的关系如图 8-2 所示。开始时,随电压增大电流不断上升,待电离产生的离子全部被收集后,相应的电流达到饱和值,如进一步有限地增加电压,则电流不再增加,达饱和电流时对应的电压称为饱和电压。饱和电压范围(BC 段)称为电流电离室的工作区。

由于电离电流很微小(通常在 10^{-12} A 左右或更小),所以要用高倍数的电流放大器放大后才能测量。

2. 正比计数管

这种检测器在图 8-2 所示的电流-电压关系曲线中的正比区(CD 段)工作。在此,电离电流突破饱和值,随电压增加继续增大。这是由于在这样的工作电压下,能使初级电离产生的电子在收集极附近高度加速,并在前进中与气体碰撞,使之发生次级电离,而次级电子又可能再发生三级电离,如此形成"电子雪崩",使电流放大倍数达 10^4 左右。由于输出脉冲大小正比于入射粒子的初始电离能,故定名为正比计数管。

正比计数管内充甲烷(或氩气)和碳氢化合物,充气压力同大气压;两极间电压根据充

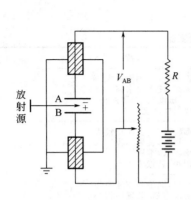

图 8-1 电流电离室工作原理示意图

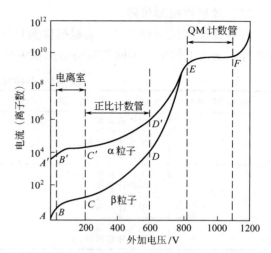

图 8-2 α粒子、β粒子的电离作用（电流）与外加电压的关系曲线

气的性质选定。这种计数管普遍用于α粒子和β粒子计数，具有性能稳定、本底响应低等优点。因为给出的脉冲幅度正比于初级致电离粒子在管中所消耗的能量，所以还可用于能谱测定，但要求的条件是初级粒子必须将它的全部能量损耗在计数管的气体之内。由于这个原因，它大多用于低能γ射线的能谱测量和鉴定放射性核素用的α射线的能谱测定。

3. 盖革（GM）计数管

盖革计数管是目前应用最广泛的放射性检测器，它被普遍地用于检测β射线和γ射线强度。这种计数器对进入灵敏区域的粒子有效计数率接近100%；它的另一个特点是，对不同射线都给出大小相同的脉冲（参见图8-2中GM计数管工作区段EF线的形状），因此不能用于区别不同的射线。

常见的盖革计数管如图8-3所示。在一密闭玻璃管中间固定一条细丝作为阳极，管内壁涂一层导电物质或另放进一金属圆筒作为阴极，管内充约1/5大气压的惰性气体和少量猝灭气体（如乙醇、二乙醚、溴等），猝灭气体的作用是防止计数管在一次放电后发生连续放电。

图8-4是用盖革计数管测量射线强度的装置示意图。为减小本底计数和达到防护目的，一般将计数管放在铅或生铁制成的屏蔽室中，其他部件装在一个仪器外壳内，合称定标器。

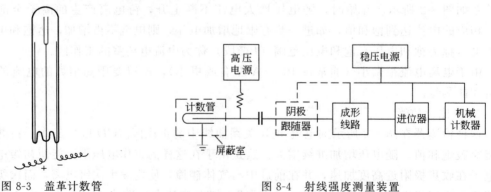

图 8-3 盖革计数管　　　　　　　图 8-4 射线强度测量装置

（二）闪烁检测器

闪烁检测器是利用射线与物质作用发生闪光的仪器。它具有一个受带电粒子作用后其内

部原子或分子被激发而发射光子的闪烁体。当射线照在闪光体上时，便发射出荧光光子，并且利用光导和反光材料等将大部分光子收集在光电倍增管的光阴极上。光子在灵敏阴极上打出光子，经过倍增放大后在阳极上产生电压脉冲，此脉冲还是很小的，需再经电子线路放大和处理后记录下来。图 8-5 是这种检测器测量装置的工作原理。

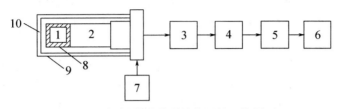

图 8-5 闪烁检测器测量装置的工作原理

1—闪烁体；2—光电倍增管；3—前置放大器；4—主放大器；5—脉冲幅度分析器；
6—定标器；7—高压电源；8—光导材料；9—暗盒；10—反光材料

闪烁检测器以其高灵敏度和高计数率的优点而被用于测量 α、β、γ 辐射强度。由于它对不同能量的射线具有很高的分辨率，所以可用测量能谱的方法鉴别放射性核素。这种仪器还可以测量照射量和吸收剂量。

（三）半导体检测器

半导体检测器的工作原理与电离型检测器相似，但其检测元件是固态半导体。当放射性粒子射入这种元件后，产生电子-空穴对，电子和空穴受外加电场的作用，分别向两极运动，并被电极所收集，从而产生脉冲电流，再经放大后，由多道分析器或计数器记录，如图 8-6 所示。

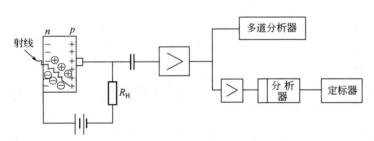

图 8-6 半导体检测器工作原理

三、放射性监测方法

环境放射性监测方法有定期监测和连续监测。定期监测的一般步骤是采样、样品预处理、样品总放射性或放射性核素的测定；连续监测是在现场安装放射性自动监测仪器，实现采样、预处理和测定自动化。

对环境样品进行放射性测量和对非放射性环境样品监测过程一样，也是经过样品采集、样品前处理和选择适宜方法、仪器测定三个过程。

（一）样品采集

1. 放射性沉降物的采集

沉降物包括干沉降物和湿沉降物，主要来源于大气层核爆炸所产生的放射性尘埃，小部分来源于人工放射性微粒。对于放射性干沉降物样品可用水盘法、黏纸法、高罐法采集。水盘法是用不锈钢或聚乙烯塑料制成圆形水盘采集沉降物，盘内装有适量稀酸，沉降物过少的地区再酌加数毫克硝酸锶或氯化锶载体。将水盘置于采样点暴露 24h，应始终保持盘底有水。采集的样品经浓缩、灰化等处理后，作总β放射性测量。黏纸法系用涂一层黏性油（松香加蓖麻油）的滤纸贴在圆形盘底部（涂油面向外），放在采样点暴露24h，然后再将黏纸灰化，进行总β放射性测量。也可以用蘸有三氯甲烷等有机溶剂的滤纸擦拭落有沉降物的刚性固体表面（如道路、门窗、地板等），以采集沉降物。高罐法系用一不锈钢或聚乙烯圆柱形罐暴露于空气中采集沉降物。因罐壁高，故不必放水，可用于长时间收集沉降物。

湿沉降物系指随雨（雪）降落的沉降物。其采集方法除上述方法外，常用一种能同时对雨水中核素进行浓集的采样器，如图 8-7 所示。这种采样器由一个承接漏斗和一根离子交换柱组成。交换柱上下层分别装有阳离子交换树脂和阴离子交换树脂，欲收集核素被离子交换树脂吸附浓集后，再进行洗脱，收集洗脱液进一步作放射性核素分离。也可以将树脂从柱中取出，经烘干、灰化后制成干样品作总β放射性测量。

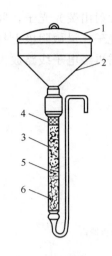

图 8-7 离子交换树脂湿沉降物采集器
1—漏斗盖；2—漏斗；3—离子交换柱；4—滤纸浆；5—阳离子交换树脂；6—阴离子交换树脂

2. 放射性气溶胶的采集

放射性气溶胶包括核爆炸产生的裂变产物，各种来源于人工放射性物质以及氡、钍射气的衰变子体等天然放射性物质。这种样品的采集常用滤料阻留采样法，其原理与大气中颗粒物的采集相同。

对于被 ^3H 污染的空气，因其在空气中主要存在形态是 HTO，所以除吸附法外，还常用冷阱法收集空气中的水蒸气作为试样。

3. 其他类型样品的采集

对于水体、土壤、生物样品的采集、制备和保存方法与非放射性样品所用的方法没有大的差异。

（二）样品预处理

对样品进行预处理的目的是将样品处理成适于测量的状态，将欲测核素转变成适于测量的形态并进行浓集，以及去除干扰核素。

常用的预处理方法有衰变法、有机溶剂溶解法、蒸馏法、灰化法、溶剂萃取法、离子交换法、共沉淀法、电化学法。

1. 衰变法

采样后，将其放置一段时间，让样品中一些短寿命的非欲测核素衰变除去，然后再进行放射性测量。例如，测定大气中气溶胶总α和总β放射性时常用这种方法，即用过滤法采样后，放置 4~5h，使短寿命的氡、钍子体衰变除去。

2. 共沉淀法

用一般化学沉淀法分离环境样品中放射性核素，因核素含量很低，达不到溶度积，故不能达到分离目的，但如果加入毫克数量级与欲分离放射性核素性质相近的非放射性元素载体，则由于两者之间发生同晶共沉淀或吸附共沉淀作用，载体将放射性核素载带下来，达到分离和富集的目的。例如，用 ^{59}Co 作载体共沉淀 ^{60}Co，则发生同晶共沉淀；用新沉淀出来的水合二氧化锰作载体沉淀水样中的钚，则两者发生吸附共沉淀。这种分离富集方法具有简便、实验条件容易满足等优点。

3. 灰化法

对蒸干的水样或固体样品，可在瓷坩埚内于500℃马弗炉中灰化，冷却后称重，再转入测量盘中铺成薄层检测其放射性。

4. 电化学法

该方法是通过电解将放射性核素沉积在阴极上，或以氧化物形式沉积在阳极上。如Ag^+、Bi^{2+}、Pb^{2+}等可以金属形式沉积在阴极；Pb^{2+}、Co^{2+}可以氧化物形式沉积在阳极。其优点是分离核素的纯度高。

如果使放射性核素沉积在惰性金属片电极上，可直接进行放射性测量；如将其沉积在惰性金属丝电极上，可先将沉积物溶出，再制备成样品源。

5. 其他预处理方法

蒸馏法、有机溶剂溶解法、溶剂萃取法、离子交换法的原理和操作与非放射性物质没有本质差别，在此不再介绍。

环境样品经用上述方法分解和对欲测放射性核素分离、浓集、纯化后，有的已成为可供放射性测量的样品源，有的尚需用蒸发、悬浮、过滤等方法将其制备成适于测量要求状态的样品源。蒸发法系指将样品溶液移入测量盘或承托片上，在红外灯下徐徐蒸干，制成固态薄层样品源；悬浮法系将沉淀形式的样品用水或适当有机溶剂进行混悬，再移入测量盘用红外灯徐徐蒸干。过滤法是将待测沉淀抽滤到已称重的滤纸上，用有机溶剂洗涤后，将沉淀连同滤纸一起移入测量盘中，置于干燥器内干燥后进行测量。还可以用电解法制备无载体的α或β辐射体的样品源；用活性炭等吸附剂浓集放射性惰性气体，再进行热解吸并将其导入电离室或正比计数管等探测器内测量，将低能β辐射体的液体试样与液体闪烁剂混合制成流体源，置于闪烁瓶中测量等。

(三) 环境中放射性监测

1. 水样的总α放射性活度的测定

水体中常见辐射α粒子的核素有^{226}Ra、^{222}Rn及其衰变产物等。目前公认的水样总α放射性浓度是0.1Bq/L，当大于此值时，就应对放射α粒子的核素进行鉴定和测量，确定主要的放射性核素，判断水质污染情况。

测定水样总α放射性活度的方法是：取一定体积水样，过滤去除固体物质，滤液加硫酸酸化，蒸发至干，在不超过350℃温度下灰化。将灰化后的样品移入测量盘中并铺成均匀薄层，用闪烁检测器测量。在测量样品之前，先测量空测量盘的本底值和已知活度的标准样品。测定标准样品的目的是确定探测器的计数效率，以计算样品源的相对放射性活度，即比放射性活度。标准源最好是欲测核素，并且二者强度相差不大。如果没有相同核素的标准源，可选用放射同一种粒子而能量相近的其他核素。测量总α放射性活度的标准源常选用硝酸铀酰。水样的总α比放射性活度（$Q_α$）用下式计算：

$$Q_α = \frac{n_c - n_b}{n_s V} \tag{8-1}$$

式中 $Q_α$——比放射性活度，Bq铀/L；

n_c——用闪烁检测器测量水样得到的计数率，计数/min；

n_b——空测量盘的本底计数率，计数/min；

n_s——根据标准源的活度计数率计算出的检测器的计数率，计数/(Bq·min)；

V——所取水样体积，L。

2. 水样的总β放射性活度测量

水样总β放射性活度测量步骤基本上与总α放射性活度测量相同,但检测器用低本底的盖革计数管,且以含 ^{40}K 的化合物作标准源。

水样中的β射线常来自 ^{40}K、^{90}Sr、^{129}I 等核素的衰变,其目前公认的安全水平为 1Bq/L。^{40}K 标准源可用天然钾的化合物(如氯化钾或碳酸钾)制备。天然钾化合物中含 0.0119% 的 ^{40}K,比放射性活度约为 10^7 Bq/g,发射率为 28.3β 粒子/(g·s) 和 3.3γ 射线 (g·s)。用 KCl 制备标准源的方法是:取经研细过筛的分析纯 KCl 试剂于 120～130℃ 烘干 2h,置于干燥器内冷却。准确称取与样品源同样质量的 KCl 标准源,在测量盘中铺成中等厚度层,用计数管测定。

3. 土壤中总α、β放射性活度的测量

土壤中α、β总放射性活度的测量方法是:在采样点选定的范围内,沿直线每隔一定距离采集1份土壤样品,共采集4～5份。采样时用取土器或小刀取 10cm×10cm、深 1cm 的表土。除去土壤中的石块、草类等杂物,在实验室内晾干或烘干,移至干净的平板上压碎,铺成 1～2cm 厚方块,用四分法反复缩分,直到剩余 200～300g 土样,再于 500℃ 灼烧,待冷却后研细、过筛备用。称取适量制备好的土样放于测量盘中,铺成均匀的样品层,用相应的探测器分别测量α和β比放射性活度(测β放射性的样品层应厚于测α放射性的样品层)。α比放射性活度(Q_α)和β比放射性活度(Q_β)分别用以下两式计算:

$$Q_\alpha = \frac{(n_c - n_b) \times 10^6}{60\varepsilon \cdot s \cdot l \cdot F} \tag{8-2}$$

$$Q_\beta = 1.48 \times 10^4 \frac{n_\beta}{n_{KCl}} \tag{8-3}$$

式中　Q_α——α比放射性活度,Bq/kg 干土;

　　　Q_β——β比放射性活度,Bq/kg 干土;

　　　n_c——样品α放射性总计数率,计数/min;

　　　n_b——本底计数率,计数/min;

　　　ε——检测器计数率,计数/min;

　　　s——样品面积,cm^2;

　　　l——样品厚度,mg/cm^2;

　　　F——自吸收校正因子,对较厚的样品一般取 0.5;

　　　n_β——样品β放射性总计数率,计数/min;

　　　n_{KCl}——氯化钾标准源的计数率,计数/min;

　　　1.48×10^4——1kg 氯化钾所含 ^{40}K 的β放射性的贝可数。

4. 大气中的氡的测定

^{222}Rn 是 ^{226}Rn 的衰变产物,为一种放射性惰性气体。它与空气作用时,能使之电离,因而可用电离型探测器通过测量电离电流测定其浓度;也可用闪烁探测器记录由氡衰变时所放出的α粒子计算其含量。

前一种方法要点是:用干燥管、活性炭吸附管及抽气动力组成的采样器以一定流量采集空气样品,则气样中的 ^{222}Rn 被活性炭吸附浓集。将吸附氡的活性炭吸附管置于解吸炉中,于 350℃ 进行解吸,并将解吸出来的氡导入电离室,因 ^{222}Rn 与空气分子作用而使其电离,用经过 ^{226}Rn 标准源校准的静电计测量产生的电离电流(格),按下式计算空气中 ^{222}Rn 的含量(A_{Rn}):

$$A_{Rn}=\frac{K(J_c-J_b)}{V}f \tag{8-4}$$

式中 A_{Rn}——空气中 ^{222}Rn 的含量，Bq/L；

J_b——电离室本底电离电流，格/min；

J_c——引入 ^{222}Rn 后的总电离电流，格/min；

V——采气体积，L；

K——检测仪器格值，Bq·min/格；

f——换算系数，据 ^{222}Rn 导入电离室后静置时间而定，可查表得知。

（四）个人外照射剂量

个人外照射剂量用佩戴在身体适当部位的个人剂量计测量，这是一种能对放射性辐射进行累积剂量的小型、轻便、容易使用的仪器。常用的个人剂量计有袖珍电离室、胶片剂量计、热释光体和荧光玻璃。

本 章 小 结

本章介绍了如下内容：

α、β 和 γ 射线，放射性活度（强度）、照射量、吸收剂量和剂量当量，放射性物质的来源和危害，放射性污染的对象和内容，盖革计数管、闪烁检测器、正比计数管、半导体检测器、电流电离室等监测仪器，样品采集、样品预处理、环境中放射性监测、个人外照射剂量。

思 考 题

1. 放射性核衰变有哪几种形式？各有什么特征？
2. 造成环境放射性污染的原因有哪些？放射性污染对人体产生哪些危害作用？
3. 常用于测量放射性的检测器有哪几种？分别说明其工作原理和适用范围。
4. 怎样测定水样中总 α 比放射性活度？
5. 怎样测定土壤中总 α 比放射性活度和总 β 比放射性活度？
6. 试比较放射性环境样品的采集方法与非放射性环境样品的采集方法有何不同之处？

第九章 应急监测

学习指南 本章介绍突发性环境污染事故的概念、类型、特征、处理处置方法及突发性环境污染事故的主要监测方法。通过本章学习要求能够对突发性环境污染事故进行正确的处理处置，能够对突发性环境污染事故进行应急监测。

突发性环境污染事故是威胁人类健康、破坏生态环境的重要因素，其危害制约着生态平衡及经济、社会的发展。如何有效地预防、减少以致消除突发性环境污染事故的发生，突发性环境污染事故发生后又如何及时有效地处理处置，最大限度地减小对环境和人身的危害，已成为全世界极为关注的问题之一。

当前，我国正处在国民经济迅速发展时期，随着工农业生产节奏的加快与生产活动的日益频繁，突发性环境污染事故发生的可能性大大增加。这就需要做好突发性环境污染事故的预防，提高对突发性环境污染事故处理处置的应变能力。做好这项工作，对保障改革开放和现代化建设的顺利进行，维护社会安定团结的局面，保护生态平衡，促进环境与经济的协调、稳定、健康、持续发展具有十分重要的意义。因此，加强突发性环境污染事故应急监测，研究其处理处置技术，是环境监测和环境保护领域中一项非常重要的工作。

第一节 突发性环境污染事故及其类型与特征

突发性环境污染事故不同于一般的环境污染，它没有固定的排放方式和排放途径，都是突然发生、来势凶猛，在瞬时或短时间内大量的排放污染物质，对环境造成严重污染和破坏，给人民的生命和国家财产造成重大损失的恶性事故。1984年，印度博帕尔市一美国碳化公司的农药工厂因甲基异氰酸酯的大量泄漏，造成6400人中毒死亡，13.5万人受伤害，20万人被迫迁移，这是一起特大的突发性有毒化学品的环境污染事件。1992年墨西哥后达拉结那发生的天然气爆炸，是一起恶性的天然气爆炸事故，造成210人死亡，1500人受伤。1993年8月5日深圳清水河化学品仓库的燃烧大爆炸，对环境造成严重污染，导致15人死亡，七座库房被摧毁，经济损失极为惨重。这些事故都是突发性的重大环境污染事故。

突发性水环境污染事故，尤其是有毒有害化学品的泄漏事故，往往会对水生生态环境造成极大的破坏，并直接威胁人民群众的生命安全。因此，突发性环境污染事故的应急监测与环境质量监测和污染源监督、监测具有同样的重要性，是环境监测工作的重要组成部分。

一、突发性环境污染事故的类型

根据污染物的性质及常发生的污染事故，突发性环境污染事故可归纳为下述几类。

（一）核污染事故

核电厂发生火灾，核反应器爆炸，反应堆冷却系统破裂，放射化学实验室发生化学品爆炸，核物质容器破裂、爆炸放出的放射性物质以及放射源丢失于环境中等，对人体造成不同程度的辐射伤害与环境破坏事故。据记载，从1944～1987年，全世界共发生核事故285起，其中1986年前苏联的切尔诺贝利核电站4号机组爆炸所造成的放射性物质泄漏,致使33人死亡,1358人受伤,13.5万人被迫迁移,还造成大面积的环境污染。

(二) **剧毒农药和有毒化学品的泄漏、扩散污染事故**

有机磷农药,如甲基1605、乙基1605、甲胺磷、马拉硫磷、对硫磷、敌敌畏、敌百虫、乐果、有机氮农药DDT、2,4-D及有毒化学品氰化钾、氰化钠、硫化钠、砒霜、苯酚、NH_3、PCB_s等,因贮运不当或翻车、翻船造成贮罐泄漏,以及液氯、HCl、HF、光气($COCl_2$)、芥子气、沙林毒剂、H_2S、PH_3、AsH_3等保管不当引起泄漏排放时极易发生这类事故,这些物质一旦泄漏扩散不仅引起空气、水体、土壤等严重污染,甚至还会致人、畜于死亡。

(三) **易燃易爆物的泄漏爆炸污染事故**

由煤气、瓦斯气体(CH_4、CO、H_2)、石油液化气、甲醇、乙醇、丙酮、乙酸乙酯、乙醚、苯、甲苯等易挥发性有机溶剂泄漏而引起的环境污染事故。这类事故不仅污染空气、地面水、地下水和土壤,而且这些气体浓度达到爆炸极限后极易发生爆炸。另外,一些垃圾固体废弃物因堆放、处置不当,也会发生爆炸事故。

(四) **溢油事故**

如油田或海上采油平台出现井喷、油轮触礁、油轮与其他船只相撞等发生的溢油事故。据统计,在所有海洋石油污染中,与运输活动有关的约占50%,而在此50%之中,约30%与泄漏和事故有关。这类事故所造成的污染,严重破坏了海洋生态,使鱼类、海鸟死亡,往往还引起燃烧、爆炸。在国内由于炼油厂、油库、油车漏油而引起的油污染也时有发生。1994年夏天广州登峰加油站汽油泄漏进入东濠涌所引起的燃烧爆炸,致2人死亡,33人受伤,经济损失达600余万元。

(五) **非正常大量排放废水造成的污染事故**

指当含大量耗氧物质的城市污水或尾矿废水因垮坝突然泻入水体,致使某一河段、某一区域或流域水体质量急剧恶化的环境污染事故。这类事件一旦发生,耗氧有机物进入水体大量耗氧,COD、BOD_5浓度大增,致使水中溶解氧很低,鱼虾窒息死亡。同时还使水体发黑发臭,产生有毒的甲烷气、硫化氢、氨氮、亚硝酸盐等,破坏生态环境,给水产养殖业造成重大损失。同时还给居民饮水、工业用水造成困难。近几年,由于水污染造成渔业损失的纠纷案件屡有发生。1994年7月2亿立方米废水非正常泻入淮河,给淮河沿岸近200万居民饮水和工农业生产用水造成极大困难,并使30余万亩水产养殖业遭受巨大损失。

二、突发性环境污染事故的特征

从突发性环境污染事故分析中可以看出,突发性环境污染事故主要有以下特征。

(一) **形式的多样性**

突发性环境污染事故有:核污染事故,农药、有毒化学品污染事故,溢油事故,爆炸事故等多种类型,涉及众多行业与领域。就某一类事故而言,所含的污染因素也比较多,其表现形式也是多样化的。另外,在生产运作的各个环节均有发生污染事故的可能。如有毒化学品,在生产运输、贮存、使用和处置等过程中都有可能引发污染事故。

(二) **发生的突然性**

一般的环境污染是一种常量的排污,有其固定的排污方式和排污途径,并在一定时间内有规律地排放污染物质。而突发性环境污染事故则不同,它没有固定的排污方式,往往突然发生,始料未及,有着很大的偶然性和瞬时性。

（三）危害的严重性

一般的环境污染多产生于生产过程之中，在短时内的排污量少，其危害性相对较小，一般不会对人们的正常生活和生活秩序造成严重影响。而突发性环境污染事故，则是瞬时内一次性大量泄漏，排放有毒、有害物质，如果事先没有采取防范措施，在很短时间内往往难以控制，因此其破坏性强，污染损害惨重，不仅会打乱一定区域内人群的正常生活、生产的秩序，还会造成人员伤亡，国家财产的巨大损失以及环境生态的严重破坏。

（四）危害的持续性

有毒、有害污染物接触或进入机体以后，损害机体的组织器官，并能在组织与器官内发生化学或物理化学作用，从而破坏机体的正常生理功能而引起机体功能性或器质性病变。这种伤害对个体或动植物种群来说，往往因难于恢复原来的状态而造成持续性的或者永久性的不良影响和危害。

（五）危害的累积性

正是由于造成环境化学污染事故的有毒、有害物质有时难以全部清除而无法完全恢复原先的环境状态，需要大量投资、长期整治，有时灾区需要各方面的援助，甚至需要国际社会的救援。另外，污染物在环境中的化学、生物或物理化学的变化不仅可能使更多的环境要素遭受污染，而且可能转变成毒性更大的化学物质，因此具有危害的累积性和长期性。

（六）处理处置的艰巨性

突发性环境污染事故涉及的污染因素较多，一次排放量也较大，发生又比较突然，危害强度大，而处理、处置这类事故又必须快速及时，措施得当有效。因此，对突发性污染事故的监测、处理、处置比之一般的环境污染事故的处理，更为艰巨与复杂，难度更大。

三、突发性环境污染事故的处理与处置

突发性环境污染事故的处理、处置是指在应急监测已对污染物种类、污染物浓度、污染范围及其危害作出判断的基础上，为尽快地消除污染物，限制污染范围扩大，以及减轻和消除污染危害所采取的一切措施。突发性环境污染事故的处理、处置应包括以下主要内容：

① 对受危害人员的救治；
② 切断污染源、隔离污染区、防止污染扩散；
③ 减轻或消除污染物的危害；
④ 消除污染物及善后处理；
⑤ 通报事故情况，对可能造成影响的区域发出预警通报。

第二节 突发性环境污染事故的应急监测

一、突发性环境污染事故的应急监测的意义

突发性环境污染事故应急监测，是环境监测人员在事故现场，用小型、便携、简易、快速检测仪器或装置，在尽可能短的时间内对下述内容进行监测分析研究和判断的过程：

① 污染物质的种类；
② 污染物质的浓度；
③ 污染的范围及其可能的危害等做出判断的过程。

实施应急监测是做好突发性环境污染事故处置、处理的前提和关键。只有对污染事故的类型及污染状况做出准确的判断，才能为污染事故及时、正确的进行处理、处置和制定恢复

措施提供科学的决策依据。可以说应急监测是事故应急处置与善后处理中始终依赖的基础工作。

二、应急监测的主要内容与作用

环境化学污染事故的应急监测要求应急监测人员快速赶赴现场，根据事故现场的具体情况布点采样，利用快速监测手段判断污染物的种类，给出定性、半定量和定量监测结果，确认污染事故的危害程度和污染范围等。

一般来说，现场应急监测的内容包括：

① 石油化工等危险作业场所的泄漏、火灾、爆炸等；
② 运输工具的破损、倾覆导致的泄漏、火灾、爆炸等；
③ 各类危险品存贮场所的泄漏、火灾、爆炸等；
④ 各类废料场、废料工厂的污染；
⑤ 突发性的投毒行为；
⑥ 其他。

现场应急监测的作用包括以下几方面。

(1) 对事故特征予以表征　能迅速提供污染事故的初步分析结果，如污染物的释放量、形态及浓度，估计向环境扩散的速率、受污染的区域和范围、有无叠加作用、降解速率以及污染物的特点（包括毒性、挥发性、残留性）等。

(2) 为制定处置措施快速提供必要的信息　鉴于突发性环境化学污染事故所造成的严重后果，应根据初步分析结果，能迅速提出适当的应急处理处置措施，或者能为决策者及有关方面提供充分的信息，以确保对事故做出迅速有效的应急反应，将事故的有害影响降至最低程度。为此，必须保证所提供的监测数据及其他信息的高度准确和可靠。有关鉴定和判断污染事故严重程度的数据质量尤为重要。

(3) 连续、实时地监测事故的发展态势　这对于评估事故对公众和环境卫生的影响以及整个受影响地区产生的后果随时间的变化，对于污染事故的有效处理是非常重要的。这是因为在特定形势下的情况变化，必须对原拟定要采取的措施进行实时的修正。

(4) 为实验室分析提供第一信息源　有时要确切地弄清楚事故所涉及的是何种化学物质是很困难的，此时现场监测设备往往是不够用的，但根据现场测试结果，可为进一步的实验室分析提供许多有用的第一信息源，如正确的采样地点、采样范围、采样方法、采样数量及分析方法等。

(5) 为环境污染事故后的恢复计划提供充分的信息和数据　鉴于污染事故的类型、规模、污染物的性质等千差万别，所以试图预先建立一种确定的环境恢复计划意义不大。而现场监测系统可为特定的环境污染事故后的恢复计划及其修改和调整不断提供充分的信息和数据。

(6) 为事故的评价提供必需的资料　对一切环境污染事故进行事故后的报告、分析和评价，对于将来预防类似事故的发生或发生后的处理、处置措施提供极为重要的参考资料。可提供的信息包括污染物的名称、性质（有害性、易燃性、爆炸性等）、处理处置方法、急救措施及解毒剂等。

事故发生后，监测人员应携带必要的简易快速检测器材和采样器材及安全防护装备尽快赶赴现场。根据事故现场的具体情况立即布点采样，利用检测管和便携式监测仪器等快速检测手段鉴别、鉴定污染物的种类，并给出定量或半定量的监测结果。现场无法鉴定或测定的项目应立即将样品送回实验室进行分析。根据监测结果，确定污染程度和可能污染的范围并提出处理处置建议，及时上报有关部门。

三、采样方法

环境空气污染事故应尽可能在事故发生地就近采样，并以事故地点为中心，根据事故发生地的地理特点、风向及其他自然条件，在事故发生地下风向（污染物飘移云团经过的路径）影响区域、掩体或低洼地等位置，按一定间隔的圆形布点采样，并根据污染物的特性在不同高度采样，同时在事故点的上风向适当位置布设对照点。在距事故发生地最近的居民住宅区或其他敏感区域应布点采样。采样过程中应注意风向的变化，及时调整采样点位置。

利用检气管快速监测污染物的种类和浓度范围，现场确定采样流量和采样时间。采样时应同时记录气温、气压、风向和风速，采样总体积应换算为标准状态下的体积。

突发性水环境污染事故的应急监测一般分为事故现场监测和跟踪监测两部分，其采样原则如下。

（一）现场监测采样

① 现场监测的采样一般以事故发生地点及其附近为主，根据现场的具体情况和污染水体的特性布点采样和确定采样频次。对江河的监测应在事故地点及其下游布点采样，同时要在事故发生地点上游采对照样。对湖（库）的采样点布设以事故发生地点为中心，按水流方向在一定间隔的扇形或圆形布点采样，同时采集对照样品。

② 事故发生地点要设立明显标志，如有必要则进行现场录像和拍照。

③ 现场要采平行双样，一份供现场快速测定，一份供送回实验室测定。如有需要，同时采集污染地点的底质样品。

（二）跟踪监测采样

污染物质进入水体后，随着稀释、扩散和沉降作用，其浓度会逐渐降低。为掌握污染程度、范围及变化趋势，在事故发生后，往往要进行连续的跟踪监测，直至水体环境恢复正常。

① 对江河污染的跟踪监测要根据污染物质的性质和数量及河流的水文要素等，沿河段设置数个采样断面，并在采样点设立明显标志。采样频次根据事故程度确定。

② 对湖（库）污染的跟踪监测，应根据具体情况布点，但在出水口和饮用水取水口处必须设置采样点。由于湖（库）的水体较稳定，要考虑不同水层采样。采样频次每天不得少于两次。

（三）现场记录

要绘制事故现场的位置图，标出采样点位，记录发生时间、事故原因、事故持续时间、采样时间，以及水体感观性描述，可能存在的污染物，采样人员等事项。

四、主要应急监测分析技术

由于事故的突发性和复杂性，当我国颁布的标准监测分析方法不能满足要求时，可等效采用 ISO、美国 EPA 或日本 JIS 的相关方法，但必须用加标回收、平行双样等指标检验方法的适用性。

现场监测可使用水质检测管或便携式监测仪器等快速检测手段，鉴别鉴定污染物的种类并给出定量、半定量的测定数据。现场无法监测的项目和平行采集的样品，应尽快将样品送回实验室进行检测。跟踪监测一般可在采样后及时送回实验室进行分析。

目前较成熟的简易现场监测分析技术主要有以下几种。

1. 感官检测法

这是最简易的监测方法。即用鼻、眼、口、皮肤等人体器官感触被检物质的存在。如氰化物具有杏仁味，二氧化硫具有特殊的刺鼻味等。但这种方法直接伤害监测人员，而且很多化学物质是无色无味的，还有许多化学物质的形态、颜色相同，无法区别，所以这只能是一种权宜之计，单靠感官检测是绝对不够的，并且对于剧毒物质绝不能用感官方法检测。

2. 动物检测法

利用动物的嗅觉或敏感性来检测有毒有害化学物质，如利用狗的嗅觉特别灵敏，利用有些鸟类对有毒有害气体的特别敏感来检测有毒物。

3. 试纸法

（1）试纸法　试纸法可给出某化合物是否存在的信息，以及是否超过某一浓度的信息，它的测量范围为 1~1000mg/L。把滤纸浸泡在化学试剂中后，晾干，裁成长条、方块等形状，装在密封的塑料袋或容器中，如 pH 试纸。使用时，取试纸条，浸入被测溶液中，过一定时间后取出，与标准比色板比较即可得到测试结果。试纸的缺点是有些化学试剂在纸上的稳定性较差，且测定范围及间隔较粗，主要用于高浓度污染物的测定。

（2）测试条（棒）　用于半定量测定离子及其他化合物，实际应用时遵循"浸入—停片刻—读数"程序，试纸的显色依赖于待测物的浓度，与色阶比较即可得到待测物的浓度值。半定量测试条（棒）的测量范围为 0.6~3000mg/L。

4. 侦检粉或侦检粉笔法

侦检粉主要是一些染料，其优点是使用简便、经济，可大面积使用；缺点是专一性不强、灵敏度差，不能用于大气中有害物质的检测。

侦检粉笔是一种将试剂和填充料混合、压成粉笔状便于携带的侦检器材，它可以直接涂在物质表面或削成粉末撒在物质表面进行检测。由于其表面积较小，减少了和外界物质作用的机会，通常比试纸稳定性好，也便于携带。其缺点是反应不专一，灵敏度较差。

5. 侦检片法

大部分是用滤纸浸泡或制成锭剂夹在透明的薄塑料片中密封制成。检测时，置于样品中，然后观察颜色的变化。与试纸相似，只是包装形式不同，稳定性有所改善。

6. 检测管法

包括检测试管法、直接检测管法和吸附检测管法。

（1）检测试管法　该法是将试剂封在毛细玻璃管中，再将其组装在一支聚乙烯软塑料试管中，试管口用一带微孔的塞子塞住。使用时先将试管用手指捏扁，排出管中空气插入水样中，放开手指便自动吸入水样，再将试管中的毛细试剂管捏碎，数分钟内显色，与标准色板比较以确定污染物的浓度。

（2）直接检测管法（速测管法）　该法是将检测试剂置于一支细玻璃管中，两端用脱脂棉或玻璃棉等堵塞，再将两端熔封。使用前将检测管两端割断，浸入一定体积的被测水样中，利用毛细作用将水样吸入，也可连接唧筒抽入水样或空气样，观察颜色的变化或比较颜色的深浅和长度，以确定污染物的类别和含量。

（3）吸附检测管法　该法是将一支细玻璃管的前端置吸附剂，后端放置用玻璃安瓿瓶装的试剂，中间用玻璃棉等惰性物质隔开，两端用脱脂棉或玻璃棉等堵塞，再将两端熔封。使用前将检测管两端割开，用唧筒抽入水样或空气样使其吸附在吸附剂上，再将试剂安瓿瓶破碎，让试剂与吸附剂上的污染物作用，观察吸附剂的颜色变化，与标准色板比较以确定污染物的浓度。

7. 化学比色法

该法是简易监测分析中常用方法之一。比色法利用化学反应显色原理进行分析，其优点是操作简便、反应较迅速、反应结果都能产生颜色或颜色变化、便于目视或利用便携式分光光度计进行定量测定。由于器材简单、监测成本低，所以易于推广使用。但比色法的选择性较差，灵敏度有一定的限制。

8. 便携式仪器分析法

这是近年来发展最快的领域，不仅包括用于专项测定的袖珍式检测器，而且也发展了具有多组分监测能力的综合测试仪器。通过针对常规光度计、光谱分析仪器、电化学分析仪、色谱分析仪等的小型化，已出现了多种多样的适于现场快速监测分析的便携式仪器。

9. 免疫分析法

这是一种较新的现场快速分析方法。其特点是选择性好、灵敏度高，目前已用于农药残留而引起的环境化学污染事故的现场分析。

本 章 小 结

本章主要介绍了突发性环境污染事故及其类型与特征，突发性环境污染事故的处理与处置方法，突发性环境污染事故的主要内容与作用以及应急监测的采样方法和监测分析技术。

思 考 题

1. 什么叫应急监测？主要包括哪些内容？
2. 突发性环境污染事故有何危害？
3. 突发性环境污染事故有哪些类型？有何特点？
4. 突发性环境污染事故的处理、处置应包括哪些主要内容？
5. 应急监测有哪些方法？

第十章 环境监测过程的质量保证和质量控制

学习指南 本章重点介绍了实验室质量控制方法,介绍了环境标准物质及质量保证检查单和环境质量图。学习本章内容时,要求理解一些主要的名称概念;掌握实验室内质量控制方法及质量控制图的绘制和使用方法。

环境监测的对象成分复杂,随机多变,不易准确测量,尤其是描述和评价环境质量的基本数据通常是由许多实验室测定的,这就要求各实验室提供的数据具有足够的准确性、精密性和可比性,以便做出正确的结论。保证监测数据可靠性的一个重要环节就是实验室的质量保证,其目的是建立实验室内和实验室间的质量控制及监测数据的科学管理制度,使其测量数据的误差控制在一定的范围内。

第一节 质量保证、质量控制的意义和内容

质量保证和质量控制是环境监测十分重要的技术工作和管理工作。提高监测分析质量、保证数据准确可靠,是环境监测的关键问题。环境监测质量保证和质量控制,是保证监测数据准确可靠的方法,也是科学管理实验室的有效措施,可以大大提高数据的质量,使环境监测建立在可靠的基础上。

环境监测质量保证是整个环境监测过程的全面质量管理,包含了保证环境监测数据正确可靠的全部活动和措施。其主要内容包括制定监测计划;根据需要和可能,确定对监测数据的质量要求;规定相应的分析测量系统,如采样方法,样品处理和保存,仪器设备、器皿的选择和校准,试剂、基准物质的选用,分析测量方法,质量控制程序,数据的处理等。

环境监测质量控制是对于分析过程的控制方法,它是质量保证的一部分。质量控制包括实验室内部质量控制和外部质量控制。实验室内部质量控制包括空白试验、标准曲线的核查、仪器设备的定期标定、平行样分析、加标样分析、密码样品分析、编制质量控制图等,是实验室自我控制质量的常规程序。实验室外部质量控制一般由常规监测之外的有经验人员来执行,以便对数据质量进行独立的评价。常用的方法有分析测量系统的现场监测的现场评价和分析标准样品进行实验室间的评价。目的是协助各实验室发现问题,提高监测分析质量。

环境监测质量保证的许多内容在有关章节和教学内容中已有详细说明,本章着重讨论环境监测质量控制,并以实验室内部质量控制作为重点内容。

第二节 环境监测中的质量控制

环境监测中的质量控制是对分析过程的控制,是环境监测质量管理的一个重要环节,其目的在于把分析误差控制在允许的限度内,保证测定结果有一定的精密度和准确度,使分析数据准确可靠。

质量控制包括实验室内质量控制（内部控制）和实验室间质量控制（外部控制），实验室内部质量控制是保证实验室提供可靠分析结果的关键，也是保证外部控制顺利进行的基础。

一、名词解释

（一）准确度

1. 准确度的定义

准确度常用以度量一个特定分析程序所获得的分析结果（单次测定值或重复测定值的均值）与真值之间的符合程度。一个分析方法或分析系统的准确度是反映该方法或该测量系统存在的系统误差和随机误差的综合指标，它决定着这个分析结果的可靠性。

准确度用绝对误差或相对误差表示。

2. 准确度的评价方法

可用测量标准物质或以标准物质做回收率测定的办法评价分析方法和测量系统的准确度。

（1）标准物质分析　通过分析标准物质，由所得结果了解分析的准确度。

（2）回收率测定　在样品中加入一定量标准物质测定其回收率。这是目前实验室中常用的确定准确度的方法。从多次回收实验的结果中，还可以发现方法的系统误差。按下式计算回收率 p。

$$回收率\ p = \frac{加标试样测定值 - 试样测定值}{加标量} \times 100\% \tag{10-1}$$

（3）不同方法的比较　通常认为，不同原理的分析方法具有相同的不准确性的可能性极小。当对同一样品用不同原理的分析方法测定，并获得一致的测定结果时，即可将其作为真值的最佳估计。

当用不同分析方法对同一样品进行重复测定时，若所得结果一致，或经统计检验表明其差异不显著时，则可认为这些方法都具有较好的准确度；若所得结果呈现显著性差异，则应以被公认是可靠的方法为准。

（二）精密度

精密度是使用特定的分析程序在受控条件下重复分析均一样品所得测定值之间的一致程度。它反映了分析方法或测量系统存在的随机误差的大小。测试结果的随机误差越小，测试的精密度越高。

精密度通常用极差、平均偏差和相对平均偏差、标准偏差和相对标准偏差表示。由于标准偏差在数理统计中属于无偏估计量，故常被采用。

为满足某些特殊需要，引用下述三个精密度的专用术语。

1. 平行性

在同一实验室中，当分析人员、分析设备和分析时间都相同时，用同一分析方法对同一样品进行双份或多份平行样测定结果之间的符合程度。

2. 重复性

在同一实验室内，当分析人员、分析设备及分析时间中的任一项不相同时，用同一分析方法对同一样品进行两次或多次独立测定所得结果之间的符合程度。

3. 再现性

不同实验室（分析人员、分析仪器、甚至分析时间都不相同），用同一分析方法对同一样品进行的多次测定结果之间的符合程度。

(三) 灵敏度

1. 灵敏度的定义

灵敏度是指某方法对单位浓度或单位量待测物质变化所致的响应量变化程度。它可以用仪器的响应量或其他指示量与对应的待测物质的浓度或量之比来描述。如分光光度法常以校准曲线的斜率度量灵敏度。一个方法的灵敏度可因实验条件的变化而改变。在一定的实验条件下，灵敏度具有相对的稳定性。

2. 灵敏度的表示方法

通过校准曲线可以把仪器响应量与待测物质的浓度或量定量地联系起来，用下式表示它的直线部分。

$$A = kc + a \tag{10-2}$$

式中　A——仪器响应值；

　　　c——待测物质的浓度；

　　　a——校准曲线的截距；

　　　k——方法灵敏度，校准曲线的斜率。

分光光度法中常用的摩尔吸光系数 ε，系指当测量光程为 1cm，待测物浓度为 1mol/L，相应于待测物质的吸光度数。ε 越大，方法的灵敏度越高。

(四) 空白试验

1. 空白试验的定义

空白试验（空白测定）指除用水代替样品外，其他所加试剂和操作步骤均与样品测定完全相同的操作过程。空白试验应与样品测定同时进行。

2. 空白试验值

样品分析的响应值（如吸光度、峰高等）通常不仅是样品中待测物质的响应值，还包括其他所有因素（如试剂中的杂质，器皿、环境及操作过程中的沾污等）的响应值。由于影响空白值的各种因素大小经常变化，为了解这些因素的综合影响，在分析样品的同时，每次均应做空白试验。空白试验所得的结果称为空白试验值。

3. 试验用水

试验用水应符合要求，其中待测物质的浓度应低于所用方法的检出限。否则将增大空白试验值及其标准偏差而影响试验结果的精密度和准确度。

(五) 校准曲线

1. 校准曲线的定义

校准曲线是描述待测物质浓度或量与相应的测量仪器响应量或其他指示量之间的定量关系的曲线。校准曲线包括"工作曲线"（标准溶液的分析步骤与样品分析步骤完全相同）和"标准曲线"（标准溶液的分析步骤与样品分析步骤相比有所省略，如省略样品的前处理）。

2. 校准曲线的绘制

① 配制在测量范围内的一系列已知浓度标准溶液。

② 按照与样品测定相同的步骤测定各浓度标准溶液的响应值。

③ 选择适当的坐标纸，以响应值为纵坐标，浓度（或量）为横坐标，将测量数据标在坐标纸上作图。

④ 通过各点绘制一条合理的曲线。在环境监测中，通常选用它的直线部分。

⑤ 校准曲线的点阵符合要求时，亦可用最小二乘法的原理计算回归方程。

3. 线性范围

某方法校准曲线的直线部分所对应的待测物质浓度或量的变化范围，称为该方法的线性范围。

（六）检出限

检出限为某特定分析方法在给定的置信度内可从样品中检出待测物质的最小浓度或最小量。所谓"检出"是指定性检出，即判定样品中存有浓度高于空白的待测物质。

（七）方法适用范围

方法适用范围为某特定方法具有可获得响应的浓度范围。在此范围内可用于定性或定量的目的。

（八）测定限

测定限为定量范围的两端，分别为测定下限与测定上限。

1. 测定下限

在测定误差能满足预定要求的前提下，用特定方法能准确地定量测定待测物质的最小浓度或量，称为该方法的测定下限。

测定下限反映出分析方法能准确地定量测定低浓度水平待测物质的极限可能性。在没有（或消除了）系统误差的前提下，它受精密度要求的限制（精密度通常以相对标准偏差表示）。分析方法的精密度要求越高，测定下限高于检出限越多。

有人建议以 3.3 倍检出限浓度作为测定下限，其测定值的相对标准偏差约为 10%。

2. 测定上限

在测定误差能满足预定要求的前提下，用特定方法能够准确地定量测定待测物质的最大浓度或量，称为该方法的测定上限。

对没有（或消除了）系统误差的特定分析方法的精密度要求不同，测定上限亦将有不同。

（九）最佳测定范围

最佳测定范围亦称有效测定范围，指在测定误差能满足预定要求的前提下，特定方法的测定下限至测定上限之间的浓度范围。在此范围内能够准确地定量测定待测物质的浓度或量。

最佳测定范围应小于方法的适用范围。对测量结果的精密度（通常以相对标准偏差表示）要求越高，相应的最佳测定范围越小。

二、试验室内部质量控制

试验室内部质量控制主要指在试验室内对分析质量进行自我控制，其目的是取得准确可靠的监测数据。其主要方法如下。

（一）对空白的控制

1. 试验室空白控制

分析样品得到的响应值，不完全是来自环境样品中的被测物。其他可能产生响应的因素包括纯水中的杂质，试剂中的杂质，每个分析步骤中环境、仪器带来的玷污等。消除这类因素造成的误差主要靠空白试验来实现。试验室内空白控制作为试验室日常自我分析质量控制的手段之一，为检查水、试剂和其他条件是否正常，分析人员在进行样品分析的同时，应加带试验室空白。空白试验值正常，本批分析结果有效；如空白值偏离，应查清原因并排除后，方能报出分析结果。

2. 现场空白控制

为检查样品采集和运输过程中是否有意外玷污发生，在采集环境样品（包括污染源）的同时，将事先带到现场的试验用水灌装到另一个采样瓶中，按待测组分相同的条件在现场加固定剂连同采集的样品一并送试验室，其分析结果即为该组分的现场空白。

进行现场空白的同时要做试验室空白，不做试验室空白试验只做现场空白试验，其结果无评价和实际意义。如采样过程未发生意外玷污和损失，则两种空白试验结果应无显著差异。如现场空白明显高于试验室空白，表明采样过程可能有意外玷污发生，在查清原因后，方能做出本次采样是否有效以及分析数据能否接受的决定。

（二）校准曲线的控制

凡应用校准曲线的分析方法，都是在样品测得信号值后，从校准曲线上查得其含量（或浓度）。因此，能否绘制准确的标准曲线，直接影响到样品分析结果的准确与否。此外校准曲线亦确定了方法的测定范围。

1. 相关性检验

相关性检验，即检验校准曲线的精密度。绘制校准曲线一般不应少于5个点，且应尽可能均匀分布在测定限以内。相关系数是表示两个变量之间关系的性质和密切程度的指标，其值在$-1\sim+1$之间。公式为

$$r=\frac{\sum(x_i-\bar{x})(y_i-\bar{y})}{\sqrt{\sum(x_i-\bar{x})^2\cdot\sum(y_i-\bar{y})^2}} \tag{10-3}$$

两个变量之间的相关关系有如下几种情况。

① 若x增大，y也相应增大，称x与y呈正相关。此时$0<r\leqslant1$，若$r=1$，称完全正相关。

② 若x增大，y相应减小，称x与y呈负相关。此时$-1\leqslant r<0$，若$r=-1$，称完全负相关。

③ 若y与x的变化无关，称x与y不相关，此时，$r=0$。

在环境监测中，对于以4～6个浓度单位所获得的测量信号值绘制的校准曲线，一般要求其相关系数$|r|\geqslant0.9990$，否则应找出原因并加以纠正，重新绘制校准曲线。

2. 回归方程

在相关性检验合格的基础上，对其进行线性回归，得出回归方程：

$$y=a+bx$$
$$a=\bar{y}-b\bar{x}$$
$$b=\frac{\sum(x_i-\bar{x})(y_i-\bar{y})}{\sum(x_i-\bar{x})^2} \tag{10-4}$$

式中　a——直线在y轴的截距；

b——直线斜率，亦称回归系数。

（三）准确度控制

1. 回收率控制和加标回收率控制

回收率和加标回收率可以评价监测系统或监测结果的准确度，回收率控制和加标回收率控制是准确度控制的两种主要办法。

（1）回收率是以"真值"来评价准确度，其真值一般是由标准物质或质量控制样品提供

的。如果标准物质或质量控制样品在基体、浓度等方面越接近实际样品，回收率控制的类比性就越好，用回收率来评价监测结果就越可靠。

回收率 P_o 用下面的公式表示：

$$P_o = \frac{x}{\mu_o} \times 100\% \tag{10-5}$$

式中　x——测量值；

　　　μ_o——真值。

在样品中加入确定量的标准样，测定其回收率，称为加标回收率。测定加标回收率，是目前试验室中更为常用而又方便的控制准确度的方法。加标回收率 P 按下式计算：

$$P = \frac{\text{加标试样测定值} - \text{试样测定值}}{\text{加标量}} \times 100\%$$

（2）用加标回收率评价准确度时应注意以下几点。

① 在一般情况下，样品中待测物质的含量与加标量越接近，测得的加标回收率就越可靠。而这在实际测量中往往难以实现。待测物质较高时，加标后的总浓度不宜超过方法线性范围的 90%；而当样品浓度在检测限附近时，可按方法线性范围上限的 10% 量加标。在其他情况下，加标量应控制在样品浓度的 1/3～3 倍的范围以内。

② 加标回收率不得超过标准分析方法中所规定的范围，如分析方法中无规定值，则以"环境监测技术规范"要求目标值为 95%～105%，对不合格者应重新进行回收率测定，直到合格为止。

2. 比较试验

对同一样品采用不同的分析方法进行测定，比较结果的符合程度来估计准确度。对于难度较大而不易掌握的方法或测定结果有争议的样品，常采用此法，必要时还可以进一步交换操作者、交换仪器设备或两者都交换。将所得结果加以比较，以检查操作稳定性和发现问题。

3. 对照分析

在进行环境样品分析的同时，对标准物质或权威部门制备合成的标准样进行平行分析，将后者的测定结果与已知浓度进行比较，以控制分析准确度。也可以由他人（上级或权威部门）配制（或选用）标准样品，但不告诉操作人员浓度值——密码样，然后由上级或权威部门对结果进行检查，这也是考核人员的一种方法。

（四）质量控制图

质量控制图是试验室内部实行质量控制的一种常用的、有效的方法，它可以用于准确度的管理，也可用于精密度的控制。

1. 质量控制图的组成

对于经常性的分析项目，用控制图来控制质量。编制控制图的假设是：测定结果在受控条件下，具有一定的精密度和准确度，并按正态分布。因而测量值落在 $\bar{x} \pm 3s$ 范围内的概率为 99.73%，落在 $\bar{x} \pm 2s$ 范围内的概率为 95.4%，落在 $\bar{x} \pm s$ 范围内的概率为 68.3%。

质量控制图一般采用直角坐标系。横坐标代表抽样次数或样品序号，纵坐标代表作为质量控制指标的统计值。质量控制图的基本组成见图 10-1。

预期值——图中的中心线。

目标值——图中上、下警告线之间区域。

实测值的可接受范围——图中上、下控制限之间区域。

辅助线——在中心线两侧与上、下警告限之间各一半处。

2. 质量控制图基本类型

(1) 均数控制图 为编制质量控制图，需要准备一份质量控制样品。控制样品的浓度和组成尽量与环境样品相近，且性质稳定而均匀。编制时，要求在一定期间内，分批地用与分析环境样品相同的分析方法分析控制样品 20 次（每次平行分

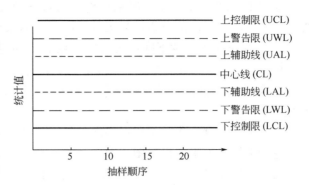

图 10-1 质量控制图的基本组成

析两份，求得均值 $\bar{x}_i$）以上，其分析数据符合正常的统计分布，然后按下式计算均值，总体均值 $\bar{x}$，标准偏差 (s) 等统计值，以此绘制质量控制图。

$$\bar{x}_i = \frac{x_i + x'_i}{2} \qquad \bar{x} = \sum \bar{x}_i / n$$

式中 x_i, x'_i——为两平行样测定值；

$\bar{x}_i$——均值；

$\bar{x}$——总体均值。

$$s = \sqrt{\frac{\sum \bar{x}_i^2 - \frac{(\sum \bar{x}_i)^2}{n}}{n-1}}$$

以测定顺序为横坐标，相应的测定值为纵坐标作图，同时作有关控制线。

中心线——以总体均数 $\bar{x}$ 估计 μ。

上、下警告限——按 $\bar{x} \pm 2s$ 值绘制。

上、下控制限——按 $\bar{x} \pm 3s$ 值绘制。

上、下辅助线——按 $\bar{x} \pm s$ 值绘制。

在绘制控制图时，落在 $\bar{x} \pm s$ 范围内的点数应约占总点数的 68%，若小于 50%，则分布不合适，此图不可靠。若连续 7 点位于中心线同一侧，表示数据失控，此图不适用。

质量控制图绘好后，应标明绘制控制图的有关内容和条件，如测定项目、分析方法、温度、操作人员和绘制日期等。

质量控制图主要用来检验常规监测分析数据是否处于控制状态。通常是在常规监测分析中，根据日常工作中该项目的分析频率和分析人员的技术水平，每间隔适当时间，取两份平行的控制样品、环境样品同时测定。对操作技术较低和测定频率低的项目，每次都应同时测定控制样品，将控制样品的测定结果（$\bar{x}_i$）依次点在控制图上，然后根据下列规则，检验分析测定过程是否处于控制状态。

① 若此点在上、下警告限之间区域，则测定过程处于控制状态，环境样品分析结果有效。

② 如果此点超出上述区域，但仍处于上、下控制限之间的区域内，则表明分析质量开始变差，可能存在"失控"倾向，应进行初步检查，并采取相应的校正措施。此时环境样品的结果仍然有效。

③ 若此点落在上、下控制限以外，则表示测定过程已经失控，应立即查明原因并予以纠正，该批环境样品的分析结果无效，必须待方法校正后重新测定。

④ 若遇有 7 点连续下降或上升时，则表示测定过程有失控倾向，应立即查明原因，予以纠正。

⑤ 即使测定过程处于控制状态，尚可根据相邻几点的分布趋势来推测分析质量可能发生的问题。

当控制样品测定次数累积更多之后，这些结果和原来的结果一起重新计算总体均值、标准偏差，再校正原来的控制图。

(2) 均数-极差控制图（$\bar{x}$-R 图） 有时，平行样测定的均值 $\bar{x}_i$ 尽管与总体均值 $\bar{x}$ 很接近，但极差很大，说明分析质量仍较差，此时单用均数控制图就不能反映出来，而采用均数-极差控制图就能同时考察均数和极差的变化情况。例如分析某控制样品得两组数据：①0.56、0.58，②0.46、0.68，它们的均值皆为 0.57，但它们的极差却分别为 0.02 和 0.22，说明②组数据测定的精密度差。

$\bar{x}$-R 控制图包括如下内容。

① 均数控制部分

中心线——$\bar{x}$；

上、下控制限——$\bar{x} \pm A_2 \bar{R}$；

上、下警告限——$\bar{x} \pm \frac{2}{3} A_2 \bar{R}$；

上、下辅助线——$\bar{x} \pm \frac{1}{3} A_2 \bar{R}$。

② 极差控制部分

中心线——$\bar{R}$；

上控制限——$D_4 \bar{R}$；

上警告限——$\bar{R} + \frac{2}{3}(D_4 \bar{R} - \bar{R})$；

上辅助线——$\bar{R} + \frac{1}{3}(D_4 \bar{R} - \bar{R})$；

下控制限——$D_3 \bar{R}$。

$$R = |x_i - x'_i|$$
$$\bar{R} = \sum R_i / n$$

式中 A_2，D_3，D_4——系数，可从表 10-1 查出。

表 10-1 控制图系数表（每次测 n 个平行样）

系 数	2	3	4	5	6	7	8
A_2	1.88	1.02	0.73	0.58	0.48	0.42	0.37
D_3	0	0	0	0	0	0.076	0.136
D_4	3.27	2.58	2.28	2.12	2.00	1.92	1.86

由于极差越小越好，故极差控制图部分没有下警告限，但仍有下控制限，在一般情况下，取 2~3 个平行样测定，由上表可看出此时下控制限为 0。

使用均数-极差控制图时，只要两者中有一个超出控制限（不包括 R 部分下控制限），即认为是"失控",故其灵敏度较单纯的均值图或极差图为高。

这种均数-极差控制图,$\bar{x}$ 图表明采样分析准确度的控制情况,而 R 图则是精密度的控制情况。

无论是均数控制图,还是均数-极差控制图,都不是一劳永逸、一成不变的。在分析方法、步骤、分析试剂等条件改变以后,应建立新的控制图,见图 10-2。

三、试验室间质量控制

试验室间质量控制也叫外部质量控制,其目的主要是为了检查各试验室是否存在系统误差,找出误差来源,提高试验室的分析质量,从而增强各试验室之间分析结果的可比性。

试验室间质量控制是在各试验室都已认真执行了试验室内部质量控制程序的基础上进行的。它由外部有工作经验和技术水平的第三方或技术组织,如上级监测部门对各试验室及其分析工作者进行定期或不定期的分析质量考查。一般由中心试验室提供标准参考样品,分发给各试验室,在规定期间各试验室对标准参考样品进行测定,并上报分析结果。中心试验室对各试验室的测定结果进行统计评价,然后将结果公布。只有考核成绩合格的试验室,它们的常规监测分析数据才被承认和接受,而对于那些不合格的试验室要及时给予技术上的帮助和指导,使他们尽快提高监测分析质量。

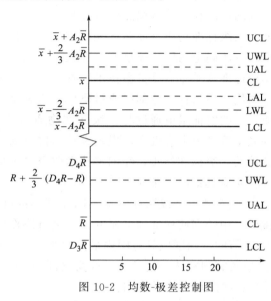

图 10-2　均数-极差控制图

第三节　环境标准物质

标准物质是指具有一种或多种足够均匀并已经很好地确定其特性量值的材料或物质,并用来校准测量仪器、评价测量方法或确定材料量值的测量标准。标准物质可以是纯的或混合的气体、液体或固体,标准物质在工业测量和产品质量控制、环境分析、临床化验及科研等方面有着极其广泛的用途。

一、环境标准物质及分类

环境标准物质是环境标准的重要组成部分,环境标准是环境保护工作标准化管理的依据,属于国家颁布的技术规定。环境标准包括基础标准、环境质量标准、污染物排放标准、环境分析方法标准和环境标准物质。环境标准物质从 20 世纪 80 年代初开始已逐步为我国广大环境分析工作者及管理者所认识,并广泛应用在环境分析的质量控制、质量保证等工作中。

自 1972 年在斯德哥尔摩召开人类环境大会以来,各国普遍重视环境问题,制定了环境保护法和环境标准,使环境污染监测成为监督环境保护法实施的主要手段。为了实现环境监测标准化和环境计量的准确可靠,各国相继开展了对环境标准物质的研制,其目的是使环境监测具有计量学保证。例如,美国国家标准局(NBS)不仅把环境标准物质列为重点研究项目,而且与美国国家环保局(EPA)合作,制备了若干种生物材料标准物质和几十种标准气体,并为其他国家研制环境标准物质提供了经验。20世纪70年代中期,其他工业发达国家如日本、英国、加拿大,以及国际机构如国际原子能机构(IAEA)等也相继研究了各种环境标准物质。

我国从20世纪80年代初开始进行环境标准物质的研究,现已研制出气体、水质和固体的多种环境标准物质。

我国的标准物质等级按照以国际制单位传递下来的准确度等级分为两级,即国家一级标准物质和二级标准物质(部颁标准物质)。国家一级标准物质,系指用绝对测量法或其他准确可靠的方法确定物质特征量值,准确度达到国内最高水平并相当于国际水平,经中国计量测试学会标准物质专业委员会技术审查和国家计量局批准颁布的,附有证书的标准物质。二级标准物质,系指各工业部门或科研单位为满足本部门及有关使用单位的需要研制的工作标准物质。它的特征量值通过与一级标准物质直接比对或用其他准确可靠的分析方法测试获得,并经主管部门审查批准,报国家技术监督局注册。其中性能良好、准确度高,具备批量制备条件的二级标准物质,经国家技术监督局审批后亦可上升为一级标准物质。其中国家一级标准物质应具备以下条件。

① 用绝对测量法或两种以上不同原理的准确可靠的测量方法进行定值。此外,亦可在多个试验室中分别使用准确可靠的方法进行协作定值。
② 定值的准确度应具有国内最高水平。
③ 应具有国家统一编号的标准物质证书。
④ 稳定时间应在1年以上。
⑤ 应保证其均匀度在定值的精度范围内。
⑥ 应具有规定的合格包装形式。
⑦ 按规定的条件可以再制备。

作为环境标准物质除具备上述条件外,还应具备:①是由环境样品直接制备或人工模拟环境样品制备的混合物;②具有一定的环境基体代表性。

二、标准物质的制备

在环境水质监测中常用的标准物质大多以水为溶剂,如水体中的无机或有机组分,针对这种需要研制成的标准物质,通常称为标准水样。

环境标准水样在环境水质分析、工业用水及废水分析、公共卫生及其他化学分析中得到广泛应用,其中尤以重金属标准水样使用最多。因此,在这里以重金属标准水样为例,介绍其制备方法。

从理论上说,理想的重金属标准水样应直接从各种环境水体中采集。水样当其稳定性和均匀性符合要求时,可对其中的各组分进行测定,确定标准值并作为标准水样使用。但环境水体组成十分复杂,又很不稳定,而且用现在的测定技术对环境水体中的所有组分进行准确定量尚有很大困难。因此,通常都由人工模拟环境水样的组成配制标准水样。

1. 标准水样的制备过程

制备重金属标准水样的一般过程可归纳如下。
① 根据实际环境监测的需要,选定适用的环境水体。
② 调查并分析被选定的环境水体中各种金属元素的组成和浓度,并以此确定待制备的标准水样中金属元素组成及浓度水平。
③ 对模拟水样进行稳定性试验,其目的是在特定保存条件下,观察模拟水样中各种组

分的稳定状况，以确定适宜的组成元素、浓度水平和保存条件。

④ 根据稳定性试验结果，配制含有某种基体和一定组分的大量水样并混合均匀，然后分装。进行稳定性试验时，首先要确定保存条件（包括温度、容器、溶液的 pH、稳定剂、灭菌、避光等）。然后对待测组分的含量进行定期测定。在保存过程中，如发生吸附、沉淀、溶出、凝聚、微生物繁殖、蒸发、浓缩等现象，则说明模拟水样的稳定性差，必须改变保存条件或适当调整模拟水样的组成。

⑤ 根据上述试验，确定出标准水样的制备方案并制备足够的标准水样。

⑥ 对标准水样中的金属元素浓度进行测定，确定标准值。

2. 制备标准水样的基本要求

在制备标准水样时，对水、试剂、基体（水样中，除待测污染物以外的其他物质）和稳定剂等的级别和纯度，称量时使用的天平的精密度，保存水样的容器性能，测定方法的准确度和精密度以及操作环境等均有一定的要求。

水。在配制各种标准水样时使用最多的溶剂为水，因而水的纯度在整个制备过程中占有十分重要的地位，必须使用符合一定要求的超纯水，如符合美国化学学会（ACS）规定的水质纯度标准或美国材料与试验协会（ASTM）规定的水质纯度标准。

试剂。配制标准水样时应使用纯度高、化学组成清楚、恒定且质地均匀的试剂。试剂在空气中应稳定并能精制，容易进行干燥处理，便于准确称量，在溶液状态下稳定并具有良好的水溶性。同时还要注意溶解金属或盐类所用酸的纯度和杂质含量，如纯度达不到要求或杂质含量过高，则应精制。

贮存容器。一般贮存标准水样的容器有聚乙烯或聚氯乙烯塑料瓶和硼硅玻璃瓶两种。要求容器满足密封性好、容器内表面的吸附和溶出少、遮光性能好等要求。对于某些标准水样，还应考虑所用容器的内表面积与容积的比值，以降低吸附损失。

pH。溶液的 pH 对标准水样的稳定性影响很大，如果加酸使溶液呈酸性，则标准水样的稳定性大大改善，加酸不仅能防止金属离子的水解，而且能使容器表面吸附大量的氢离子，因而减少金属离子在容器表面上的吸附，并抑制微生物的繁殖和代谢。绝大多数金属离子在 pH 为 1~2 是稳定的，因此，常将金属元素的标准水样的 pH 控制在 1~2。

稳定剂。选择适宜的稳定剂，是防止水样中待测物浓度值变化的重要因素。

此外，标准水样对其稳定性、有效期、标准值的确定及标准物质的互换性等因素都有一定的要求。

三、环境标准物质的作用

1. 环境标准物质在环境监测中的主要作用

① 评价监测分析方法的准确度和精密度，研究和验证标准方法，发展新的监测方法。

② 校正并标定监测分析仪器，发展新的监测技术。

③ 在协作试验中用于评价试验室的管理效能和监测人员的技术水平，从而加强试验室提供准确、可靠数据的能力。

④ 把标准物质当做工作标准和监控标准使用。

⑤ 通过标准物质的准确度传递系统和追溯系统，可以实现国际同行间、国内同行间以及试验室间数据的可比性和时间上的一致性。

⑥ 作为相对真值，标准物质可以用作环境监测的技术仲裁依据。

⑦ 以一级标准物质作为真值，控制二级标准物质和质量控制样品的制备和定值，也可

以为新类型的标准物质的研制与生产提供保证。

2. 环境监测标准物质的选择原则

（1）对标准物质基体组成的选择　标准物质的基体组成与被测样品的组成越接近越好，这样可以消除方法基体效应引入的系统误差。

（2）标准物质准确度水平的选择　标准物质的准确度应比被测样品预期达到的准确度高 3～10 倍。

（3）标准物质浓度水平的选择　分析方法的精密度是被测样品浓度的函数，所以要选择浓度水平适当的标准物质。

（4）取样量的考虑　取样量不得小于标准物质证书中规定的最小取样量。

第四节　质量保证检查单和环境质量图

一、质量保证检查单

监测结果是采样人员、分析人员以及负责汇集、整理、分析和解释数据的人员共同协作的产物。在大规模的工作中，往往有许多非全时工作人员和志愿人员参加，诸如采样、样品的保存和运输等，这些人员的工作能力是非常重要的。除了进行培训外，工作中采用质量保证检查单是一项有效的措施。检查单是根据监测中各个步骤列出的表格，工作人员在工作过程中及时填写，连同样品、分析数据一起交给负责汇集、整理的人员进行处理。

以美国依阿华州环境质量部（DEQ）制定的质量保证检查单为例，空气监测中大容量采样器采样检查单是由四部分组成：采样器的维护与布置；过滤介质的鉴定、制备和分析；标定；样品的核实、计算与报告。表 10-2，表 10-3 是其中的两种。

表 10-2　DEQ 大容量采样器采样检查单（滤纸鉴定、制备与分析部分）

调制处理环境的类型_____干燥柜_____空调室
1. 平衡时间：_____h
2. 平衡时间的长短是否一致：是_____否_____
3. 是否规定有允许的最短平衡时间：是_____否_____，若是，规定时间为_____h
4. 分析天平室有无温度、湿度控制：温度，有_____无_____；湿度，有_____无_____
5. 如果使用空调室，相对湿度_____，温度范围_____到_____，温度_____
6. 如果使用干燥柜，为进行可能的更换，多长时间检查一次干燥剂_____

关键因素：颗粒的吸水性是不同的，美国环境保护局的研究结果表明，相对湿度为 80% 时，其质量可增加 15%；相对湿度高于 55% 时，湿度与质量之间有指数关系。滤纸应在相对湿度低于 50% 的环境内平衡

表 10-3　DEQ 气体鼓泡采样检查单（样品制备部分）

1. 制备吸收剂所用全部化学试剂是否均为 ACS[①] 试剂纯或更纯的试剂：是_____否_____；所用蒸馏水是否符合制备吸收剂的要求：是_____否_____；若否，请解释
主要因素：这些试剂影响所得吸收剂的质量
2. 制备吸收剂是否采用了美国《联邦记录》上的参考手续：是_____否_____；若否，请解释有何困难
主要因素：《联邦记录》规定了制备吸收剂时拟采用的手续，因此偏离这些手续时必须提出充分证据，说明这种偏离是正当的
3. 吸收剂在使用前贮存了多久_____月
主要因素：吸收剂一般可稳定 6 个月，因此贮存时间不应超过 6 个月
4. 吸收剂制备以后是否检查过 pH：是_____否_____；若是，其可用范围如何
质量控制点：当 pH 小于 3 或大于 5 时，吸收剂是不可用的。它说明制备过程中存在着问题
5. 说明吸收瓶是通过什么途径送到工作人员手中的
主要因素：吸收瓶运输过程中必须防止溢流、破碎或温度过高

---

① ACS 为美国化学会。

质量保证检查单上的条目是根据对数据质量的影响区分的，每一条目代表下述一种类型的影响。

关键因素。它总是影响着采样结果，并且是不可补救的。

主要因素。它很可能对采样结果有不利影响，但并不总是不可补救的。

次要因素。它通常对数据没有影响，只是作为一种好的习惯作法。

除了这三项代表影响性质的因素以外，检查单上还有某些细目，例如，质量控制点，特别列出这些细目是要说明，对这些细目必须按规定进行质量控制检查。

按规定分析试验室不仅负责收集与分析样品，以及把准确的数据传递给管理部门，而且还负责提供前述各项质量保证措施。这种检查单不仅可用来记录质量保证计划的有效性，而且能把工作人员和管理人员的注意力集中在那些可能存在着的薄弱环节上。检查单把质量控制因素规定并区分为关键因素、主要因素和次要因素。当条件有限不能马上改善全部不足之处时，这种规定和区分是很有价值的。

美国出版的《美国环境保护局质量保证指南》，美国环境保护局空气污染训练班的《质量保证培训教程》、DEQ 的《大容量和气体鼓泡采样器操作人员工作参考手册》等对此皆有系统和详细的规定。

二、环境质量图

用不同的符号、线条或颜色来表示各种环境要素的质量或各种环境单元的综合质量的分布特征和变化规律的图称为环境质量图。环境质量图既是环境质量研究的成果，又是环境质量评价结果的表示方法。好的环境质量图不但可以节省大量的文字说明，而且具有直观、可以量度和对比等优点，有助于了解环境质量在空间上的分布和在时间上的发展趋向。这对进行环境规划和制定环境保护措施都有一定的意义。

环境质量图有多种分类方法。按所表示的环境质量评价项目可分为单项环境质量图、单要素环境质量图和综合环境质量图等；按区域可分为城市环境质量图、工矿区域环境质量图、农业区域环境质量图、旅游区域环境质量图和自然区域环境质量图；按时间可分为历史环境质量图、现状环境质量图和环境质量变化趋势图等；按编制环境质量图的方法不同，又分为定位图、等值线图、分级统计图和网格图等。下面将重点介绍以下几种。

（一）等值线图

在一个区域内，根据一定密度测点的测定资料，用内插法画出等值线。这种图可以表示在空间分布上连续的和渐变的环境质量，一般用来表示大气、海洋、湖泊和土壤中各种污染物的分布，如图 10-3 所示。

（二）点的环境质量表示法

在确定的测点上，用不同形状或不同颜色的符号表示各种环境要素及与之有关的事物，如图 10-4 所示。

（三）区域的环境质量表示法

将规定的范围，如一个间段、一个水域、一个行政区域或功能区域的某种环境要素质量、综合质量，以及可以反映环境质量的综合等级，用各种不同的符号、线条或颜色表示出来，可以清楚地看到环境质量空间变化，如图 10-5 所示。

（四）时间变化图

用图来表示各种污染物含量在时间上变化（如日变化、季节变化等），如图 10-6 所示。

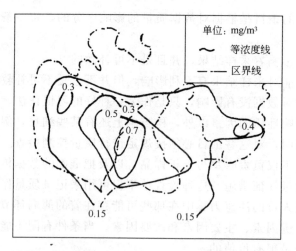

图 10-3　我国北方某城市 SO_2 日平均浓度分布图

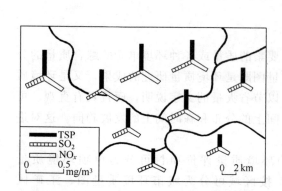

图 10-4　环境监测点的大气污染表示法

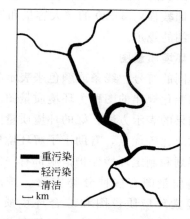

图 10-5　河流水质污染表示法

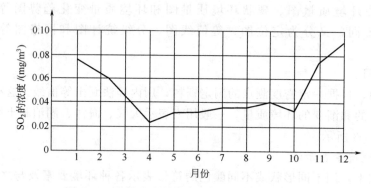

图 10-6　我国北方某城市 SO_2 浓度的年变化曲线

（五）相对频率图

当污染物浓度变化较大时，常以相对频率表示某一种浓度出现机会的多少，如图 10-7 所示。

（六）累积图

污染物在不同生物体内的累积量。在同一生物体内各部位累积量可用毒物累积图表示，如图 10-8 所示为汞在各种鱼类中的含量。

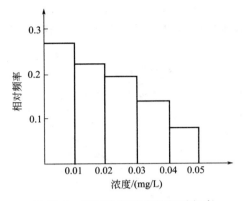

图 10-7 某污染物浓度的相对频率

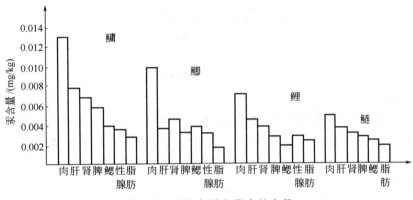

图 10-8 汞在各种鱼类中的含量

（七）过程线图

在环境调查中，常需研究污染物的自净过程。如污染物从排出口随着水域距离增加的浓度变化规律。图 10-9 表示水域中某污染物浓度的变化。

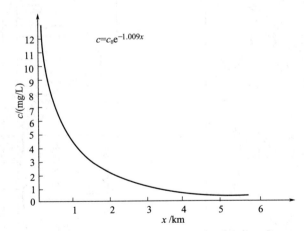

图 10-9 水域中某污染物浓度变化图

c_0—排污口污染物浓度；c—离排污口距离为 x 时的浓度；e—自然对数底

（八）相关图

相关图有很多种，如污染物含量与人体健康相关图；污染物浓度变化与环境要素间的相关图；污染物不同形态相关图；一次污染物与二次污染物相关图；氨氮浓度和河水黑臭天数的关系图等，如图 10-10 为某水域中六价铬与总铬含量之间的关系图。

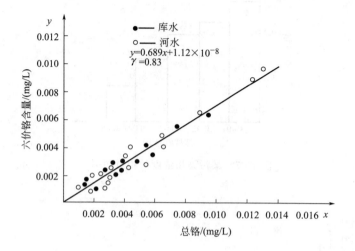

图 10-10　某水域中六价铬与总铬含量之间的关系

（九）类型分区法

又称底质法。在一个区域范围内，按环境特征分区，并用不同的晕线和颜色将各分区的环境质量特征显示出来。这种方法常用于绘制环境功能分区图、环境规划图，如图 10-11 所示。

（十）网格表示法

把被评价的区域分成许多正方形（或矩形）网格，用不同的晕线或颜色将各种环境要素按评定级别在每个网格中算出，或在网格中注明数值，城市环境质量评价图常用此法，如图 10-12 所示。

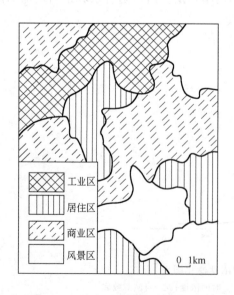

图 10-11　城市环境功能分区表示法

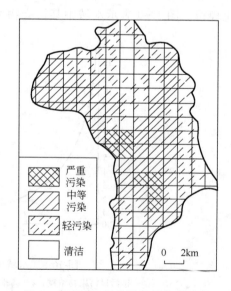

图 10-12　城市环境质量网格表示法

此外，还可以根据实际情况设计和绘制各种形式的环境质量图。

本 章 小 结

1. 质量保证和质量控制的意义、内容
2. 环境监测中的质量控制
(1) 主要名词解释：准确度、精密度、灵敏度、空白试验、校准曲线、检出限、测定限等。
(2) 直线回归方程：回归方程的建立、相关系数的计算、相关性检验。
(3) 质量控制图：组成、绘制和使用方法。
(4) 其他质控方法：加标回收、比较试验、对照分析。
3. 环境标准物质：概念、分类、要求和制备方法
4. 质量保证检查单和环境质量图
(1) 质量保证检查单的内容、作用。
(2) 环境质量图的组成、种类、作用和绘制方法。

思 考 题

1. 为什么在环境监测中要开展质量保证工作？它包括哪些内容？
2. 试验室内部分析质量控制主要有哪些方法？
3. 何谓准确度？怎样评价准确度的高低？
4. 质量控制图是怎样组成的？试述质量控制图的绘制及使用方法。
5. 用某浓度为 42mg/L 的质量控制水样，每天分析 1 次平行样，共获得 20 个数据（吸光度 A）顺序为：0.301、0.303、0.304、0.300、0.305、0.300、0.300、0.312、0.308、0.304、0.305、0.313、0.308、0.309、0.313、0.306、0.312、0.309、0.305、0.304，试作 $\bar{x}$ 控制图，并检验其是否合适可用。
6. 环境标准包括哪些内容？
7. 制备标准水样有哪些要求？
8. 环境标准物质应具备哪些条件？
9. 什么叫环境质量图？环境质量图有何作用？

参 考 文 献

[1] 奚旦立，孙裕生，刘秀英编. 环境监测. 北京：高等教育出版社，1995.
[2] 刘德生主编. 环境监测. 北京：化学工业出版社，2001.
[3] 孔繁翔，尹大强，严国安编. 环境生物学. 北京：高等教育出版社，2000.
[4] 马玉琴主编. 环境监测. 武汉：武汉工业大学出版社，1998.
[5] 国家环保局《水和废水监测分析方法》编委会编. 水和废水监测分析方法. 第3版. 北京：中国环境科学出版社，1989.
[6] 国家环保局. 环境监测技术规范：第四册. 北京：中国环境科学出版社，1986.
[7] 中国环境监测总站，《水环境质量监测质量保证手册》编写组编. 环境水质监测质量保证手册. 第2版. 北京：化学工业出版社，1994.
[8] 黄家矩主编. 环境监测人员手册. 北京：中国环境科学出版社，1994.
[9] 杨承义编著. 环境监测. 天津：天津大学出版社，1993.
[10] 李绍英，曾述柏，于令弟编著. 环境污染与监测. 哈尔滨：哈尔滨工程大学出版社，1995.
[11] 吴邦灿编著. 环境监测技术. 北京：中国环境科学出版社，1995.
[12] 刘天齐，黄小林主编. 环境保护. 北京：化学工业出版社，2000.
[13] 魏复盛，徐晓白，阎吉昌等编. 水和废水监测分析方法指南：上、中、下册. 北京：中国环境科学出版社，1997.
[14] 蔡宝森主编. 环境统计. 武汉：武汉工业大学出版社，1998.
[15] 夏青，张旭辉主编. 水质标准手册. 北京：中国环境科学出版社，1990.
[16] 张国泰主编. 环境保护概论. 北京：中国轻工业出版社，1999.
[17] 吕殿录等编. 环境保护简明教材. 北京：中国环境科学出版社，2000.
[18] 蒋展鹏等编著. 环境工程监测. 北京：清华大学出版社，1990.
[19] 王怀宇，姚运先主编. 环境监测. 北京：高等教育出版社，2007.
[20] 姚运先主编. 水环境监测. 北京：化学工业出版社，2005.
[21] 姚运先主编. 室内环境监测. 北京：化学工业出版社，2005.